동양란 감상과 재배법

● 春蘭편

백 영관 편저

전원문화사

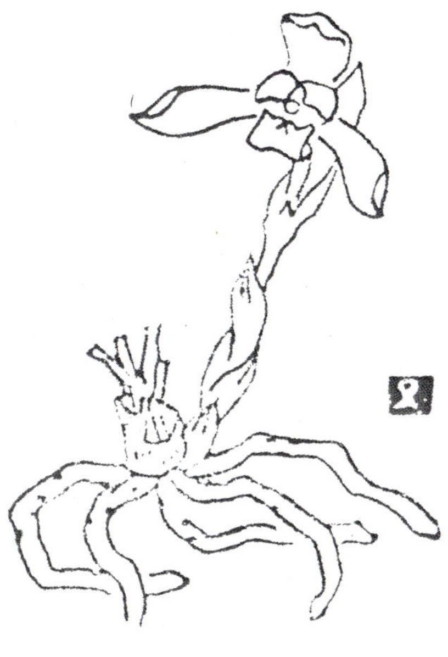

춘란 명품집

본서에선 게재품종의 특징을 항목마다 분석, 기호화(化)하여 표시하고 있다. 재배와 감상에 참고로 하기 바란다.

〈꽃란(花物)의 표시 기호〉

색깔(色) …… ● 선명하며 안정되어 있다.

◑ 좋은 색으로 피거나 피지 않거나 차이가 심하다.

■ 발색(發色)은 좋으나 잡색(雜色)이 섞이기 쉽다.

△ 좋은 색이 나오기 어렵다.

모양(形) …… ● 꽃잎(花瓣)이 크며 비교적 큰 송이(大輪)로 핀다.

■ 보통 크기의 송이(中輪)

△ 귀여운 꽃으로 작은 송이(小輪)로 핀다.

꽃대(莖) …… ● 꽃대가 잘 뻗는다.

■ 보통

△ 좀 덜 뻗는다.

개화(咲) …… ● 꽃눈이 매우 잘 맺는다.

■ 큰 포기가 되면 꽃눈이 잘 맺는다.

△ 꽃눈이 맺기 어렵다.

자태(葉姿) … ● 잎의 폭과 키가 웅대하게 대형이 된다.

■ 보통 모양(中型)

△ 잎 기장이 뻗지 못해 소형(小型)

배 양 …… ● 성질이 강건하여 가꾸기 쉽다.

■ 보통

△ 비교적 약해 키우기 어렵다.

향기(香) …… 香 방향(芳香) 있음.

香 방향(芳香) 없음

〈잎 무늬란(柄物)의 표시 기호〉

잎의 멋
(葉藝) …… ◐ 무늬가 잘 나온다.

◑ 무늬가 불안정하여 모양이 좋지 않다.

▣ 무늬는 나오는데 잎의 멋이 없다.

△ 좋은 무늬가 나오기 어렵다.

배 양 ……… ○ 성질이 강건하여 가꾸기 쉽다.

▣ 보통

△ 비교적 약해 키우기 어렵다.

자태(葉姿) … ○ 잎의 폭과 키가 웅대하여 대형이 된다.

▣ 잎의 폭과 키가 보통으로 중형 (中型)

△ 잎 기장이 뻗지 못해 소형(小型)

무늬의 변화… ○ 먼저무늬 〈싹이 돋을 때부터 무늬가 보인다. (先天性)이라고 함.〉

▣ 나중무늬 〈싹이 나올 때는 무늬가 안 보이며 성목 후 무늬가 보인다. (後天性)이라고 함〉

△ **소멸성** 〈성목 때까지 무늬가 보이고 성목 후 무늬가 어두어진다.〉

개화
(開花) ……… ○ 꽃맺음이 매우 좋다.

▣ 큰 포기가 되면 꽃눈이 맺는다.

△ 새 눈이 많아 꽃눈이 맺기 어렵다.

꽃(花) ……… ○ 잎의 멋과 마찬가지로 꽃에 변화가 있어 좋은 꽃을 맺는다.

△ 잎의 멋과 관계 없이 보통 꽃이 핀다.

🌺 분(盆) 수가 극히 적은 품종.

🌿🌿 조금 증가하고 있으나 아직 적은 품종.

🌿🌿 비교적 많은 품종.

꽃란(花物)에 대하여

춘란은 재배법에 따라 꽃색깔이 미묘하게 변화하여 「이것이 같은 품종일까?」하고 놀라는 경우가 많다. 더구나 컬러 사진에서는 실물과의 차이가 문제가 된다.

그래서 본서에서는 그 품종의 특징을 가장 잘 나타나게 핀 상태와 인쇄된 사진과를 비교 채점하기로 했다. 꽃색깔은 피기 시작할 때부터 며칠을 지나, 차츰 산뜻해지는 것이 많고 개화 후 7일쯤이 모양, 색깔 다함께 가장 안정된 때라 말할 수 있다.

▼ 꽃란(花物)의 채점표(예)　　　채점 기준

꽃색깔	10	더 짙은 분홍색이 된다	20
꽃모양	15	조금 더 평견(平肩)으로	20
꽃 대	10	잘 뻗어 있다	10
총합점	35	조금 더 평견(平肩)으로 감싸여 핀다	50

만점

잎무늬란(柄物)에 대하여

1년내내 즐길 수 있는 잎무늬란(柄物)은 잎무늬란의 독특한 중투(中透), 잎갓 줄무늬(覆輪) 즉, 복륜, 줄무늬(縞), 사피(蛇皮), 호반(虎斑) 등의 무늬가 선명하게 나와 아름다움을 다툰다. 그리고 잎 기장이 짧고, 잎의 폭이 넓고, 두께가 두꺼우며, 여유 있게 늘어지는 중수엽(中垂葉)을 으뜸으로 한다. 가장 좋은 잎의 멋(葉藝 : 무늬 모양)의 특징을 나타낸 상태와 게재 사진과의 비교 채점을 하고 있다.

註, 먼저무늬(先天性)의 중투(中透), 잎갓 줄무늬(覆輪) 멋의 잎무늬란 품종은 대부분이 잎의 멋(葉藝)과 같은 중투, 복륜을 꽃에 나타나는데, 나중무늬(後天性)의 중투계, 복륜계와 사피계(蛇皮系), 호반계(虎斑系)의 품종은 꽃이 대부분 녹색의 보통 꽃이 된다.

▼ 잎무늬 란(柄物)의 채점표(예)　　　채점 기준

잎의 멋	15	녹색 테두리 줄무늬가 더 깊이 들어감	25
잎폭, 키	13	잎의 폭이 더 넓어짐	15
잎모양	10	잎이 8 매로 잘 되어 있다	10
총합점	38	약간 화사한 무늬로 되어 있다	50

만점

일본 춘란의 권유

일본 춘란은 일본의 거의 모든 지방에서 채취할 수 있는 낯익은 꽃이다. 산중의 산골짜기, 구릉지대 등의 햇볕이 잘 드는 동남향의 솔나무 숲 같은 데서 자생하고 있다. 잎 멋(葉藝)이 있는 것은 잎무늬란(柄物)으로서 귀히 여기며, 꽃의 변화나 색채가 풍부한 꽃색깔 등을 다양하게 즐길 수가 있다. 꽃란(花物), 잎무늬란을 합쳐 약 200의 품종이 전국 일본춘란연합회의 명감(銘鑑)에 기재되어 있다.

일본 춘란은 「信濃之花」「月桂冠」 등, 약 100년 전에 발견된 것을 비롯하여 다른 난에서는 볼 수 없는 호반예(虎斑藝), 대복륜예(大覆輪藝) 등을 관상하는 잎무늬란(柄物)이 중심으로 발전하여, 꽃란을 관상하는 사람은 거의 없었으나 60년 전부터 꽃란의 진가를 인정하는 사람이 나오게 되어 주목을 끌게 되었다.

현재도 수많은 명품을 난계에 내놓고 있는 茨城현, 栃木현에는 꿈과 희망에 부풀어 명품을 채집하려고 산에 들어가 찾아다니는 통칭 '산채꾼'이 많이 있다고 한다.

동양란 중에서 배양이 제일 어렵다고 했으나 현재는 클레이볼(赤燒土)의 출현과 새로운 연구·열렬한 애호가에 의해 배양이 매우 쉬운 난으로서 인식을 새롭게 하여 애호가가 급격히 늘어나고 있다.

3·4월의 개화기에 산에 올라가 자생의 춘란을 채취하는 것도 즐거울 것이다. 그러는 가운데, 만약 희귀품 등을 발견했을 때의 기쁨은 어떠할까?

● 명품 감상에 앞서 東洋蘭의 주요 용어 (p. 222~223)를 읽어 보면 이해가 빠름.

壽紅 (수홍) Jyukou 채취·茨城縣

색깔 ○ 모양 □ 꽃대 ○ 개화 □ 자태 △ 배양 □ 香

잎은 엷은 녹색으로 보통 폭의 잎(中葉), 중
수엽(中垂葉), 전체에 안개 호랑얼룩무늬
(曙虎斑)가 나온다. 평견(平肩) 피기의 수선
판(水仙瓣)으로 꽃색깔도 주홍색(朱紅色)이
선명하다. 혀(舌)는 소심(素心)이 된다.

홍화소심(紅花素心)의 최고 희귀품이다.

꽃색깔	18	꽃잎 가(변)에 녹색이 없어진다	20
꽃모양	16	내판(內瓣)이 휘지 않는다	20
꽃 대	10	이 정도로 뻗는다	10
총합점	44	노화(老花)로 상해 있다	50

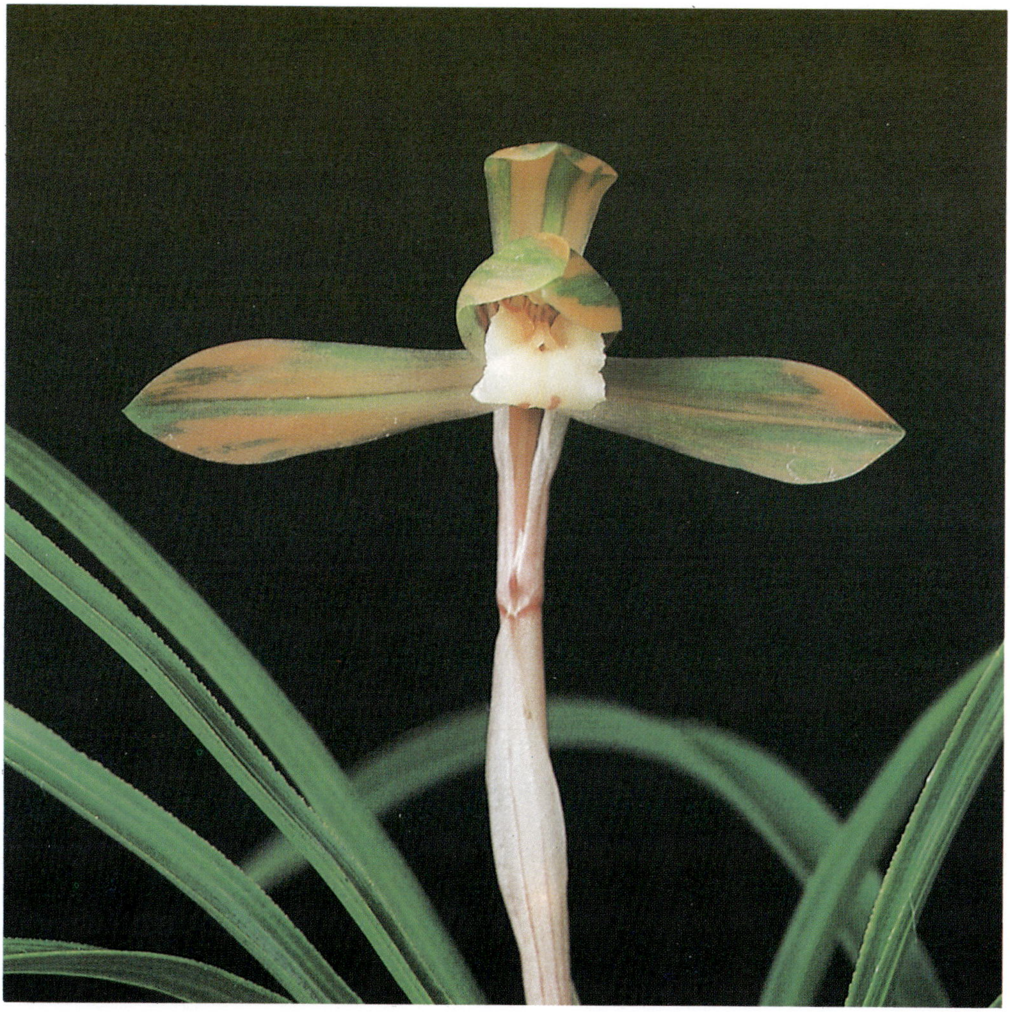

大虹 Ooniji 채취·長野縣

꽃은 녹색 바탕에 선명한 분홍 주금색(朱金色 : 오렌지 색)의 줄무늬를 걸치고 평견(平肩) 피기이다. 잎은 반 바로서기(半立性)로 새 싹에 백황색 줄무늬를 나타내는데 성촉(成木)이 되면 없어지는 줄무늬 꽃의 최고 희귀품이다.

꽃색깔	20	색이 잘 나와 있다	20
꽃모양	20	모양도 좋다	20
꽃 대	10	이 정도로 뻗는다	10
총합점	50	전체적으로 거의 만점	50

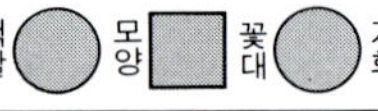
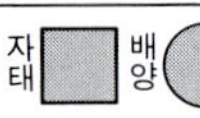
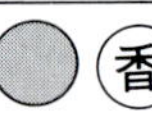

紅梅仙 (홍매선) Koubaisen 채취·千葉縣

색깔 ○ 모양 □ 꽃대 ○ 개화 ○ 자태 □ 배양 ○ 香

꽃은 짙은 분홍 빛 꽃으로 내판(內瓣)의 감
싸임도 좋고, 발견시는 매판(梅瓣)과 수선
판(水仙瓣)으로 나누어 피어 있었다고 한다.
잎은 진녹색 바탕의 가는 잎으로 드리우는
잎, 홍화계(紅花系)의 최고 귀품이다.

꽃색깔	18	좀 더 다홍색이 나온다	20
꽃모양	20	표준적인 꽃이다	20
꽃 대	10	잘 뻗어 있다	10
총합점	48	대체로 잘 피어 있다	50

| 桃山錦 (도산금) Momoyamanishiki 채취·茨城縣 | 색깔 ⬤ | 모양 ⬛ | 꽃대 ⬤ | 개화 ⬤ | 자태 ⬛ | 배양 ⬤ | 香 |

꽃은 녹색 바탕에 홍등색(紅橙色)의 흩어진 얼룩 줄무늬를 가늘게 걸쳤다. 평견(平肩) 피기로 꽃대는 흰 꽃대, 잎은 가는 잎의 것과 넓은 잎의 것이 있으며, 싹 틀 때 흩어진 얼룩점을 선명히 보이는 것이 좋은 꽃을 피게 한다. 줄무늬 꽃계(縞花系)의 최고 희귀 품이다.

꽃색깔	20	색이 잘 나와 있다	20
꽃모양	20	평견(平肩)으로 피는 때도 있다	20
꽃 대	10	잘 뻗어 있다	10
총합점	50	대표적인 피기 모양이다	50

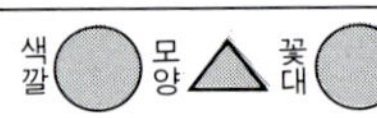

女雛 (여추) Mebina　채취·茨城縣

색깔 ◯ 모양 △ 꽃대 ◯ 개화 ◯ 자태 ▢ 배양 ◯ 香

꽃은 홍적색(紅赤色)으로 모양 좋은 작은 송이(小輪)로 귀여운 꽃이 핀다. 잎은 가는 잎(細葉)으로 안개 호랑무늬(曙虎)가 들어간다. 홍적계(紅赤系)의 최고 귀품이다.

꽃색깔	18	꽃잎 끝에 녹색이 남지 않는다	20
꽃모양	18	조금 더 감싼다	20
꽃 대	10	잘 뻗어 있다	10
총합점	46	움츠리고 피어 있는 것이 아쉽다	50

光悦 (광열) Kouetsu 채취·茨城縣

| 색깔 | ◯ | 모양 | ▢ | 꽃대 | ◯ | 개화 | ◯ | 자태 | ▢ | 배양 | ◯ | 香 |

꽃은 담록색을 함유한 흰색에 가까운 바탕색에 녹색의 가는 흩어진 얼룩 줄무늬가 들어가, 꽃잎 끝에 하얀 봉오리가 나온다. 잎은 중수성(中垂性)으로 잎 끝에 무늬 끝(先斑)이 나오는 줄무늬 꽃계(縞花系)의 최고 귀품이다.

꽃색깔	15	하얀 흩어짐 얼룩점이 적다	20
꽃모양	20	모양새가 잘 잡혀 있다	20
꽃 대	8	좀 더 뻗는다	10
총합점	43	전체적으로 잘 피어 있다	50

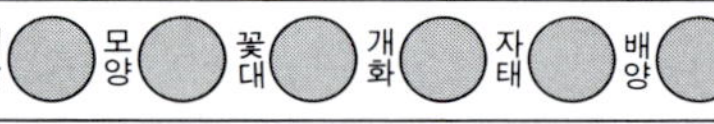

極紅 Kiyyokou　채취·千葉縣

색깔 ◯　모양 ◯　꽃대 ◯　개화 ◯　자태 ◯　배양 ◯　(香)

꽃은 산뜻한 짙은 주홍색의 3각피기로 큰 송이(大輪). 꽃잎 밑둥과 꽃잎 끝에 녹색을 약간 남기는 수가 있다. 잎은 폭 넓은 큰 잎으로 대수엽(大垂葉), 주홍색계(朱紅色系) 의 최고 귀품이다.

꽃색깔	12	꽃잎 밑둥의 녹색이 탈색되면 좋다	20
꽃모양	20	균형이 잘 잡혀 있다	20
꽃 대	10	잘 뻗어 있다	10
총합점	42	사진이 흐려져서 아쉽다	50

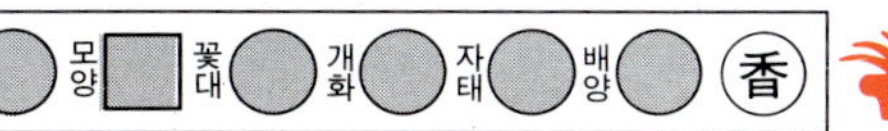

聖雪 Seisetsu 채취·茨城縣

색깔 ◯ 모양 ☐ 꽃대 ◯ 개화 ◯ 자태 ◯ 배양 ◯ 香

꽃은 다섯 꽃잎(五瓣)이 다 넓은 녹색의 테두리 잎무늬(覆輪)로 하얀 중투 줄무늬(中透縞)에 흩어진 얼룩을 띠며, 혀는 순백의 큰 혀(大舌). 꽃대와 포의(苞衣:苞葉)는 투명하며 잘 뻗는다. 잎은 폭이 넓고, 싹돋음은 녹색 테두리 잎무늬에 엷은 노랑색의 중투(中透)를 통하며, 2년째부터 엷어진다. 잎 두께는 두껍고, 끝은 둥그스럼한 중투엽(中透葉). 아직 등록되지 않았으며 현재 그 수도 적으며, 중투화의 소심(素心)으로 최고 희귀품이다.

꽃색깔	15	세 꽃잎(三瓣)의 녹색이 더 진해진다	20
꽃모양	20	표준적(형)으로 피어 있다	20
꽃 대	8	좀 더 뻗는다	10
총합점	43	꽃이 하얗게 보이는 것이 아쉽다	50

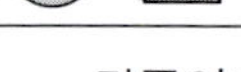

日新　Nissin　채취·新潟縣　색깔○ 모양□ 꽃대○ 개화△ 자태□ 배양○ 香

꽃은 나중무늬(後天性)의 주금색(朱金色)으
로 큰 송이(大輪)의 평견화(平肩花). 잎은
진녹색 바탕에 광택이 있고 폭이 넓은 중간
잎 바로서기의 중립엽(中立葉), 잎 끝이 가
볍게 꼬이는 특성이 있는 주금화(朱金花)의
귀품이다.

꽃색깔	20	색은 잘 나와 있다	20
꽃모양	20	모양도 좋다	20
꽃 대	10	잘 뻗어 있다	10
총합점	50	전체적으로 잘 피어 있다	50

金青晃 Kinseikou 채취·埼玉縣

색깔 ◐ 모양 □ 꽃대 ○ 개화 ○ 자태 □ 배양 ○ 香

꽃은 둥그스름한 꽃잎 두께가 두꺼운 주금색(朱金色)에 녹색의 테두리 무늬(覆輪)가 걸친 평견(平肩) 피기. 잎은 진녹색 바탕에 중엽(中葉)의 중간 바로서기 잎인 중립엽(中立葉)으로 테두리 줄무늬 꽃(覆輪花系)의 최고 귀품이다.

꽃색깔	17	꽃잎 끝의 녹색 테두리 무늬가짙다	20
꽃모양	18	더 평견(平肩)이 된다	20
꽃 대	10	잘 뻗어 있다	10
총합점	45	전체가 조금 더 진한 편이 좋다	50

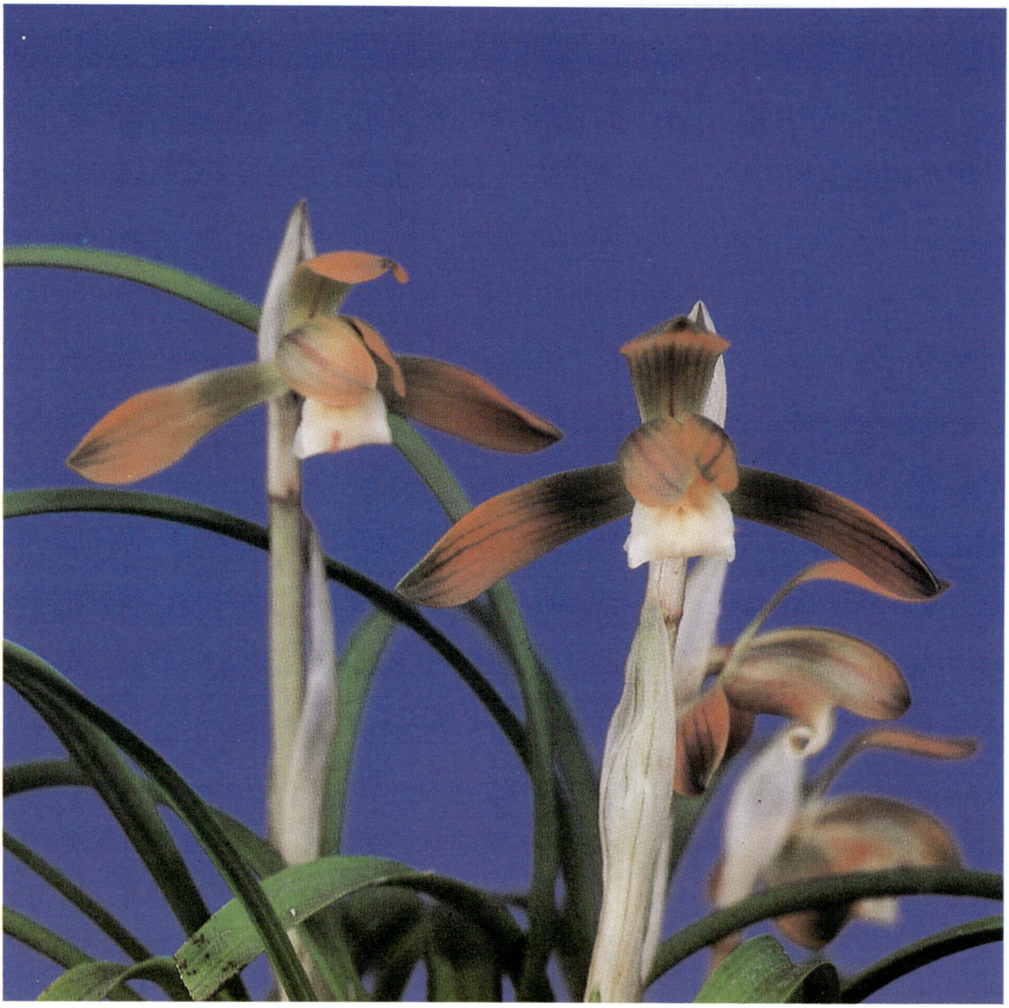

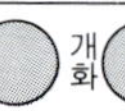

萬壽 Manjyu 채취·福島縣

꽃은 진한 등적색(橙赤色)으로 평견(平肩)
피기, 내판(內瓣)의 감싸기도 좋고 둥근 꽃
잎(円瓣). 잎은 광택이 있는 녹색 바탕으로
중수(中垂), 잎 끝이 약한 것이 아쉬운 등적
색계의 최고 귀품이다.

꽃색깔	12	꽃잎 밑둥까지 등적색이 된다	20
꽃모양	15	부푼 둥근 꽃잎이 된다	20
꽃 대	10	잘 뻗어 있다	10
총합점	37	전체적으로 거무스름하다	50

日 輪 (일륜) Nichirin 채취·茨城縣

색깔 ◯ 모양 ◯ 꽃대 ◯ 개화 ◯ 자태 ◯ 배양 ◯ (香)

꽃은 녹색에 선명한 주홍색(朱紅色)의 테두리 무늬(覆輪)를 깊게 걸치며 약간 낙견(落肩)으로 핀다. 잎은 광택이 있는 녹색 바탕에 큰 잎(大葉)의 반수성(半垂性). 테두리 줄무늬계(覆輪花系)를 대표하는 최고 귀품이다.

꽃색깔	18	주홍색의 복륜이 진하게 나온다	20
꽃모양	18	조금 더 평견(平肩)이 된다	20
꽃 대	10	잘 뻗어 있다	10
총합점	46	보통 이 정도로는 핀다	50

紅明 Koumei　채취·千葉縣

색깔 ◐　모양 ☐　꽃대 ◯　개화 ☐　자태 ☐　배양 ◯　香

꽃은 밝은 진분홍 빛(紅赤色)으로 평견(平肩) 피기, 내판(內瓣)의 감싸기도 좋고 큰 송이(大輪)로 핀다. 잎은 보통 가늘기(中細), 중수(中垂)로 잘 뻗는 적홍색계의 최고 귀품이다.

꽃색깔	18	꽃잎(瓣) 밑둥 이외는 잘 나와 있다	20
꽃모양	20	특징이 살아 있다	20
꽃 대	10	잘 뻗어 있다	10
총합점	48	꽃잎 밑둥까지 분홍색이 물들면 만점	50

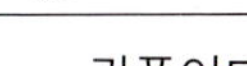

月輪 Getsurin 채취·茨城縣

색깔 ○ 모양 △ 꽃대 ○ 개화 ○ 자태 △ 배양 ○ 香

꽃은 밝은 주홍색에 녹색 바탕의 테두리 줄무늬(覆輪)가 선명하게 들어가 평견(平肩) 피기로서 보통 크기의 송이(中輪). 잎은 담록색으로 중엽(中葉)의 중수성(中垂性)으로 테두리 줄무늬 꽃(覆輪花)의 대표적인 최고 귀품이다.

꽃색깔	20	잘 나와 있다	20
꽃모양	17	조금 더 감싼다	20
꽃 대	10	잘 뻗어 있다	10
총합점	47	특징을 잘 나타내고 있다	50

東之光 (동지광) Azumanohikari 채취·茨城縣

색깔 ◐ 모양 △ 꽃대 ○ 개화 □ 자태 □ 배양 ○ 香

꽃은 다홍색의 평견(平肩) 피기로 작은 송이
(小輪), 내판(内瓣)의 감싸기도 좋다. 잎은
녹색 바탕에 해돋이 호랑무늬(曙虎)가 조금
들어간 홍화계(紅花系)의 귀품이다.

꽃색깔	20	잘 나와 있다	20
꽃모양	20	좋다	20
꽃 대	10	잘 뻗어 있다	10
총합점	50	전체적으로 잘 피어 있다	50

黃冠 Koukan 채취·千葉縣

색깔 ◯ 모양 ☐ 꽃대 ◯ 개화 ◯ 자태 ☐ 배양 ◯ 香

꽃은 담황색 바탕에 손톱 모양 테두리 무늬 (瓜覆輪)를 걸치는 평견(平肩) 피기로, 혀(舌)에 점이 적은 말끔한 꽃이다. 잎은 가느다란 담황색으로, 녹색 테두리 잎무늬(覆輪)가 엷게 남는 황화계(黃花系)의 최고 귀품이다.

꽃색깔	12	녹색의 테두리 무늬가 엷다	20
꽃모양	20	잘 피어 있다	20
꽃 대	10	잘 뻗어 있다	10
총합점	42	노란 색이 더 강하게 나오면 좋다	50

朱鷺 Toki　채취·新潟縣

색깔 ▢　모양 ◯　꽃대 ◯　개화 ▢　자태 ◯　배양 ◯　香 ◯

꽃은 진분홍색(赤紅色)의 두께가 두껍고 길쭉한 둥근 꽃잎 즉, 장원판(長円瓣)의 큰 송이(大輪) 피기. 잎은 진녹색 바탕에 두께가 두껍고, 큰 잎(大葉)의 반수성(半垂性)으로 비틀림이 있는 홍화계(紅花系)의 최고 귀품이다.

꽃색깔	20	잘 나와 있다	20
꽃모양	18	조금 더 감싼다	20
꽃 대	6	더 뻗는다	10
총합점	44	사진이 흐려진 것이 아쉽다	50

白嶺 Hakurei 채취·千葉縣

색깔 ◯ 모양 ▢ 꽃대 ◯ 개화 ▢ 자태 ▢ 배양 △ 香

잎은 보통 크기 잎(中葉)의 중수(中垂), 아랫잎의 노란 중투(中透) 줄무늬의 멋이 잘 나와 있다. 꽃은 녹색 테두리 무늬에 하얀 중투화(中透花)로 되어 특히, 혀(舌)의 소심(素心)이 빼어나게 뛰어남. 중투화의 대표격으로 최고 희귀품이다.

꽃색깔	18	녹색이 조금 더 엷어진다	20
꽃모양	20	잘 피어 있다	20
꽃 대	10	잘 뻗어 있다	10
총합점	48	혀가 조금 더 하얗게 된다	50

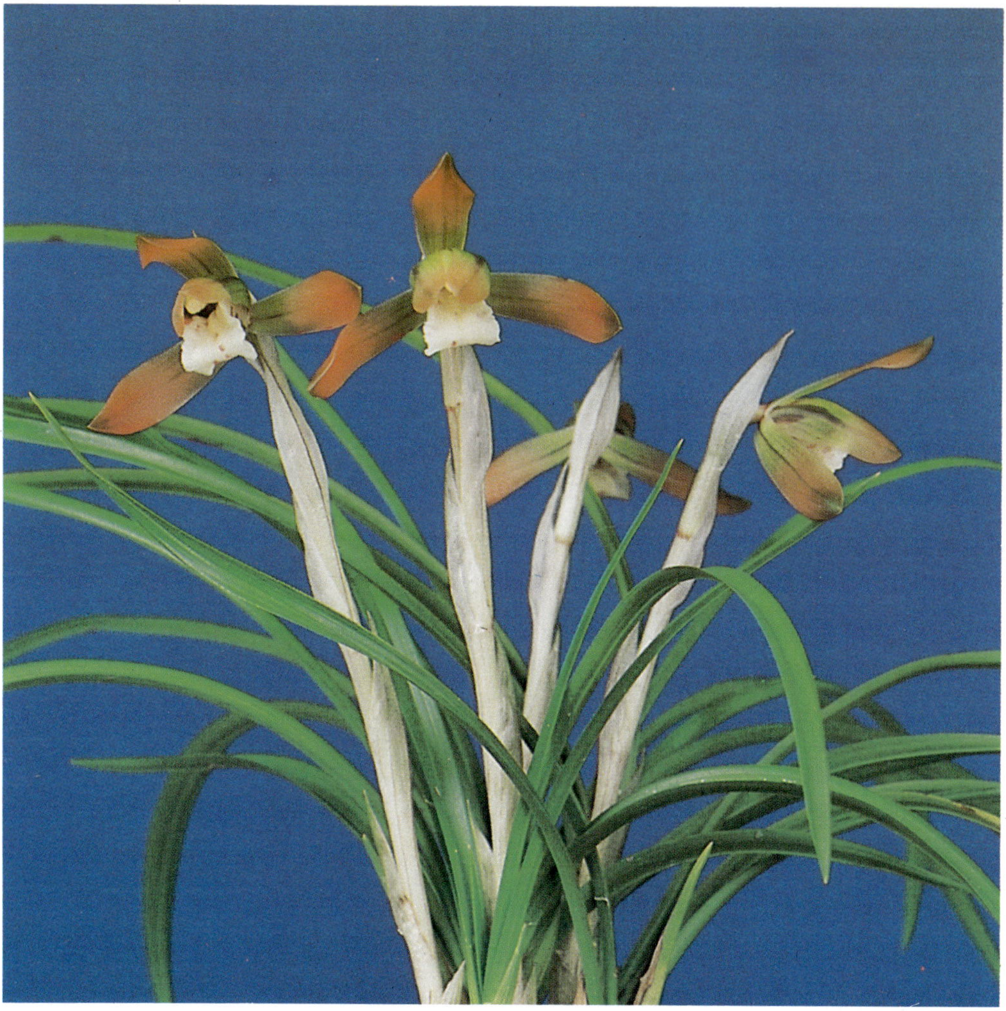

天女 Tennyo 채취·茨城縣

꽃은 홍화계(紅花系)로, 내판(內瓣)도 잘 감싸진 중간 크기의 송이(中輪). 잎은 중수(中垂)의 대엽성(大葉性)으로 잘 뻗는 홍화(紅花)의 귀품이다.

꽃색깔	16	분홍빛이 조금 더 진해진다	20
꽃모양	20	왼편의 꽃이 좋은 모양	20
꽃 대	10	잘 뻗어 있다	10
총합점	40	꽃잎 밑둥의 녹색이 빠지면 좋다	50

菊翠 (국취) Kikusui　채취·茨城縣

색깔 ● 모양 △ 꽃대 ● 개화 ■ 자태 △ 배양 △ 香

약간 가는 잎(細葉)으로 깊은 녹색 테두리 줄무늬에 흰 중투(中透) 줄무늬의 중수엽(中垂葉). 꽃도 잎의 멋(葉藝)과 같으며, 초록 테두리 줄무늬(綠覆輪)에 흰 중투의 멋. 중투화(中透花)의 최고 귀품이다.

꽃색깔	18	흰 중투 부분에 분홍색이 얹혀있다	20
꽃모양	20	균형이 잘 잡혀 있다	20
꽃 대	8	조금 더 뻗는다	10
총합점	46	사진이 약간 흐려져 있다	50

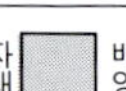

^천 ^심
天心　Tenshin　채취·茨城縣

색깔 ◯　모양 △　꽃대 ◯　개화 ◯　자태 ☐　배양 ◯　香

꽃은 진홍색의 꽃색깔, 꽃 모양도 좋은 작은 송이 꽃(小輪花). 잎은 권엽(卷葉)으로 약간 비틀린다. 배양하는 분(盆) 수도 많지 않아 즐거움이 더한 품종이다. 진분홍의 대표적인 꽃으로 최고 희귀품이다.

꽃색깔	20	잘 나와 있다	20
꽃모양	20	특징이 살아 있다	20
꽃 대	10	잘 뻗어 있다	10
총합점	50	전체적으로 잘 피어 있다	50

| <ruby>山<rt>산</rt></ruby><ruby>之<rt>지</rt></ruby><ruby>端<rt>단</rt></ruby> | Yamanoha | 채취·栃木縣 | 색깔 ◯ | 모양 ◯ | 꽃대 ◯ | 개화 ◯ | 자태 ☐ | 배양 ☐ | 香 |

잎은 흩어진 얼룩의 큰 테두리 줄무늬(大覆輪)로 나중에 조금 어두워지는 중수엽(中垂葉). 꽃은 둥글며 크고 꽃잎(花瓣)에 잎의 멋(葉藝)과 같은 테두리 줄무늬(覆輪)가 걸친 새로운 꽃. 테두리 줄무늬 꽃(覆輪花)의 최고 귀품이다.

꽃색깔	20	잘 나와 있다	20
꽃모양	20	특징이 살아 있다	20
꽃 대	8	조금 더 뻗는다	10
총합점	48	전체적으로 좋다	50

光琳 Kourin　채취·千葉縣

색깔 ◑ 모양 □ 꽃대 □ 개화 ○ 자태 △ 배양 △ 香

꽃은 분홍색이 물든 주금색(朱金色)으로 후에맑아지는후천성(後天性). 포동포동한 둥근 꽃잎(円瓣)은 빼어나게 뛰어나다. 잎은 광택이 있는 녹색 바탕에 중배가 부른 잎의 중수(中垂)로 특징이 있다. 주금색 꽃(朱金色花)의 대표격으로 최고 귀품이다.

꽃색깔	20	잘 나와 있다	20
꽃모양	18	조금 더 감싼다	20
꽃 대	9	조금 더 뻗는다	10
총합점	47	머리를 숙이고 있는 것이 아쉽다	50

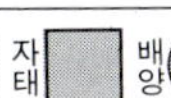
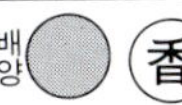

武藏之譽 (무장지예)　Musashinohomare　채취·埼玉縣

색깔 ○　모양 □　꽃대 ○　개화 ○　자태 □　배양 ○　香

잎은 진녹색 바탕에 테두리 줄무늬(覆輪)의 황백색 중투 줄무늬(中透縞)로, 　다 자란 후 잎 밑둥부터 차츰 거무스름해지며, 잎 끝쪽에 멋(藝)이 남는다. 꽃은 중투화(中透花)로 평견(平肩) 피기가 되는 중투화의 귀품이다.

꽃색깔	20	특징을 잘 나타내고 있다	20
꽃모양	20	무난하게 피어 있다	20
꽃 대	10	잘 뻗어 있다	10
총합점	50	전체적으로 좋다	50

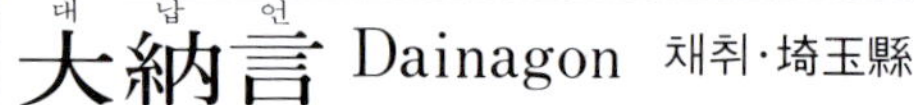

大納言 Dainagon 채취·埼玉縣

색깔 ◯ 모양 ◯ 꽃대 ◯ 개화 ◯ 자태 ◯ 배양 ◯ 香

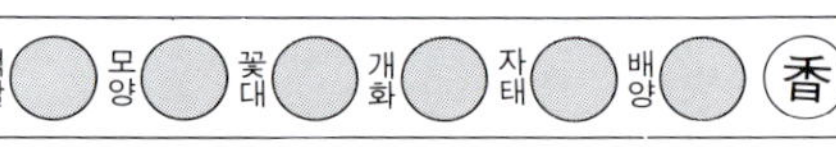

진녹색 바탕에 잎이 두껍고 다른 난에서는 이에 견줄 만한 것이 없는, 폭이 넓은 대형(大形葉)으로 중수엽(中垂葉). 꽃은 평견(平肩)의 수선판(水仙瓣), 분홍빛이 물든 주금색(朱金色)의 큰 송이(大輪)로 잎 위로 높이 핀다. 주금화(朱金花)의 귀품이다.

꽃색깔	20	잘 나와 있다	20
꽃모양	20	일자(一字)의 좋은 꽃 모양	20
꽃 대	10	잘 뻗어 있다	10
총합점	50	전체적으로 특징을 잘 나타내고 있다	50

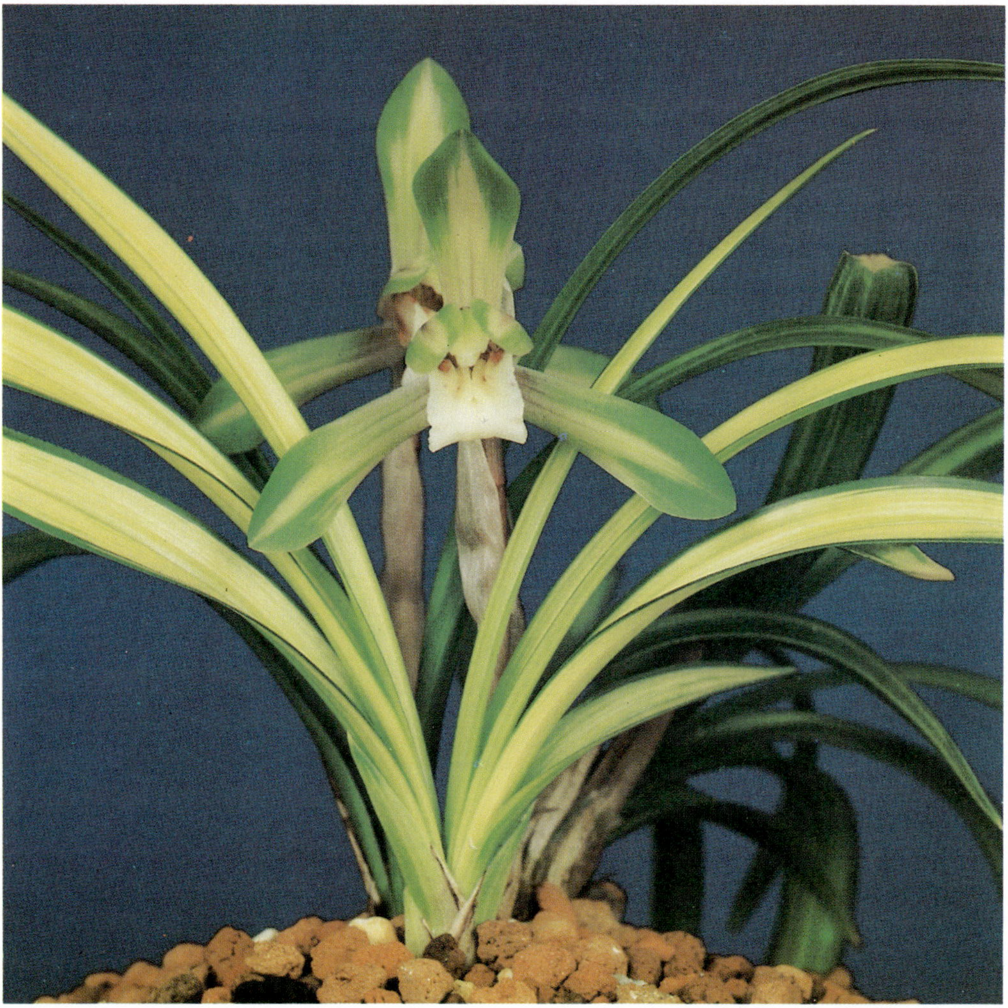

秩父錦 Chichibunishiki 채취·埼玉縣

녹색 테두리 무늬에 백황색의 중투화 (中透花)로 꽃잎 밑둥이 약간 담홍색으로 물들어 있다. 잎의 폭이 넓고 노수성 (露受性 : 이슬을 받을 수 있게 잎이 오목한 곳)도 좋으며, 싹이 나올 때는 녹색 테두리 줄무늬 (緑覆輪)에 노랑 중투 (中透)의 멋 (藝)이 아름답지만 다 자란 후 무늬가 어두워지는 중투화 (中透花)의 최고 귀품이다.

꽃색깔	16	다섯 잎 (五瓣)에 노란색이 부족	20
꽃모양	20	평견 (平肩)의 좋은 형	20
꽃 대	10	잘 뻗는다	10
총합점	46	황색기의 부족함이 아쉽다	50

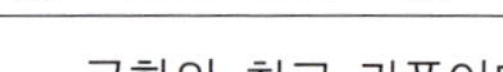

玉英 Gyokuei 　채취·茨城縣

색깔 ◯ 모양 ▢ 꽃대 ▢ 개화 ◯ 자태 ▢ 배양 ◯ 香

주금색(朱金色)의 꽃색깔이 맑으며, 꽃잎이 둥글고(円瓣) 모양이 예쁘게 핀다. 진녹색의 잎은 중엽(中葉)으로 중수(中垂). 잎의 자태 즉, 노수성(露受性)도 좋고 「자보(紫寶)」와 마찬가지 중형(中型)으로 특히 뛰어나다. 주 금화의 최고 귀품이다.

꽃색깔	20	잘 나와 있다	20
꽃모양	18	내판(內瓣)이 좀 더 감싼다	20
꽃 대	10	잘 뻗어 있다	10
총합점	48	전체적으로 특징이 잘 살아있다	50

| <ruby>燦<rt>찬</rt></ruby><ruby>月<rt>월</rt></ruby> Sangetsu 채취·茨城縣 | 색깔 ◯ 모양 △ 꽃대 ☐ 개화 △ 자태 △ 배양 ◯ 香 |

꽃은 둥근 꽃잎(円瓣)의 보통 크기에 송이
(中輪)로, 다섯 잎(五瓣) 전부 맑은 황색인
흰 혀(白舌)의 소심화(素心花). 잎은 맑은
황록색으로 가는 잎(細葉)의 바로서기(中立).
나오는 싹은 유백색이다. 황화(黃花)의 최

고 희귀품이다.

꽃색깔	16	다섯 잎(五瓣)의 황색이 부족	20
꽃모양	20	평견(平肩)의 좋은 모양	20
꽃 대	10	잘 뻗는다	10
총합점	46	황색기의 부족함이 아쉽다	50

明星 Myojyo 채취·茨城縣

색깔 ○ 모양 □ 꽃대 ○ 개화 ○ 자태 □ 배양 ○ 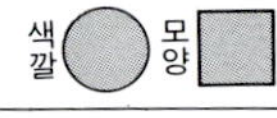 香

꽃은 분홍빛으로 감싸임이 좋은 평견(平肩)
피기. 꽃잎 끝이 둥그스름(円瓣)하며, 잎은
중엽(中葉)의 반수성(半垂性)이다. 이 난은
아직 발견된지도 얼마 안 되어, 즐거움이 많
은 품종으로 귀품이다.

꽃색깔	20	잘 나와 있다	20
꽃모양	20	좋은 꽃 모양	20
꽃 대	10	잘 뻗어 있다	10
총합점	50	꽃의 흠이 옥에 티	50

滿月(만월) Mangetsu　채취·千葉縣

색깔 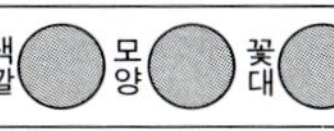 모양 꽃대  개화 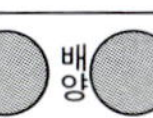 자태 배양  香

잎은 맑은 녹색 바탕에 두께가 두껍고 폭이 넓은 큰 잎(大葉), 중수(中垂)로 나오는 싹은 황록색. 꽃은 평견(平肩) 피기의 큰 송이(大輪), 꽃잎 끝에 녹색이 남는 황화(黃花)의 귀품이다.

꽃색깔	16	조금 더 노란색을 강하게	20
꽃모양	20	특징이 살아있어 좋다	20
꽃 대	10	잘 뻗어 있다	10
총합점	46	전체적으로 잘 되어 있다	50

福之光 （복지광） Fukunohikari 채취·富山縣

색깔 ○ 모양 □ 꽃대 ○ 개화 △ 자태 □ 배양 ○ 香

꽃은 등홍색(橙紅色)의 평견(平肩) 피기로
나중에 산뜻해지는 나중무늬가 좋은 꽃. 잎
은 진녹색 바탕으로 중수성(中垂性). 등홍
색화(橙紅色花)의 일품이다.

꽃색깔	20	잘 나와 있다	20
꽃모양	20	좋은 꽃 모양	20
꽃 대	10	잘 뻗어 있다	10
총합점	50	꽃 흠이 옥에 티	50

소 정 금
小町錦 Komachinishiki 채취·福井縣

색깔 □ 모양 ○ 꽃대 ○ 개화 ○ 자태 ○ 배양 ○ (香)

잎은 진녹색 바탕에 폭 넓은 큰 잎(大葉)으
로 중수성(中垂性). 꽃은 맑은 황녹색으로
3각피기의 큰 송이(大輪), 소심혀(素心舌)
인데 속에 도시소(桃腮素 : 붉은볼)가 나오는
백화(白花)의 귀품이다.

꽃색깔	18	조금 더 녹색이 된다	20
꽃모양	20	특징이 살아 있다	20
꽃 대	10	잘 뻗어 있다	10
총합점	48	전체적으로 잘 되어 있다	50

緋牡丹 (비목단) Hibotan 채취·茨城縣

| 색깔 | 모양 | 꽃대 | 개화 | 자태 | 배양 | 香 |

꽃은 약간 칙칙한 주금색(朱金色)으로 노화
(老花)가 되면 활 모양으로 휜다. 잎은 보통
가늘기(中細)로 반수성(半垂性).　주금색화
(朱金色花)의 귀품이다.

꽃색깔	20	잘 나와 있다	20
꽃모양	20	특징이 살아 있다	20
꽃 대	10	잘 뻗어 있다	10
총합점	50	잘 피어 있다	50

翠苑 Suien　채취·靜岡縣

색깔 ⬤　모양 ▢　꽃대 ⬤　개화 ⬤　자태 ▢　배양 ⬤　香

꽃은 광택있는 둥근 꽃잎(円瓣)의 소심화(素心花)로 평견(平肩) 피기. 잎은 가는 잎(細葉)의 중수성(中垂性)으로 일본 춘란의 소심을 대표하는 귀품이다.

꽃색깔	20	잘 나와 있다	20
꽃모양	20	특징이 살아 있다	20
꽃 대	8	조금 더 뻗는다	10
총합점	48	꽃의 흠이 옥에 티	50

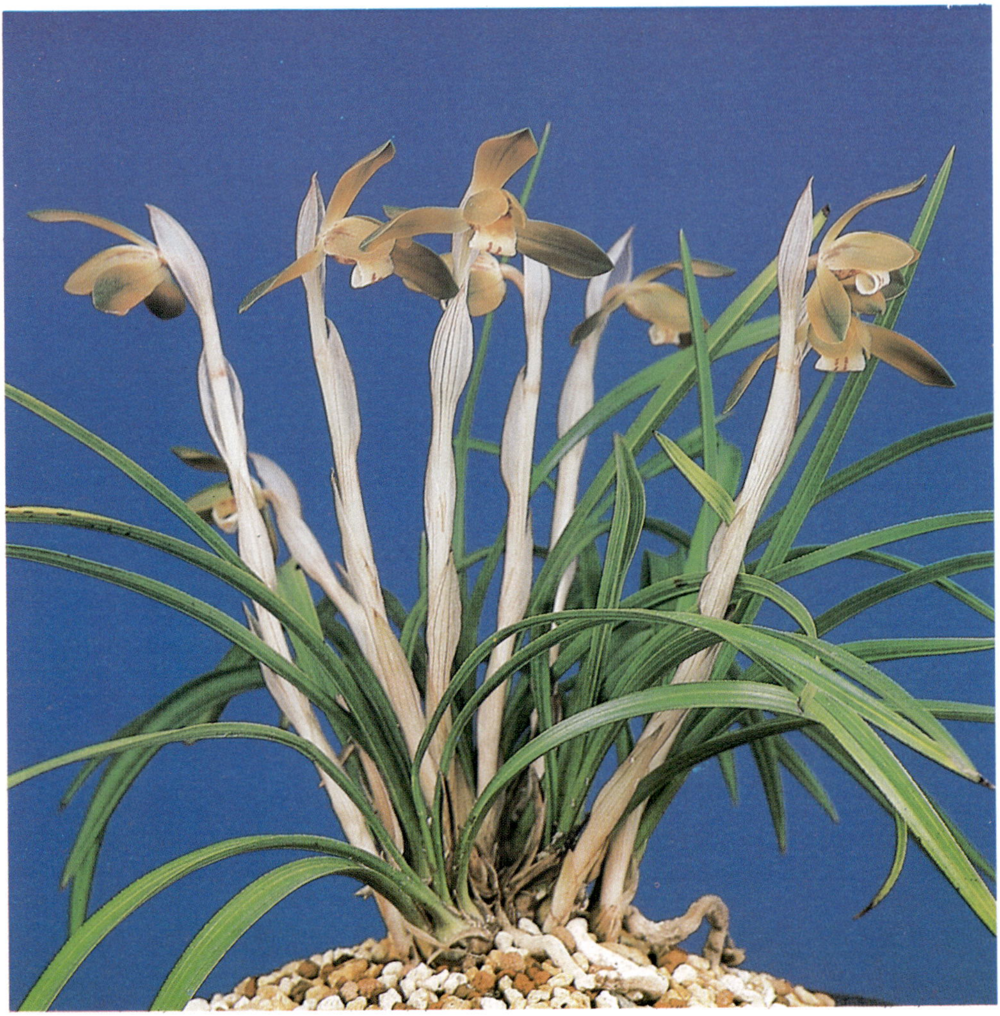

織姫 (직녀) Orihime 채취·茨城縣

잎은 진녹색이 강한 보통잎(中葉)의 중간 잎
바로 서기(中立葉性). 꽃은 수선판(水仙瓣)
의 주금색(朱金色)으로, 꽃대는 연분홍을 띠
는 것이 특징. 주금색화(朱金色花)의 일품
(逸品)이다.

꽃색깔	18	조금 더 녹색이 빠지면 좋다	20
꽃모양	20	특징이 살아 있다	20
꽃 대	10	잘 뻗어 있다	10
총합점	48	전체적으로 잘 되어 있다	50

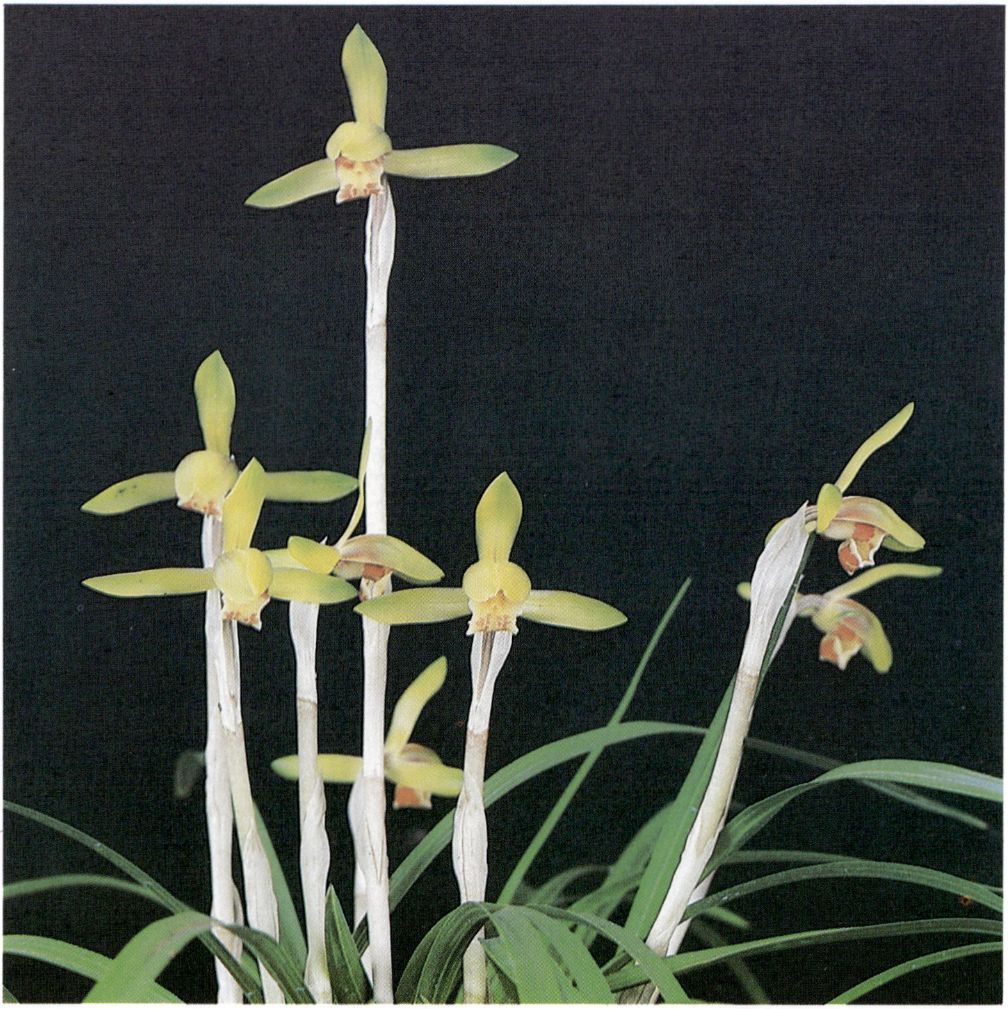

色깔 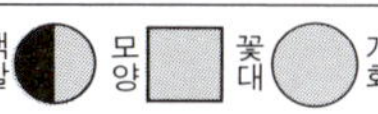 모양  꽃대 개화 자태 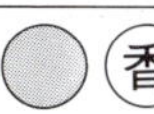 배양  香

잎은 녹색 바탕으로 대엽성(大葉性)의 중수 (中垂), 꽃은 수선판(水仙瓣)으로 평견(平 肩) 피기, 꽃잎 끝에 녹색이 남는데 전체적 으로 노란빛의 발색(發色)이 좋은 황화(黃 花) 중의 귀품이다.

꽃색깔	20	잘 나와 있다	20
꽃모양	20	일문자의 좋은 형	20
꽃 대	10	잘 뻗어 있다	10
총합점	50	전체적으로 잘 되어 있다	50

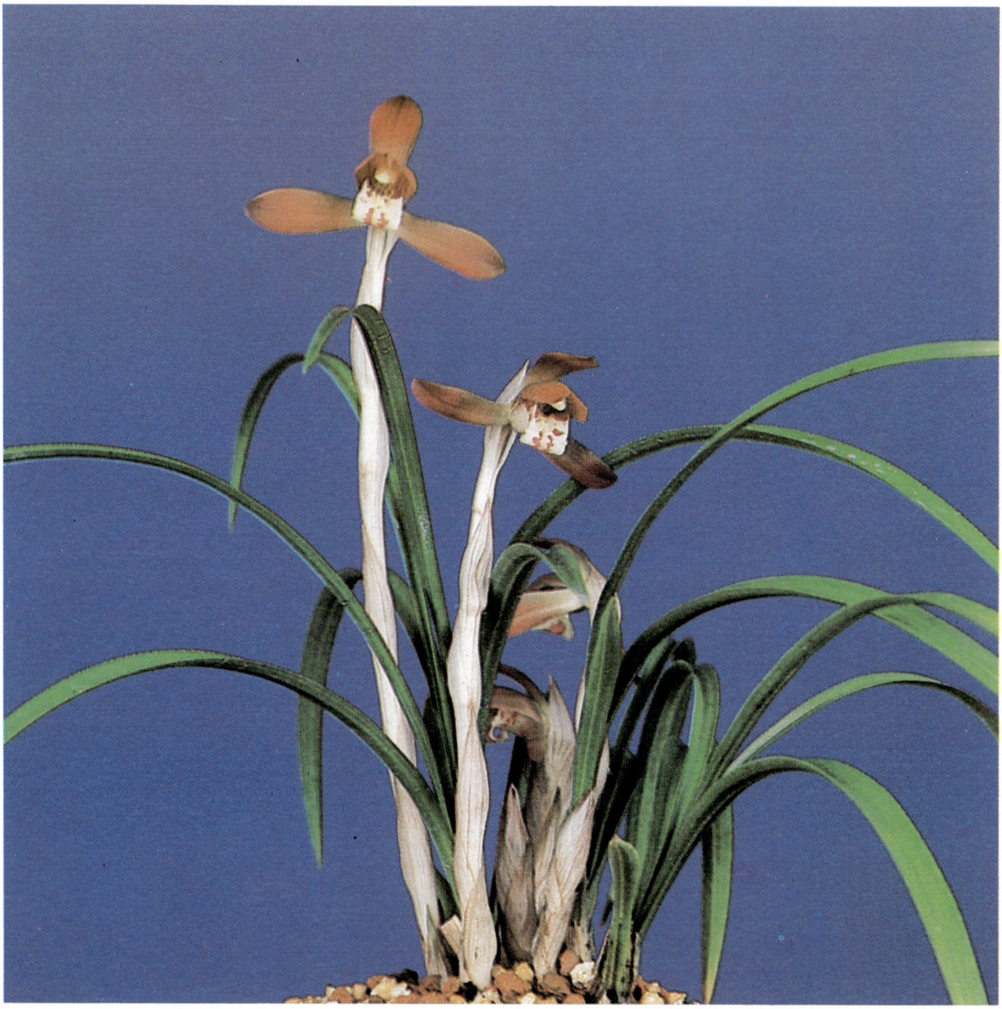

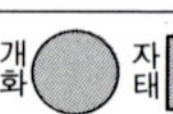

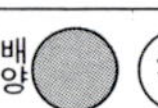

東源(동원) Tougen 채취·茨城縣

색깔 ○ 모양 □ 꽃대 ○ 개화 ○ 자태 □ 배양 ○ 香

꽃은 진분홍색으로 내판(內瓣)도 모양이 좋은 평견(平肩) 피기. 잎은 잎 중간 높이의 중수성(中垂性), 골이 깊고 진녹색이다. 진분홍화계(紅花系)의 최고 귀품이다.

꽃색깔	17	조금 더 밝은 다홍색	20
꽃모양	20	일자(一字)의 좋은 형	20
꽃 대	10	잘 뻗어 있다	10
총합점	47	전체적으로 거무스름한 것이 아쉽다	50

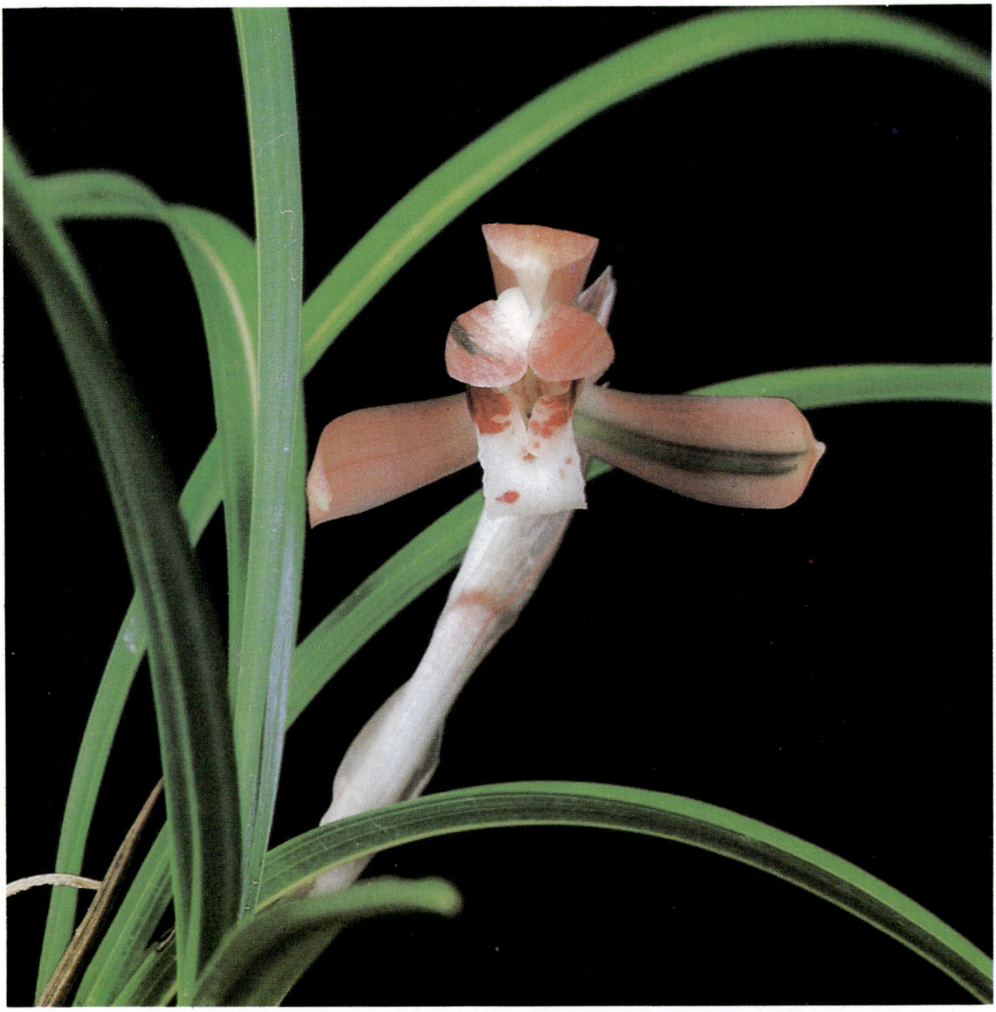

잎은 진녹색 바탕의 중간 잎 바로서기(中立
葉)로 잎 끝에 제비꼬리모양(燕尾)을 한 흰색
의 막대 줄기무늬(棒縞)가 들어감.   꽃눈이
맺는 장소에 따라 무늬가 달라지는 성질이
있어 꽃의 줄무늬(縞柄)가 달라지는데, 흰색

과 녹색의 거친 줄기무늬가 되며 흰색에 분
홍빛을 걸친 진귀한 귀품이다.

꽃색깔	15	녹색 줄무늬가 선명하게 나온다	20
꽃모양	20	보통	20
꽃 대	8	조금 더 뻗는다	10
총합점	43	주·부판(主副瓣)에 녹색 줄무늬가 나온다	50

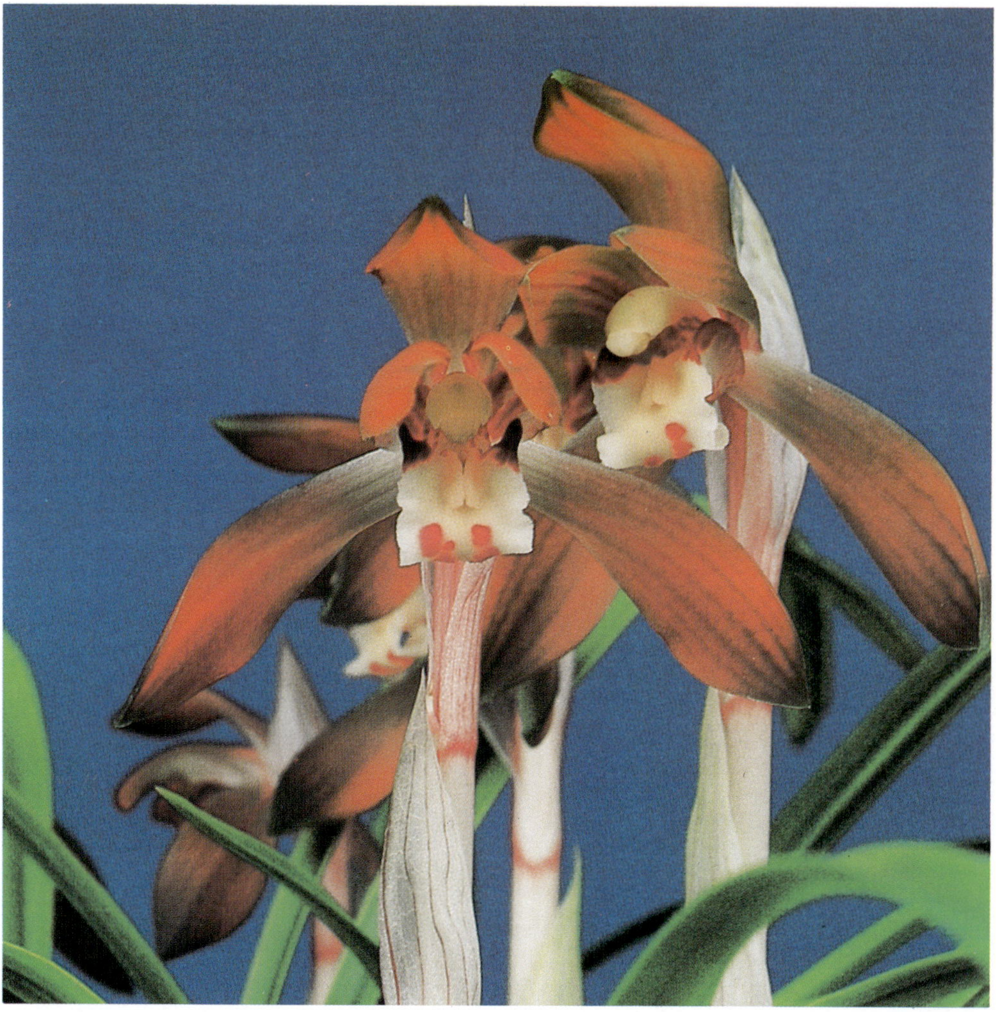

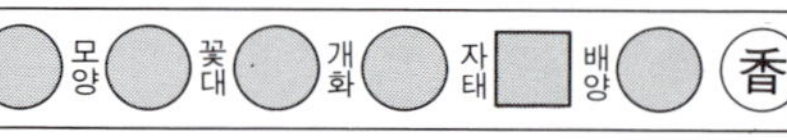

홍양 紅陽 Kouyou 채취·茨城縣

색깔 ○ 모양 ○ 꽃대 ○ 개화 ○ 자태 □ 배양 ○ 香

꽃은 선명한 홍등색(紅橙色)의 큰 송이(大輪)의 3각피기로 꽃잎 끝이 조금 날카롭다. 잎은 산뜻한 호랑무늬 즉, 얼룩무늬가 들어가며, 엷은 노랑에 가까울 정도로 녹색이 엷은 홍등색화(紅橙色花)의 귀품이다.

꽃색깔	18	꽃잎 끝도 분홍빛이 나온다	20
꽃모양	20	특징이 살아 있다	20
꽃 대	10	잘 뻗어 있다	10
총합점	48	전체적으로 분홍빛이 너무 강하다	50

翁 Okina　채취·茨城縣

색깔 □　모양 △　꽃대 □　개화 △　자태 □　배양 ○　香

잎은 진녹색 바탕의 두꺼운 바로서기 잎. 꽃
은 주·부판(主副瓣 : 꽃받침)이 다 꽃잎 끝
이 둥글고(円瓣), 엷은 녹색에 진녹색의 무
늬로, 줄무늬 꽃(縞花)으로 보이는 내판(內
瓣)에 투구가 달린 진귀종으로 귀품이다.

꽃색깔	15	녹색 줄무늬가 선명하게 나온다	20
꽃모양	15	꽃잎 끝에 상처가 있다	20
꽃 대	10	잘 뻗는다	10
총합점	40	흠 있는 사진 밖에 없음이 아쉽다	50

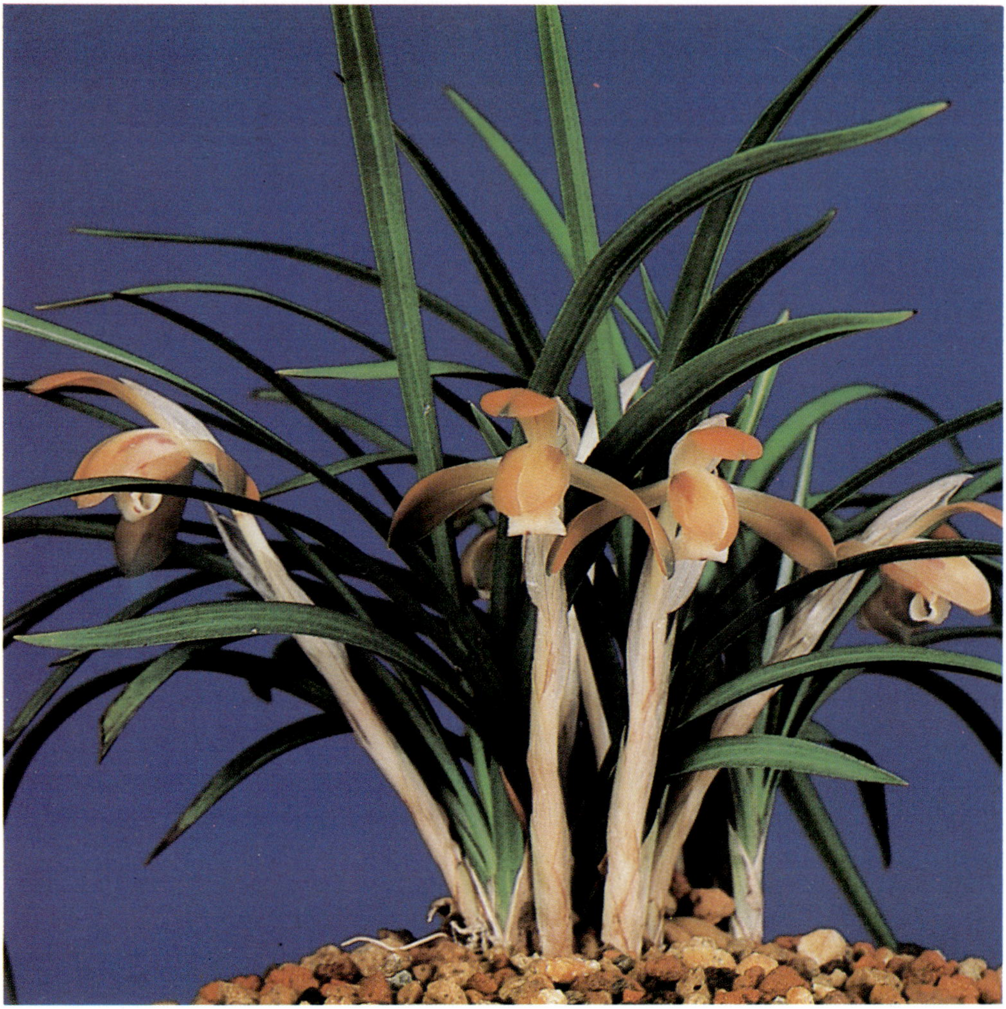

多摩之夕映 Tamanoyubae 채취·新潟縣 색깔 ◯ 모양 ▢ 꽃대 ◯ 개화 ◯ 자태 ▢ 배양 ◯ 香

꽃은 산뜻한 주금색(朱金色)으로 약간 낙견
(落肩)으로 핀다. 잎은 녹색 바탕에 광택이
있으며, 두께가 두껍고 중수엽(中垂葉). 주
금색 꽃을 대표하는 귀품이다.

꽃색깔	10	탁하지 않은 주금색으로 핀다	20
꽃모양	20	특징이 살아 있다	20
꽃 대	10	잘 뻗어 있다	10
총합점	40	꽃잎 끝의 흐림이 아쉽다	50

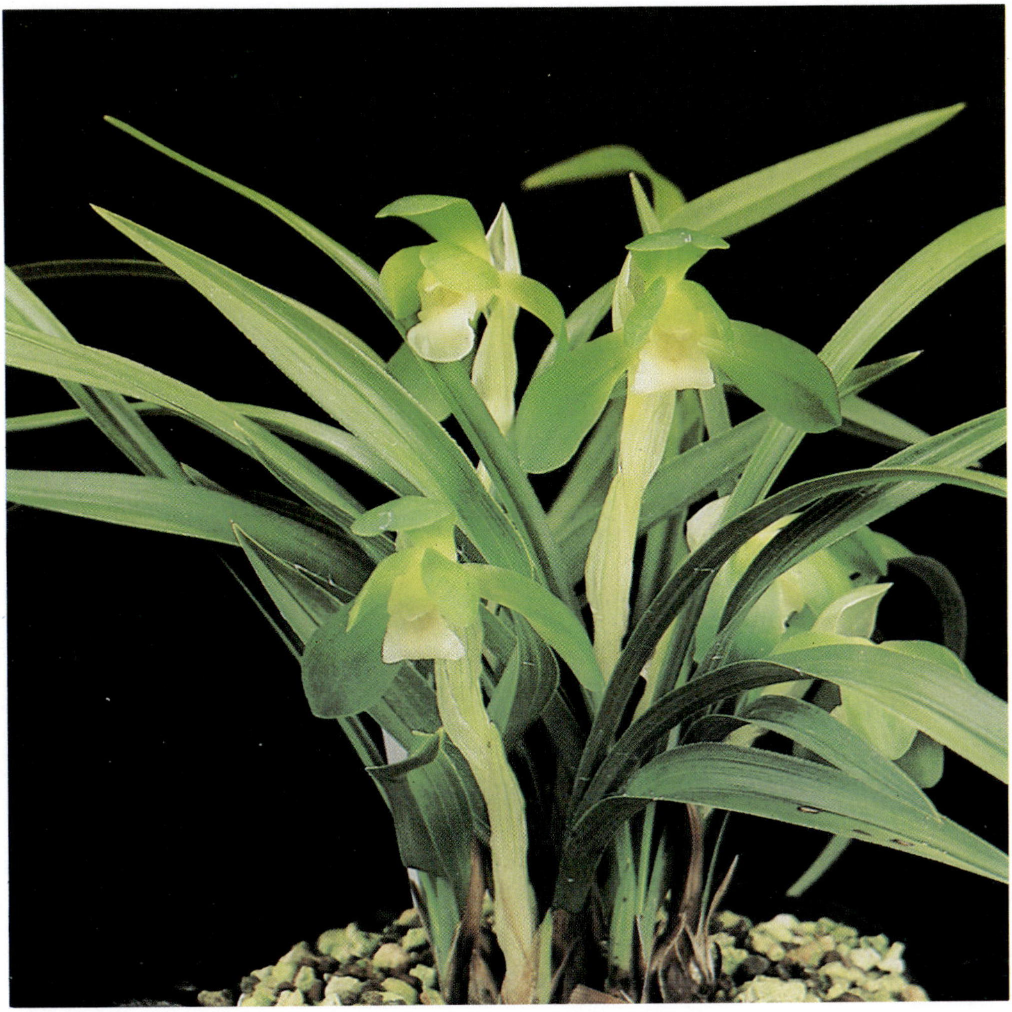

聚樂 Jyuraku 채취·茨城縣

꽃은 맑은 황록색의 큰 꽃송이(大輪)로 내판
(內瓣)의 감싸임도 좋고, 소심(素心) 중에서
도 빼어나게 뛰어나다. 잎은 진녹색 바탕에
상당히 늘어지는 중수(中垂)로, 잎 폭도 넓
고 남성적인 품종. 백화(白花)의 귀품이다.

꽃색깔	18	녹색이 조금 더 진해진다	20
꽃모양	20	특징이 살아 있다	20
꽃 대	10	잘 뻗어 있다	10
총합점	48	전체적으로 잘 되어 있다	50

天紅香 (천홍향) Tenkoukou　채취·埼玉縣　색깔 ◑ 모양 □ 꽃대 ○ 개화 □ 자태 □ 배양 ○ (香)

꽃은 진분홍 적색의 산뜻한 평견(平肩) 피기
의 큰 송이(大輪). 잎은 보통 가늘기(中細)
의 중수(中垂)로, 분을 감싸듯이 휘감는다.
꽃의 발색(發色)의 양부(良否)가　극단적인
것이 아쉬운 홍화(紅花)의 귀품이다.

꽃색깔	25	훌륭한 색으로 피었다	20
꽃모양	20	특징이 살아 있다	20
꽃 대	10	잘 뻗어 있다	10
총합점	55	이제까지의 최고의 꽃	50

白王獅子 Hakuojishi 채취·茨城縣

색깔 ○ 모양 □ 꽃대 □ 개화 □ 자태 □ 배양 ○ (香)

잎 두께가 두껍고 광택있는 중수성(中垂性)으로 잎폭이 넓고 노수성(露受性)도 들어가 있다. 꽃은 국화(菊花) 피기의 소심(素心)으로 진녹색의 꽃잎이 6~7매, 비두(鼻頭 : 꽃술 또는 꽃자루)가 셋으로 나뉘며, 허는 2~3매로 순백이다. 기종화(奇種花)의 최고 귀품이다.

꽃색깔	20	녹색과 백색의 조화가 좋다	20
꽃모양	18	피기 시작으로 벌어지지 않았다	20
꽃 대	7	조금 더 뻗는다	10
총합점	45	절반이 피었으나 특징은 보인다	50

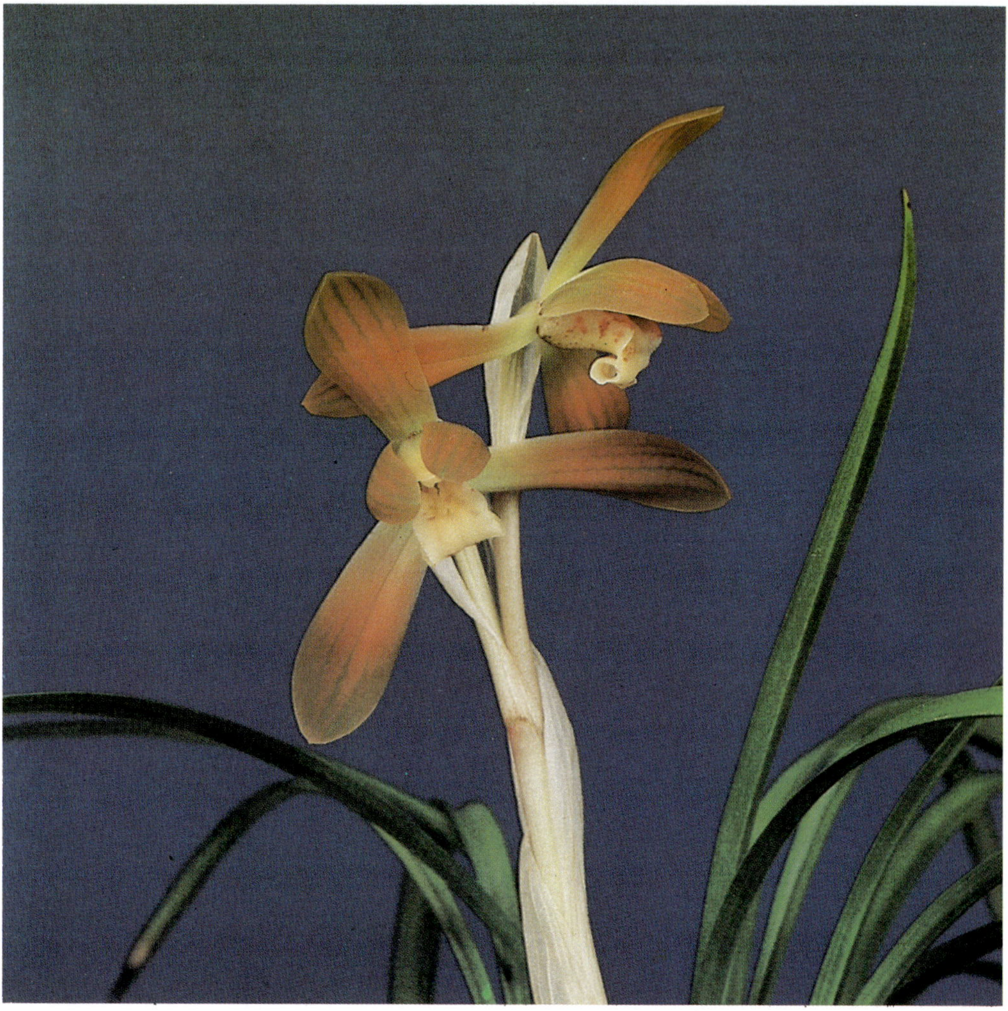

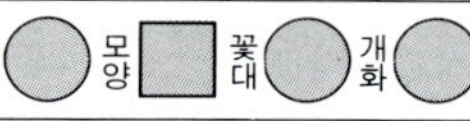

若櫻 Wakazakura 채취·千葉縣

잎은 진녹색 바탕으로 중수(中垂)의 대엽성
(大葉性), 꽃은 적색계(赤色系)로 색깔도 좋
고 수선판(水仙瓣). 큰 송이(大輪) 피기의
새로운 꽃으로 장래 즐거움이 많은 귀품이다.
다.

꽃색깔	20	잘 나와 있다	20
꽃모양	20	특징이 살아 있다	20
꽃 대	10	잘 뻗어 있다	10
총합점	50	쌍두화(双頭花)로 잘 피었다	50

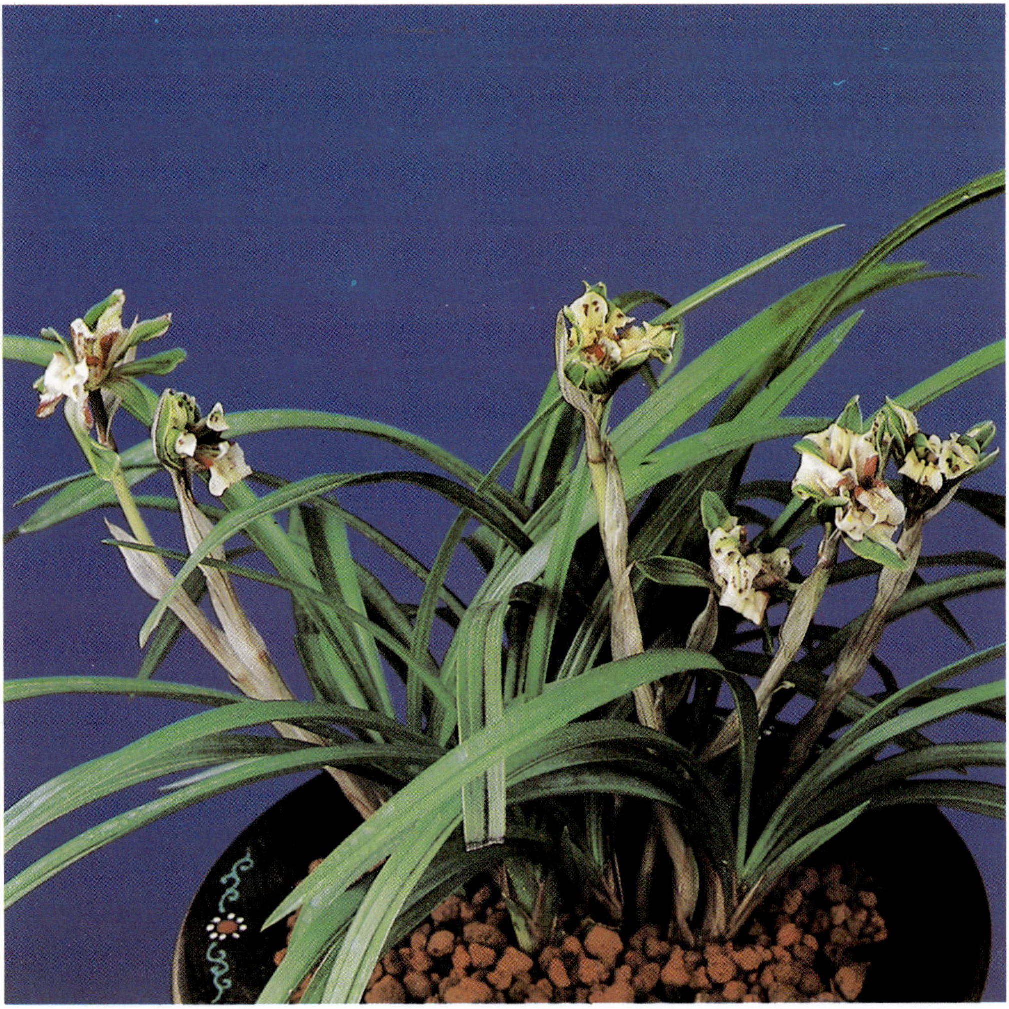

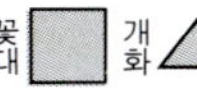

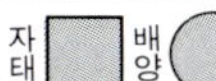

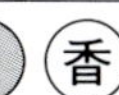

鯨波(경파) Kachidoki 채취·長野縣

색깔 ○ 모양 ○ 꽃대 □ 개화 △ 자태 □ 배양 ○ 香

발견 채취된 당시는 「극락조(極樂鳥)」라 명명되어 배양되었다 하며, 그 후 「가찌도끼」라 명명되었다. 꽃은 겹모란피기로, 주판(主瓣), 부판(副瓣)이 다 퇴화(退化)하여 황록색의 가는 검엽(劒葉)이 사방으로 나온다. 혀(舌)는 5~8매가 서로 겹쳐서 중량감이 넘치는 큰 송이 꽃(大輪花). 기종화(奇種花)의 대표적 최고 귀품이다.

꽃색깔	20	잘 나와 있다	20
꽃모양	20	특징이 살아 있다	20
꽃 대	10	잘 뻗어 있다	10
총합점	50	전체적으로 잘 되어 있다	50

桃源香 ^{도원향} Togenkou 채취·長野縣 색깔  모양  꽃대  개화 자태  배양  香

꽃은 분홍 보라색으로 진분홍색의 줄이 들어
가, 꽃잎 살이 두꺼운 큰 송이 꽃(大輪花).
잎은 중엽성(中葉性)의 중수(中垂)로, 새 잎
에 담황색의 안개 호랑무늬(曙虎)가 나오
는 홍화계(紅花系)의 귀품이다.

꽃색깔	12	꽃잎 끝, 밑둥의 녹색이 탈색	20
꽃모양	18	조금 더 감싼다	20
꽃 대	8	더 뻗는다	10
총합점	38	전체적으로 특징이 잘 살아 있다	50

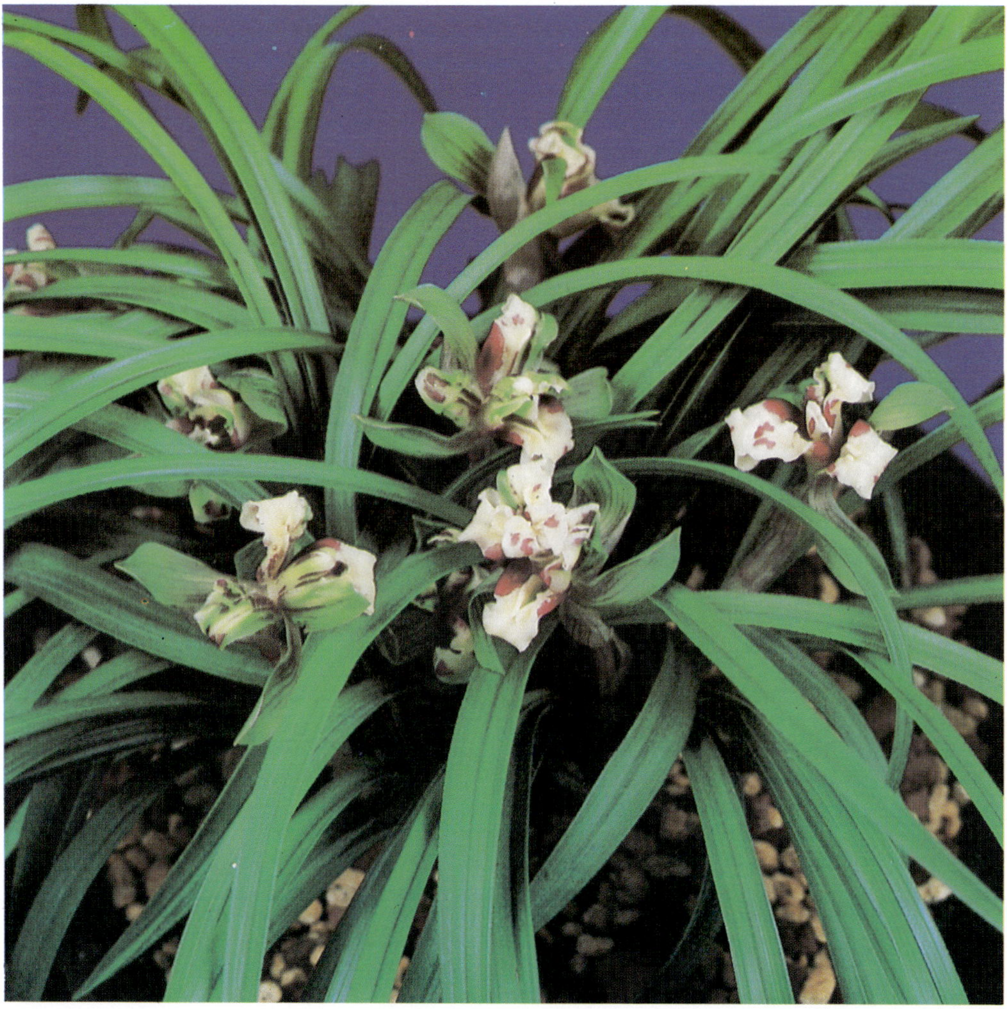

御國之花 Mikuninohana 채취·長野縣

꽃은 「경파(鯨波)」와 흡사한 모란(牡丹) 피기로, 설화(舌化)한 꽃잎에 들어간 분홍 점이 돋보이게 큰 것이 특징. 잎은 바로서기 잎(立葉性)의 「경파(鯨波)」에 비해, 반수성(半垂性)이다. 기종화(奇種花)를 대표하는 귀품이다.

꽃색깔	20	색이 잘 나와 있다	20
꽃모양	20	특징이 살아 있다	20
꽃 대	8	조금 더 뻗는다	10
총합점	48	전체적으로 잘 되어 있다	50

歌麿 Utamaro 채취·茨城縣

색깔 ◐ 모양 □ 꽃대 ○ 개화 ○ 자태 □ 배양 ○ 香

산에서 채취했을 때 겹으로 피어 있었다 함.
홍적색(紅赤色)으로 꽃잎이 둥근(円瓣) 3각
피기. 잎은 녹색 바탕이 강하고 잎 두께가
두꺼운 중간 잎 바로서기 잎(中立葉), 노수
성(露受性：오목함)도 좋고, 홍화(紅花)에서 의 최고 희귀품이다.

꽃색깔	15	맑은 홍적색이 된다	20
꽃모양	20	모양은 좋다	20
꽃 대	10	잘 뻗어 있다	10
총합점	45	꽃 전체가 거무스름하다	50

鏡獅子 ^경^사^자 Kagamijishi 채취·千葉縣

색깔 ◯ 모양 ◯ 꽃대 ◯ 개화 ◯ 자태 ◯ 배양 ◯ 香

꽃은 어미꽃과 아기꽃의 두 꽃(二花)이 붙
어 있는 사자(獅子) 피기, 잎은 진녹색 바탕
의 두께가 두껍고 중간 잎 바로서기 잎(中
立葉). 기종화(奇種花)의 최고 귀품이다.

꽃색깔	20	잘 나와 있다	20
꽃모양	20	특징이 살아 있다	20
꽃 대	10	잘 뻗어 있다	10
총합점	50	전체적으로 잘 되어 있다 .	50

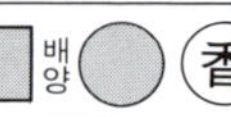

大觀（대관） Taikan　채취·茨城縣

색깔 □ 모양 □ 꽃대 ○ 개화 ○ 자태 □ 배양 ○ 香

잎은 맑은 녹색 바탕에 폭 넓은 반수(半垂).
꽃은 산뜻한 붉은 색으로 평견(平肩) 피기,
내판(內瓣)의 감싸임도 좋다. 새로운 꽃으로
뛰어난 귀품이다.

꽃색깔	16	꽃잎 밑둥의 녹색이 빠지면 좋다	20
꽃모양	18	조금 더 평견(平肩)이 된다	20
꽃 대	10	잘 뻗어 있다	10
총합점	44	전체적으로 특징이 잘 살아 있다	50

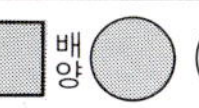

菊水 Kikusui　채취·新潟縣

색깔 ◯ 모양 ◯ 꽃대 ◯ 개화 △ 자태 ☐ 배양 ◯ 香

녹색의 꽃잎이 십여장 겹쳐서 국화(菊花) 피
기가 된다. 잎은 진녹색 바탕으로 중간 잎
바로서기 잎(中立性). 기종화(奇種花)의 귀
품이다.

꽃색깔	20	잘 나와 있다	20
꽃모양	20	특징이 살아 있다	20
꽃 대	10	잘 뻗어 있다	10
총합점	50	전체적으로 잘 피어 있다	50

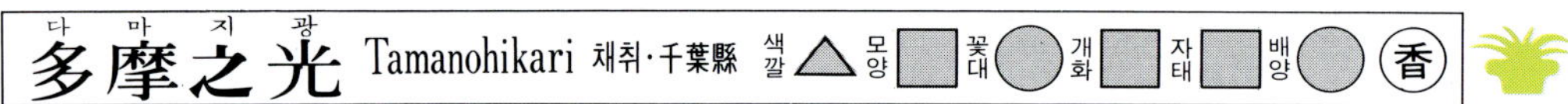

多摩之光 (다마지광) Tamanohikari 채취·千葉縣

색깔 △ 모양 □ 꽃대 ○ 개화 □ 자태 □ 배양 ○ 香

꽃은 분홍색으로 꽃잎 폭이 넓은 좋은 꽃, 내
판(內瓣)의 감싸임도 좋다. 잎은 녹색 바탕
이 강하고, 보통 폭(中葉)의 중수성(中垂性).
홍화(紅花)에서의 귀품이다.

꽃색깔	15	분홍색이 더 진해진다	20
꽃모양	20	특징이 살아 있다	20
꽃 대	10	잘 뻗어 있다	10
총합점	45	꽃줄기가 가지런하지 못함이 아쉽다	50

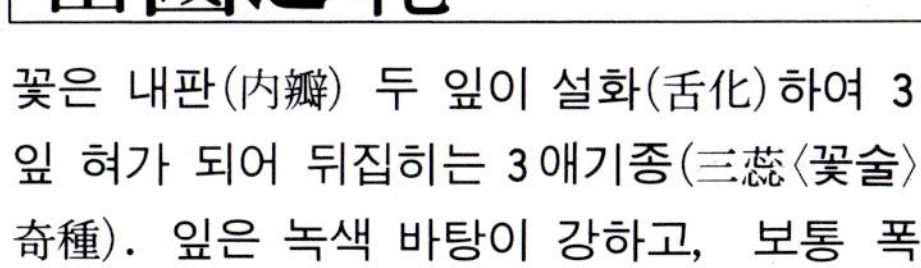

부 국 지 광
富國之花 Fukokunohana 채취·埼玉縣

색깔 ○ 모양 □ 꽃대 ○ 개화 □ 자태 □ 배양 ○ 香

꽃은 내판(內瓣) 두 잎이 설화(舌化)하여 3
잎 혀가 되어 뒤집히는 3 애기종(三蕊〈꽃술〉
奇種). 잎은 녹색 바탕이 강하고, 보통 폭
(中葉)의 중수(中垂)로, 기종화(奇種花)의
특출한 일품이다.

꽃색깔	20	잘 나와 있다	20
꽃모양	20	특징이 살아 있다	20
꽃 대	10	잘 뻗어 있다	10
총합점	50	전체적으로 잘 피어 있다	50

紅帝 Koutei 채취·茨城縣

꽃은 진분홍색으로 내판(內瓣)의 감싸임도 좋고, 꽃잎 폭이 넓은 평견(平肩) 피기. 잎은 녹색 바탕으로 폭 넓은 중수(中垂). 홍화(紅花)의 새로운 꽃으로 최고 귀품이다.

꽃색깔	15	전체로 분홍색이 강하게 나온다	20
꽃모양	20	특징이 살아 있다	20
꽃 대	10	잘 뻗어 있다	10
총합점	45	꽃색깔이 맑지 못한 것이 아쉽다	50

高嶺之花 (고령지화) Takanenohana 채취·長野縣

층단(段) 피기의 적보라색으로 꽃모양은 주
·부판(主副瓣 : 꽃받침)이 전부 뒤로 휜다.
잎은 진녹색의 가는 잎(細葉)으로 바로서기
잎(立葉性). 꽃이 많이 피는 귀품이다.

꽃색깔	20	잘 나와 있다	20
꽃모양	20	특징이 살아 있다	20
꽃 대	10	잘 뻗어 있다	10
총합점	50	전체적으로 잘 되어 있다	50

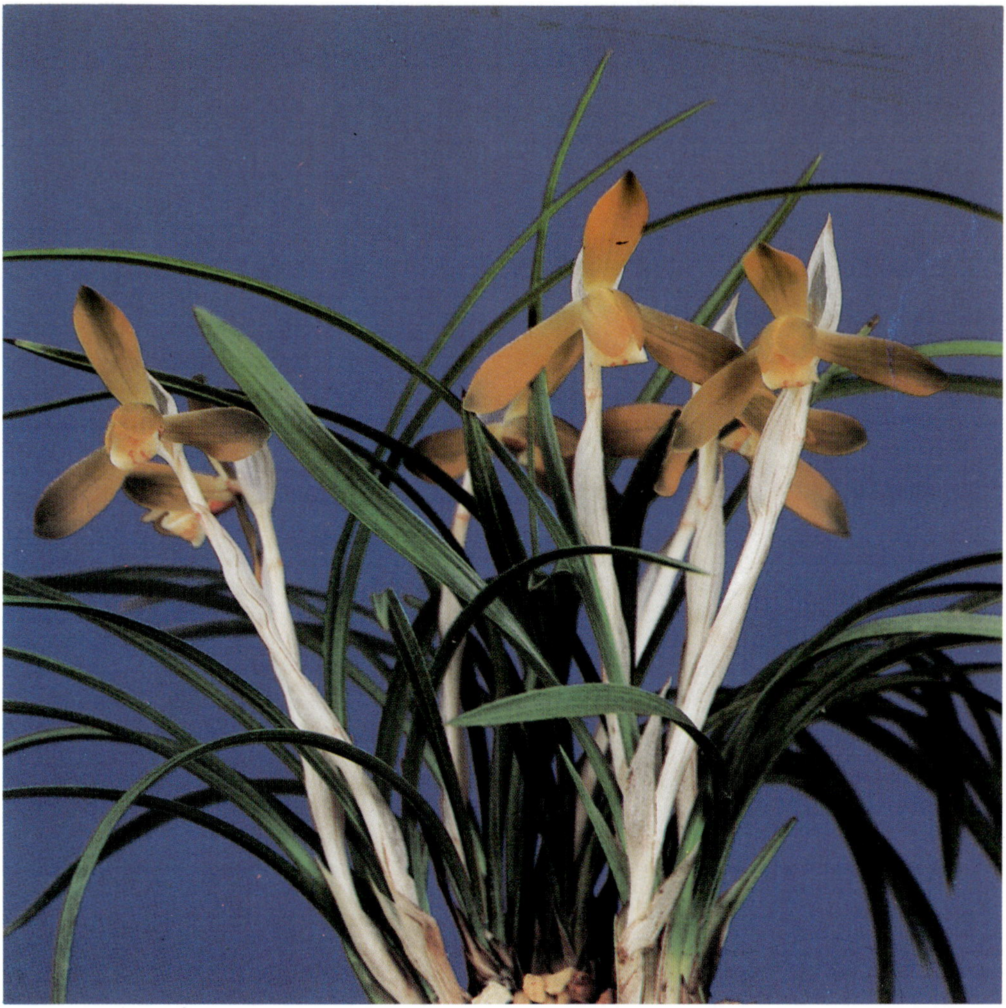

富士之夕映 Fujinoyubae 채취·茨城縣

색깔  모양 꽃대  개화 자태  배양  香

잎은 진녹색 바탕에 보통 가늘기(中細), 중수(中垂). 꽃은 평견(平肩) 피기의 주금색(朱金色)의 좋은 꽃으로 꽃잎 끝에 녹색이 조금 남는다. 내판(內瓣)은 약간 벌어진다. 주금색화(朱金色花)의 일품이다.

꽃색깔	15	꽃잎 끝의 흐림이 빠지면 좋다	20
꽃모양	20	특징이 살아 있다	20
꽃 대	10	잘 뻗어 있다	10
총합점	45	전체적으로 잘 되어 있다	50

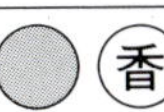

榮菊 (영국) Sakaegiku 채취·新瀉縣

색깔 ○ 모양 □ 꽃대 ○ 개화 △ 자태 □ 배양 ○ 香

잎은 진녹색 바탕에 반쯤 바로서기 잎(半立
性)으로 대엽성(大葉性). 꽃은 설화(舌化)한
주·부판(主副瓣)이 겹쳐 전체가 위로 향해 피
는 국화(菊花) 피기로 기종화(奇種花)의 일
품이다.

꽃색깔	20	잘 나와 있다	20
꽃모양	20	특징이 뚜렷하다	20
꽃 대	10	잘 뻗어 있다	10
총합점	50	작은꽃송이(小輪)지만 잘 피어 있다	50

瑞雲香 (서운향) Zuiunko 채취·埼玉縣

색깔 ◯ 모양 ☐ 꽃대 ◯ 개화 ◯ 자태 ☐ 배양 ◯ 香

꽃은 주금색(朱金色)의 수선판(水仙瓣)으로 꽃잎 끝에 녹색이 조금 남는다. 잎은 가느다란 반립성(半立性). 주금색의 일품(逸品)이다.

꽃색깔	20	좋은 꽃색이다	20
꽃모양	20	특징이 살아 있다	20
꽃 대	10	잘 뻗어 있다	10
총합점	50	전체적으로 잘 피어 있다	50

호 접 지 무									
胡蝶之舞 Kochonomai 채취·新瀉縣	색깔 ◯	모양 ▢	꽃대 ◯	개화 △	자태 ▢	배양 ◯	香		

꽃은 부판(副瓣)의 아래 절반이 설화(舌化) 하여 뒤 편으로 젖혀져 나비피기(蝶花)가 된다. 잎은 진녹색 바탕으로 폭 넓은 보통 잎(中葉)으로 반립성(半立性)으로 잎이 조 금 비틀리는 기화종(奇花種)의 좋은 품종이 다.

꽃색깔	20	잘 나와 있다	20
꽃모양	20	특징을 잘 알 수 있다	20
꽃 대	10	잘 뻗어 있다	10
총합점	50	전체적으로 잘 피어 있다	50

清姫 Kiyohime 채취·茨城縣

색깔 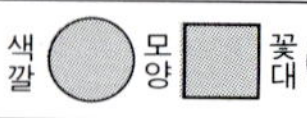 모양 꽃대 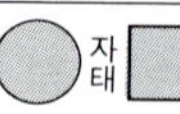 개화  자태 배양  香

잎은 폭이 넓은 늘어진 수엽성(垂葉性)으로,
밝은 해돋이 호랑무늬(曙虎)가 강하게 나온
다. 꽃은 맑은 분홍색으로, 내판(內瓣)의 감
싸임도 좋고 평견(平肩) 피기의 홍화(紅花)
에서의 귀품이다.

꽃색깔	18	분홍 빛이 더 선명하게 나온다	20
꽃모양	18	평견(平肩) 피기로 된다	20
꽃 대	8	더 뻗는다	10
총합점	44	사진의 원판 불량이 아쉽다	50

東菊　Azumakiku　채취·千葉縣

| 색깔 | ◯ | 모양 | ☐ | 꽃대 | ◯ | 개화 | ◯ | 자태 | ☐ | 배양 | ◯ | 香 |

잎은 진녹색 바탕으로 가는 잎(細葉性)의 중수(中垂). 꽃은 담록색의 외판(外瓣)이 10잎 정도 있고, 중심부는 담적색의 얼룩점(斑點). 반혀(半舌), 검혀(劒舌), 비두(鼻頭 : 꽃자루)가 모여지는 국화(菊花) 피기. 기종화(奇種花)의 일품이다.

꽃색깔	20	잘 나와 있다	20
꽃모양	20	특징이 살아 있다	20
꽃 대	10	잘 뻗어 있다	10
총합점	50	전체로 잘 피어 있다	50

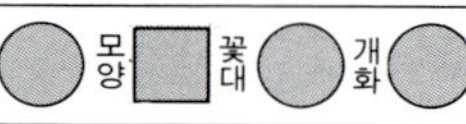

홍 천 지 화
紅天之花 Koutennohana 채취·秋田縣

색깔 ◯ 모양 ☐ 꽃대 ◯ 개화 ◯ 자태 ☐ 배양 ◯ 香

꽃은 주금색(朱金色)의 평견(平肩) 피기로,
약간 뒤로 휘어지듯이 핀다. 잎은 진녹색의
얇은 중엽(中葉). 주금색화의 귀품이다.

꽃색깔	20	잘 나와 있다	20
꽃모양	20	특징이 살아 있다	20
꽃 대	10	잘 뻗어 있다	10
총합점	50	전체로 잘 피어 있다	50

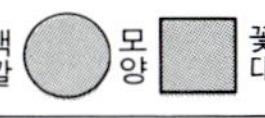

越後獅子 (월후사자) Echigojishi 채취·新寫縣

색깔 ◯ 모양 ▢ 꽃대 △ 개화 ▢ 자태 ◯ 배양 ◯ 香

꽃은 나비피기(蝶花)로, 부판(副瓣)의 아래
절반이 설화(舌化)하여 뒤편으로 뒤집힌다.
잎은 녹색 바탕에 심한 중수성(中垂性)의 큰
잎(大葉)으로 노랑 테두리 줄무늬(黃覆輪)를
걸치는 기종화(奇種花)의 일품이다.

꽃색깔	20	잘 나와 있다	20
꽃모양	20	특징이 뚜렷하다	20
꽃 대	9	조금 더 뻗는다	10
총합점	49	꽃대의 가지런하지 못함이 아쉽다	50

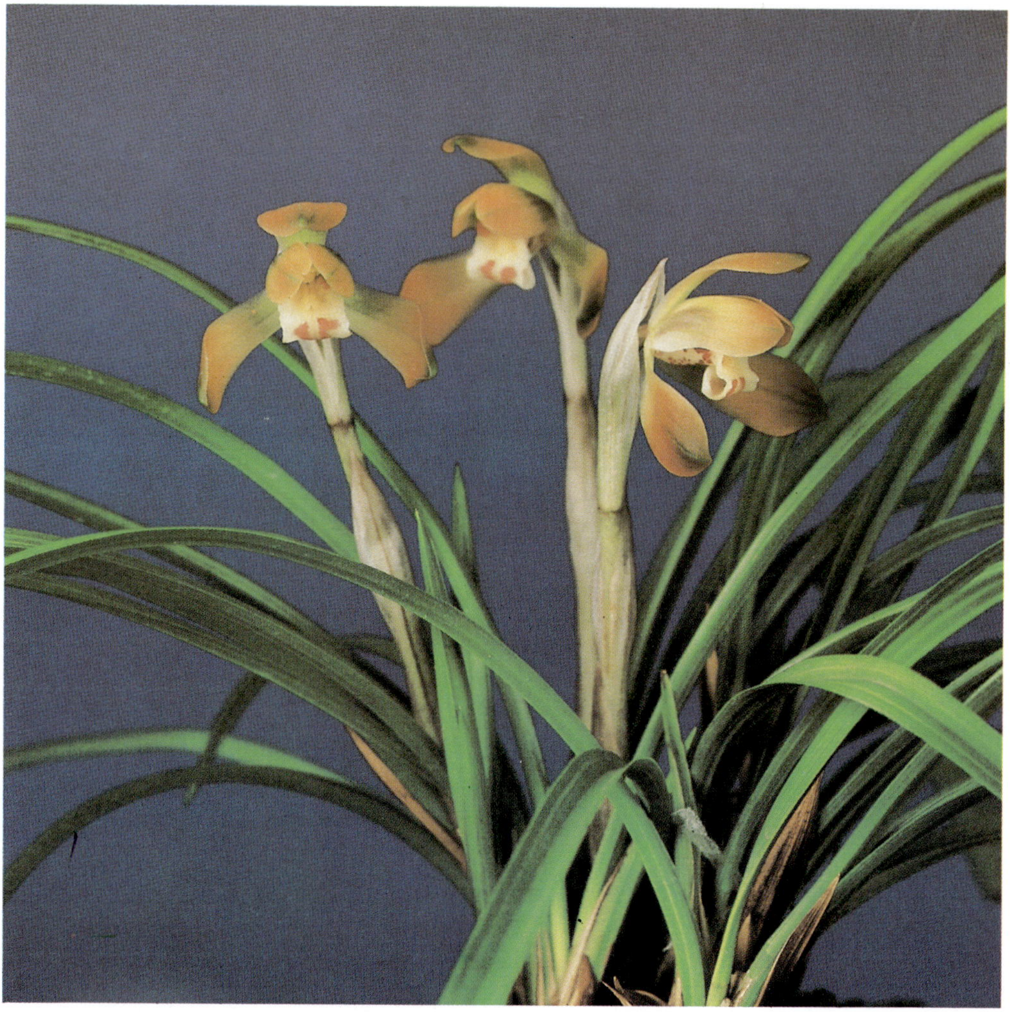

柿右之門 (시우지문)	Kakiemon	채취·茨城縣	색깔 ◐	모양 ■	꽃대 ○	개화 △	자태 ○	배양 ○	香

꽃은 분홍 연보라색의 큰 송이 꽃(大輪花). 잎은 광택이 적은 녹색 바탕의 중수(中垂)로 약간 길다. 홍화(紅花)의 귀품이다.

꽃색깔	18	꽃잎 끝의 녹색이 빠지면 좋다	20
꽃모양	20	특징이 살아 있다	20
꽃 대	10	잘 뻗어 있다	10
총합점	48	전체로 잘 피어 있다	50

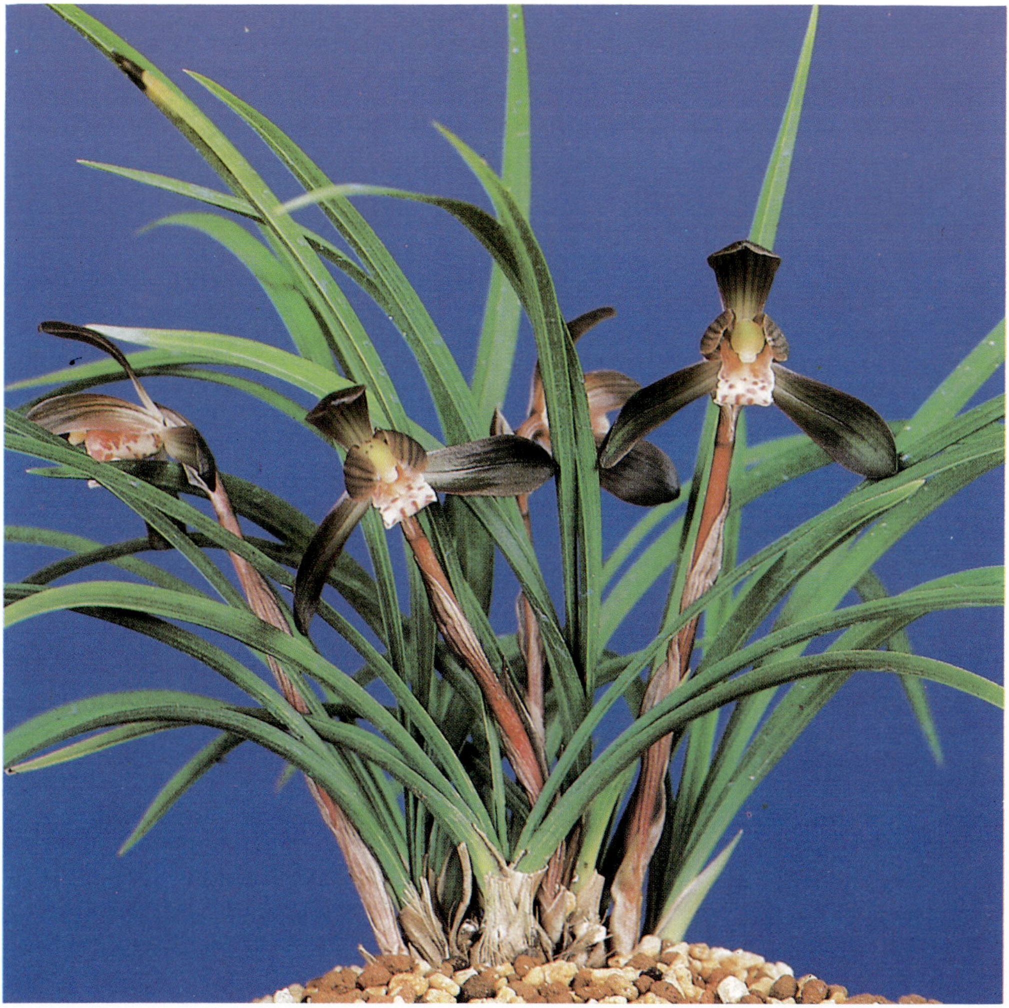

天^자紫^자晃^황 Tenshikou 채취·長野縣

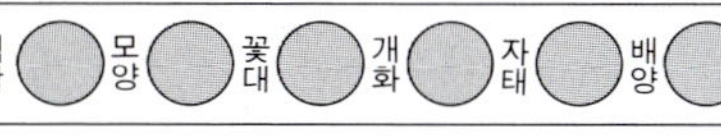

꽃은 붉은 보라색의 평견(平肩) 피기의 큰
송이(大輪花). 잎은 진녹색으로, 큰 잎의 중
수엽(中垂葉). 자화(紫花)의 대표적인 최고
귀품이다.

꽃색깔	18	조금 더 자홍색이 강해짐	20
꽃모양	20	특징이 살아 있다	20
꽃 대	10	잘 뻗어 있다	10
총합점	18	녹색이 남은 것이 아쉽다	50

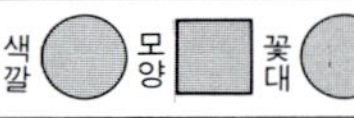

瑞晃 (서황) Zuikou   채취·茨城縣

색깔 ◯ 모양 ☐ 꽃대 ◯ 개화 ◯ 자태 ◯ 배양 ☐ 香

꽃은 주금색(朱金色)의 수선판(水仙瓣)으로
평견(平肩) 피기의 큰 송이(大輪), 꽃잎 끝
에 녹색을 조금 남긴다. 잎은 중수(中垂)로
주금색화(朱金色花)의 일품이다.

꽃색깔	20	좋은 발색(發色)이다	20
꽃모양	20	특징이 보인다	20
꽃 대	10	잘 뻗어 있다	10
총합점	50	전체적으로 잘 피어 있다	50

紫寶(자보) Shihou 채취·長野縣 색깔 □ 모양 △ 꽃대 □ 개화 ○ 자태 △ 배양 ○ 香

꽃은 진붉은 보라색으로 두께가 두껍고, 매
판(梅瓣) 3 각피기로 감싸임이 좋다. 잎은
진녹색으로 노수성(露受性 : 오목함)이 좋은
중수(中垂)로 작은 형. 「천자황(天紫晃)」과
쌍벽을 이루는 자화(紫花)의 최고 귀품이다.

꽃색깔	16	자홍색이 더 나온다	20
꽃모양	20	특징이 살아 있다	20
꽃 대	10	잘 뻗어 있다	10
총합점	46	꽃잎 끝의 녹색이 아쉽다	50

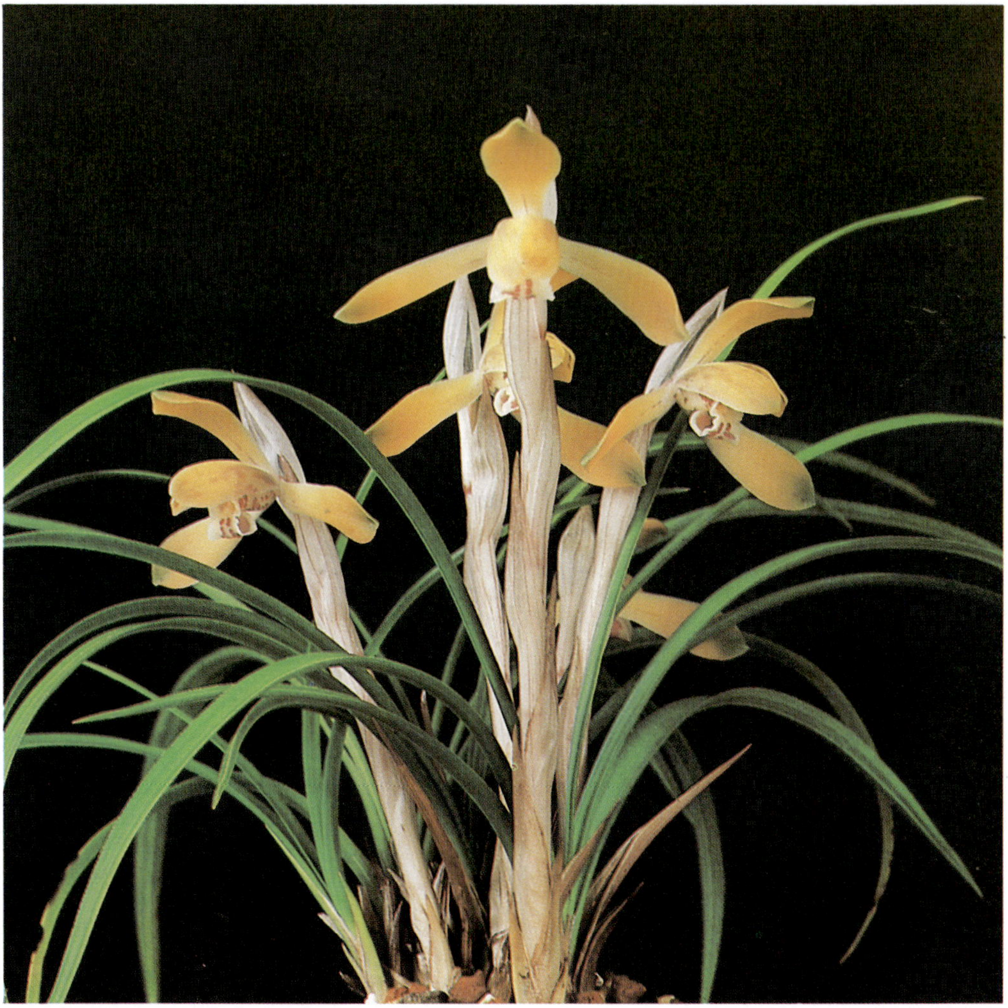

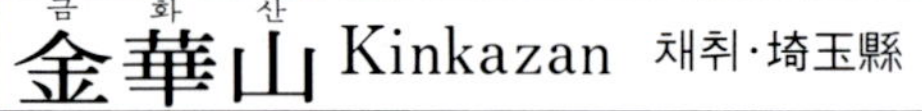

金華山 Kinkazan 채취·埼玉縣

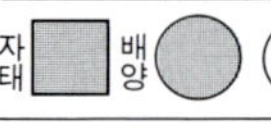

잎은 진녹색 바탕으로 광택이 있으며, 폭 넓은 중수(中垂). 꽃은 주금색(朱金色)으로 수선판(水仙瓣)의 평견(平肩) 피기, 꽃잎 끝에 녹색이 조금 남는데 주금색화의 일품이다.

꽃색깔	20	잘 나와 있다	20
꽃모양	20	특징이 살아 있다	20
꽃 대	10	잘 뻗어 있다	10
총합점	50	전체적으로 잘 피어 있다	50

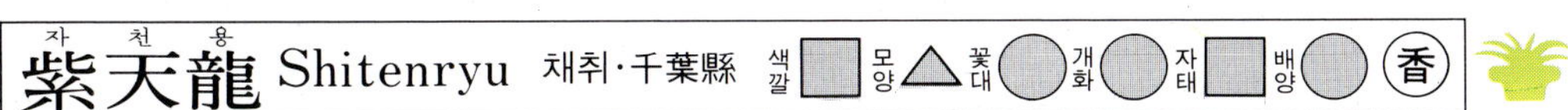

紫天龍 Shitenryu　　채취·千葉縣　　색깔 ☐ 모양 △ 꽃대 ◯ 개화 ◯ 자태 ◯ 배양 ◯ 香

꽃은 보라색 바탕에 진분홍색을 띠며, 평견
(平肩) 피기의 작은 꽃으로 꽃잎의 살이 얇
다. 잎은 가는 편이며 중수(中垂)로 잎 두께
는 조금 얇으며 약간 비틀리는 데 자화(紫
花)의 귀품이다.

꽃색깔	18	조금 더 맑아진다	20
꽃모양	20	특징이 보인다	20
꽃 대	10	잘 뻗어 있다	10
총합점	48	전체적으로 거무스름하다	50

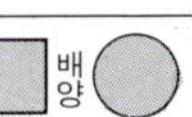

曉^효光^광 Gyokou　채취·茨城縣

색깔 ◯　모양 ☐　꽃대 ◯　개화 ◯　자태 ◯　배양 ☐　◯　香

꽃은 홍적색의 수선판(水仙瓣)으로, 내판(內瓣)의 감싸임도 좋은 훌륭한 꽃. 잎은 중수(中垂)의 대엽성(大葉性)이다. 그 수도 적은 귀품이다.

꽃색깔	20	잘 나와 있다	20
꽃모양	20	좋은 꽃모양(花型)이다	20
꽃 대	10	잘 뻗어 있다	10
총합점	50	전체적으로 잘 피어 있다	50

紫紅 (자홍) Shikou　채취·香川縣

색깔 ◯ 모양 ▢ 꽃대 ◯ 개화 ◯ 자태 ▢ 배양 ◯ 香

잎은 진녹색 바탕의 중간 잎 바로서기(中立)의 보통 폭의 잎(中葉). 꽃은 자홍색(紫紅色)이며 꽃잎 끝에 녹색을 조금 남기는 수가 있으나, 평견(平肩) 피기로 꽃잎의 살도 있어 자홍화의 귀품이다.

꽃색깔	18	보라색이 조금 부족하다	20
꽃모양	20	특징이 살아 있다	20
꽃 대	10	잘 뻗어 있다	10
총합점	48	자홍색이 선명해진다	50

紅貴 (홍귀) Kouki　채취·千葉縣

색깔 ○　모양 □　꽃대 ○　개화 ○　자태 □　배양 ○　香

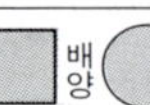

잎의 싹나옴은 담녹색으로 중수(中垂)의 보통 폭의 잎(中葉)으로 해돋이 호랑무늬(曙虎)가 남는다. 꽃은 하화판(荷花瓣)으로 평견(平肩) 피기, 주·부판(主副瓣)에 줄이 들어가지 않은 적화(赤花)의 최고 귀품이다.

꽃색깔	25	이만큼의 발색(發色)은 진귀하다	20
꽃모양	20	잘 피어 있다	20
꽃 대	10	잘 뻗어 있다	10
총합점	55	지금까지 최상의 꽃	50

黑牡丹 (흑목단) Kokubotan 채취·茨城縣

색깔 ◐ 모양 □ 꽃대 ○ 개화 ○ 자태 □ 배양 ○ 香

꽃은 다섯 꽃잎(五瓣)이 다 검게 물든 보라
색으로 광택도 좋다. 안쪽에는 녹색을 엷게
남긴다. 잎은 녹색 바탕에 강한 중수엽(中
垂葉). 자화(紫花)의 귀품이다.

꽃색깔	20	잘 나와 있다	20
꽃모양	20	특징이 살아 있다	20
꽃 대	10	잘 뻗어 있다	10
총합점	50	전체적으로 잘 피어 있다	50

南紀 ^{남 기} Nanki　채취·和歌山縣

색깔 ◯ 모양 ▢ 꽃대 ◯ 개화 ◯ 자태 ▢ 배양 ◯ 香

꽃은 담녹색에 백황(白黃)의 테두리 줄무늬
(覆輪)가 걸쳐 있고 꽃잎 밑둥에서 꽃잎 끝
에 걸쳐 분홍색으로 물든 3각피기. 잎은 약
간 가는(細葉) 중수(中垂)로 백황색의 테두
리 줄무늬가 걸친 테두리 줄무늬 꽃(覆輪花)

의 일품이다.

꽃색깔	16	더 밝은 색이 나온다	20
꽃모양	20	특징이 살아 있다	20
꽃 대	10	잘 뻗어 있다	10
총합점	46	전체적으로 거무스름하다	50

南州冠 Nansyukan 채취·鹿兒島縣

잎이 큰(大葉性) 중수엽(中垂葉)으로, 백황색의 손톱 테두리 줄무늬 즉, 조복륜(爪覆輪)이 걸쳐 있다. 꽃은 백황의 테두리 줄무늬(覆輪)가 걸쳐 있고, 둥근 꽃잎(円瓣)의 큰 송이(大輪)로 잎에서 높이 솟는 테두리 줄무늬 꽃의 일품이다.

꽃색깔	20	잘 나와 있다	20
꽃모양	20	특징이 살아 있다	20
꽃 대	10	잘 뻗어 있다	10
총합점	50	전체적으로 잘 피어 있다	50

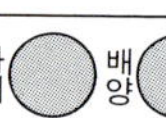

雪月花 Setsuggeka 채취·熊本縣

색깔 ○ 모양 □ 꽃대 ○ 개화 ○ 자태 ○ 배양 ○ 香

꽃은 녹색 바탕에 흰 테두리 줄무늬(白覆輪)
를 깊게 걸치며 잎 위로 높이 솟아 핀다. 잎
은 광택이 강한 중엽성(中葉性)의 중수(中
垂)로 흰 손톱 테두리 줄무늬(白爪覆輪)가
걸쳐 있는 테두리 줄무늬 꽃의 귀품이다.

꽃색깔	16	꽃잎의 녹색이 더 강해진다	20
꽃모양	20	특징이 살아 있다	20
꽃 대	10	잘 뻗어 있다	10
총합점	46	전체가 새하얗게 보인다	50

雪山 Setsuzan 채취·熊本縣

색깔 ○ 모양 □ 꽃대 ○ 개화 ○ 자태 △ 배양 △ 香

약간 잎이 두꺼운 연녹색의 중엽(中葉)으로 흰 손톱 테두리 줄무늬(白爪覆輪)가 걸쳐 있다. 꽃도 흰 테두리 줄무늬가 걸쳐 있다. 별칭 「천초일진(天草日進)」의 이름이 있는 테두리 줄무늬꽃(覆輪花)의 일품이다.

꽃색깔	18	조금 노란빛이 강하다	20
꽃모양	20	특징이 잘 살아 있다	20
꽃 대	10	잘 뻗어 있다	10
총합점	48	전체적으로 잘 피어 있다	50

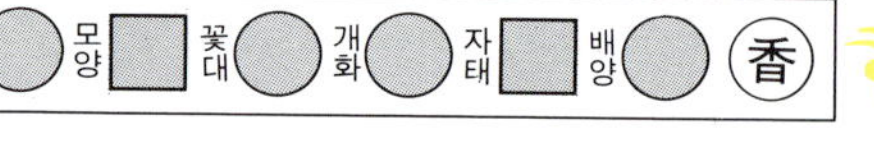

潮 ^조 Ushio 채취·熊本縣

색깔 ○ 모양 □ 꽃대 ○ 개화 ○ 자태 □ 배양 ○ 香

꽃의 바깥 세 꽃잎(三瓣)은 매판(梅瓣)으로 상당히 둥글며 안의 세 혀(內三舌)도 육질이 두꺼워 중후한 느낌을 풍긴다. 난과(蘭科)의 꽃으로는 드물 정도로 균형이 잡힌 기화(奇花)로 금후, 3설화(三舌花)로서는 으뜸을 차지할 소질을 지닌 귀품이다.

꽃색깔	20	잘 나와 있다	20
꽃모양	20	특징을 잘 알 수 있다	20
꽃 대	10	잘 뻗어 있다	10
총합점	50	잘 피어 있다	50

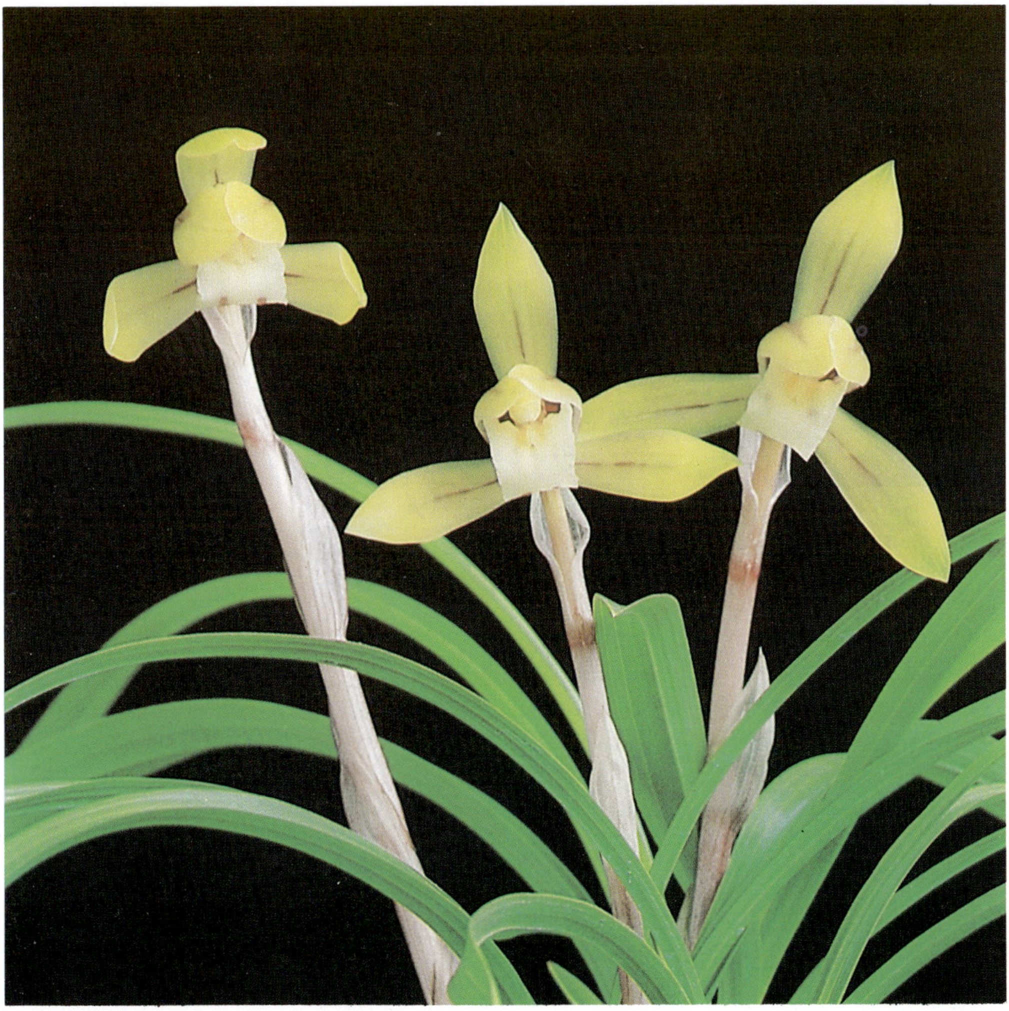

黃寶 Kihou 채취·鹿兒島縣

꽃은 봉오리 때부터 노란 색으로 개화 후에
는 더욱 노란빛이 산뜻해진다. 꽃눈의 보호
를 위해 봉지씌움 등을 하지 않아도 안정된
발색(發色)이 되고 노란 잎이 튼튼하며 번식
이 강한 가꾸기 좋은 황화(黃花)의 최고 귀
품이다.

꽃색깔	18	꽃잎이 더 진노랑이 된다	20
꽃모양	20	특징이 살아 있다	20
꽃 대	10	잘 뻗어 있다	10
총합점	48	전체적으로 잘 피어 있다	50

峰縞花(봉호화)＝(無名)

白樂天(백낙천)

鈴虫(령충)

涼風(량풍)

〔새 품종 소개〕

최근 특히 인기 상승의 붐을 타고, 전국적으로 산채(山採)가 왕성해져 새로운 꽃과 새 품종이 많이 발견되고 있다. 위의 8 품종도 전시회에 참고로 출품된 것으로 멀지 않아 정식 등록되리라 생각된다. 다만, 새로운 꽃의 경우 산에서 핀 꽃모양 꽃색깔이, 재배를 하게 되면 꼭 같은 색, 같은 모양으로 핀다고는 볼 수가 없다. 몇 년(年)의 재배를 거쳐 좋아지는 품종과 나빠지는 품종이 있다.

無名

가구야姬 (가구야 희)

峰花 (봉화)

素心眞花 (소심진화)

　수 년간 재배된 꽃, 색깔, 꽃모양이 고정
되어 이제까지 등록된 품종에는 없는 특징
을 찾아낸 후 전국적인 전시회 등에 참고로
출품되어, 심사위원들과 많은 사람들의 관
상을 거쳐 등록의 절차를 밟게 된다. 이런
경우 분 하나만은 접수되지 않으며, 적어도
3분(盆) 이상 같은 종류의 것이 구비되어
야 비로소 등록되며, 다음 해의 명감(銘鑑)
에 게재가 되는 것이다.

國寶 Kokuhou 채취·新潟縣

멋 ○ 배양 △ 자태 □ 변화 ○ 개화 ○ 꽃대 ○

잎이 두꺼운 넓은 잎(廣葉)의 중수(中垂)로
진녹색 바탕에 멋진 흰 줄이 가운데 박히는
줄무늬로 최고의 잎의 특징(葉藝)을 나타낸
다. 뿌리가 가늘고 성질은 나약한 편이나 중
투 멋(中透藝)의 최고 귀품이다.

잎의 멋	23	중투(中透)가 좀 더 하얗게 됨	25
잎폭, 키	12	잎 폭이 좀 더 넓어진다	15
잎모양	10	6 ～ 7 매가 보통	10
총합점	45	약간 작으나 잘 되어 있다	50

守門山 Sumonzan 채취·新潟縣

진녹색 바탕에 극황(極黃)의 크게 토막난 호
황무늬 얼룩(虎斑)으로 **흘림** 얼룩(流斑)
도 나온다. 큰 잎(大葉)으로 두께가 두껍다.
중수(中垂)로 노수성(露受性 : 오목함)이 좋
다. 호랑무늬 얼룩 멋(虎斑藝)의 최고 귀품

이다.

잎의 멋	25	잘 나와 있다	25
잎폭, 키	15	잘 되어 있다	15
잎모양	10	좋다	10
총합점	50	전체적으로 잘 되어 있다	50

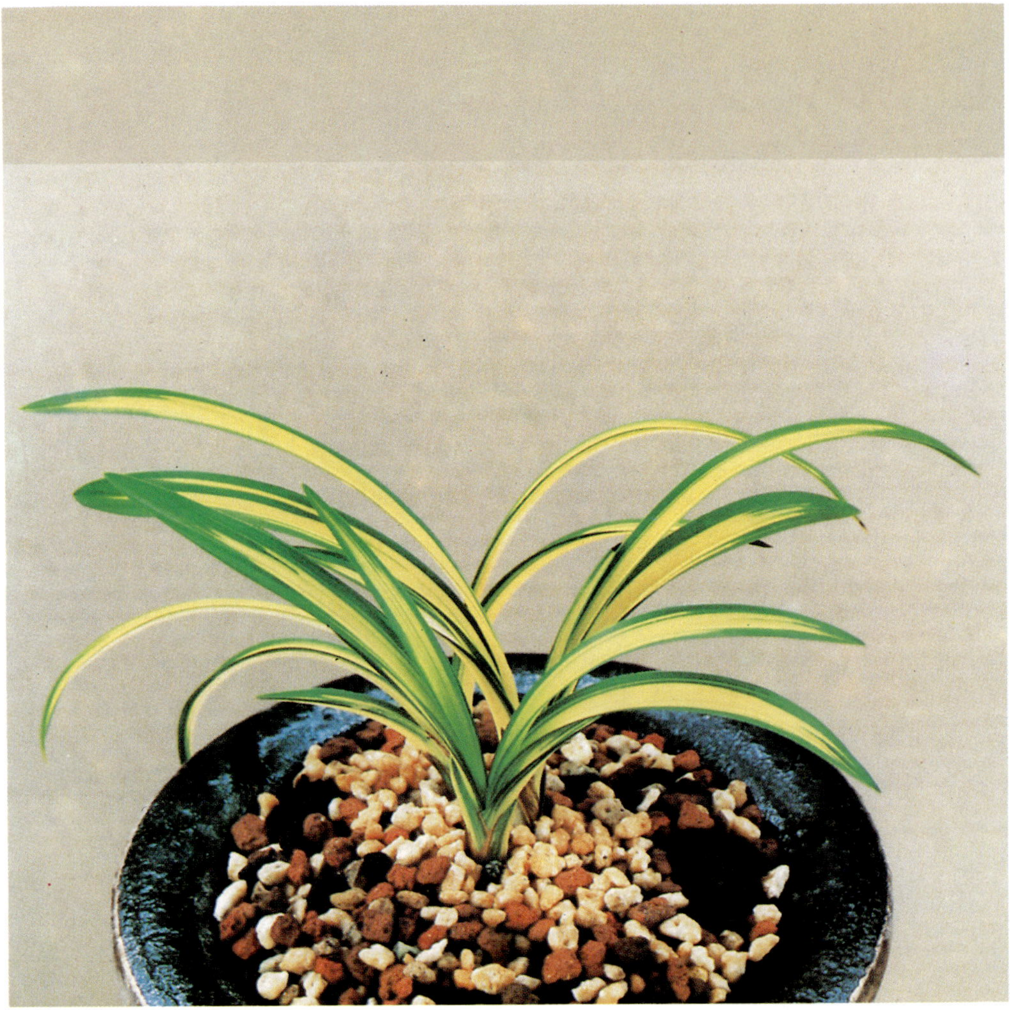

금각보 金閣寶 Kinkakuhou 채취·新瀉縣	멋 ○ 배양 ○ 자태 □ 변화 ○ 개화 ○ 꽃대 ○

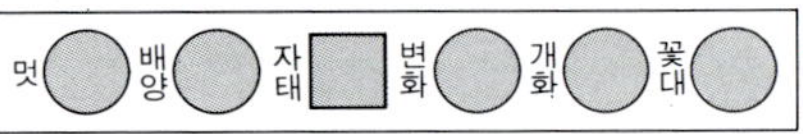

진녹색의 깊은 테두리 줄무늬로 극황(極黃)색의 중투 줄무늬(中透縞)를 선명하게 나타내며 노수성(오목함)이 좋은 둥그스름한 잎(多福葉이라고도 한다). 아직 꽃이 피지 않은 1964년에 등록된 중투 멋(中透藝)의 최고 희귀품이다.

잎의 멋	25	테두리 줄무늬가 선명, 아름답다	25
잎폭, 키	15	잎 폭이 넓은 품종	15
잎모양	8	2~3잎 더 있으면 좋다	10
총합점	48	전체적으로 잘 되어 있다	50

寶生之花 Housyonohana 채취·新潟縣

잎은 가는 흰 테두리 줄무늬(白覆輪)를 걸
친 진녹색 바탕에 극황(極黃)의 호랑무늬 얼
룩(虎斑)을 나타내는 두 가지 멋(二藝)을 지
닌 품종이다. 윤파지화(輪波の花)의 테두
리줄무늬(覆輪)라 호랑무늬 얼룩 멋(虎斑藝)

의 최고 귀품이다.

잎의 멋	20	백복륜, 황호(黃虎)가 좀 더 나온다	25
잎폭, 키	15	잘 나와 있다	15
잎모양	10	좋다	10
총합점	45	전체적으로 잘 되어 있다	50

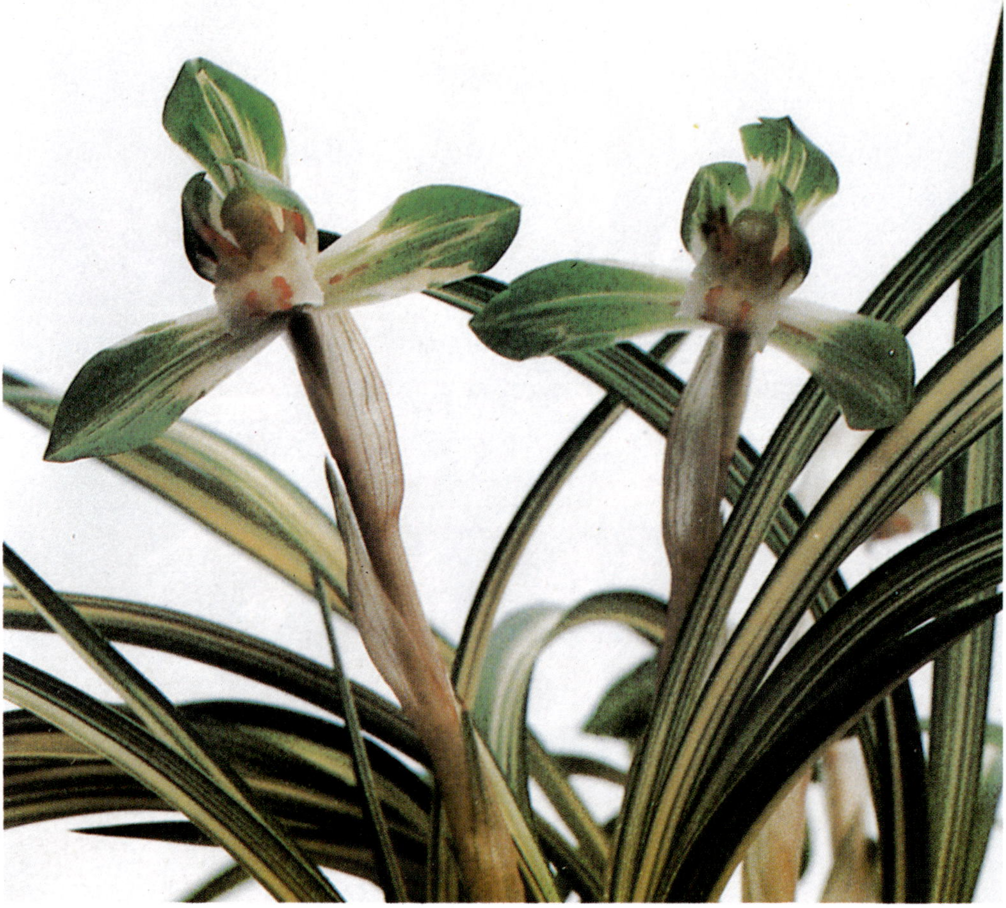

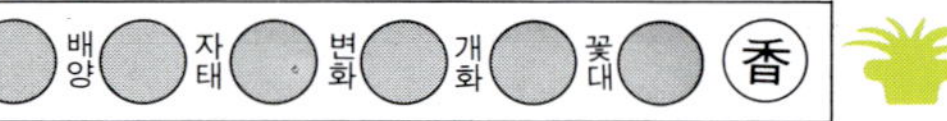

大雪嶺 Daisetsurei

일본 춘란의 잎무늬란에는 잎무늬만을 관상하는 나머지 포기나누기를 즐기는 경향이 많아 꽃의 양부(良否)를 불문에 붙였으나 최근, 잎무늬와 더불어 꽃을 피우게 하여 꽃의 변화도 즐기는 사람들이 늘어났다. 이「대설령」도 잎의 멋(葉藝) 이상으로 중투화(中透花)의 아름다움에 압도되어, 이 품종의 훌륭함이 재평가 되고 있다.

꽃색깔	17	녹색이 좀 더 강해진다	20
꽃모양	20	특징이 살아 있다	20
꽃 대	10	잘 뻗어 있다	10
총합점	47	투과(透過) 원판이 없는 것이 아쉽다	50

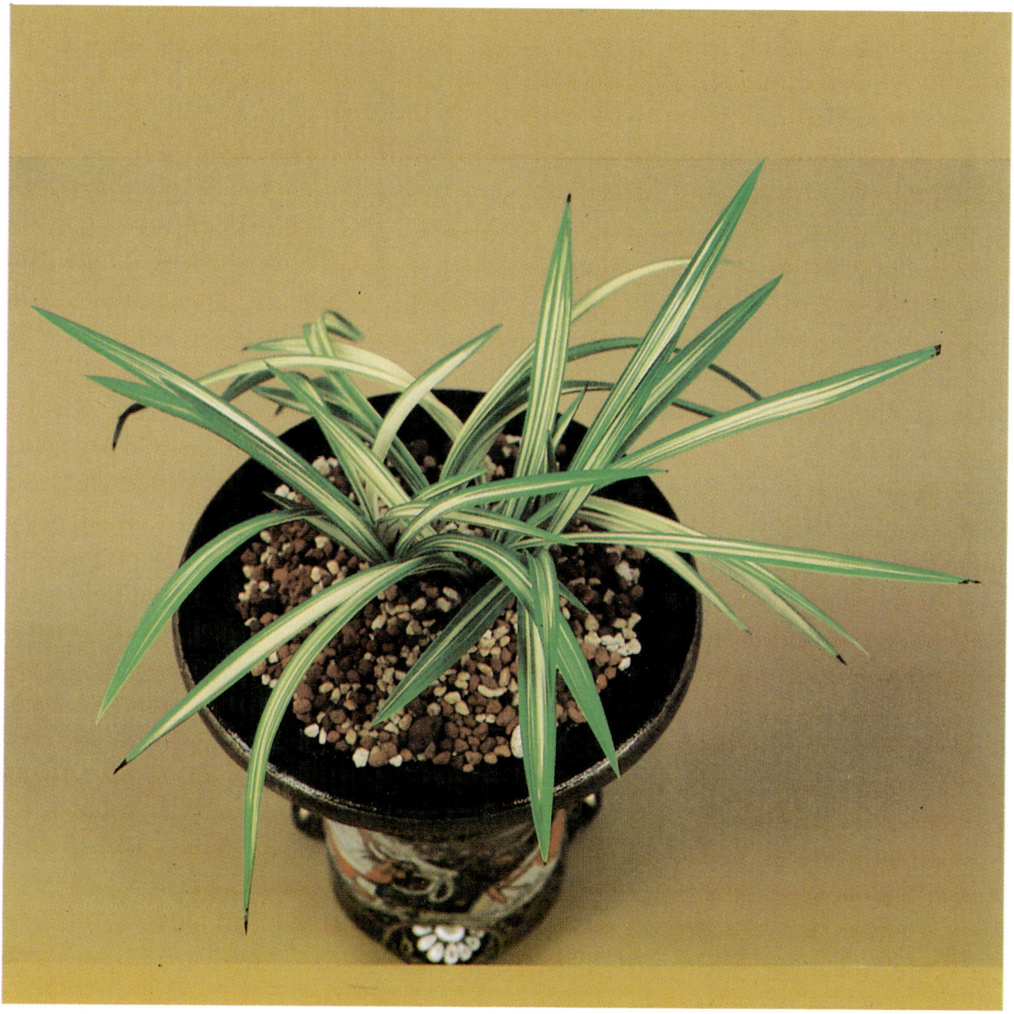

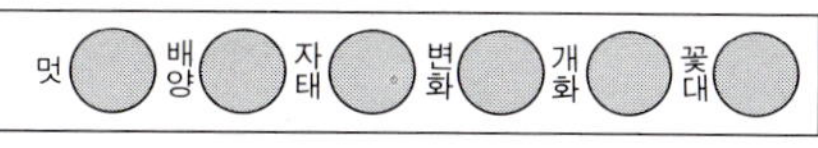

大雪嶺 Daisetsurei 채취·高知縣

진녹색 바탕에 설백(雪白)의 가운데 박힌 줄
무늬를 나타내며, 잎 폭도 넓고 두께도 두
꺼운 중수(中垂)로 가운데 박힌 줄무늬(中坪
縞)의 대표적 품종으로 최고 귀품이다.

잎의 멋	20	약간 수수한 잎무늬	25
잎폭, 키	15	잘 되어 있다	15
잎모양	10	좋다	10
총합점	45	전체적으로 잘 되어 있다	50

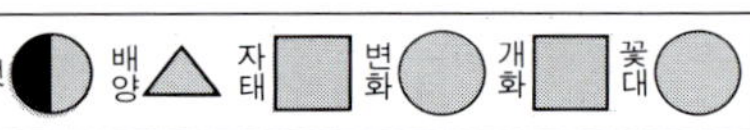

越後錦 Echigonishiki 채취·新潟縣

^월 ^후 ^금

멋 ● 배양 △ 자태 □ 변화 ○ 개화 □ 꽃대 ○

진녹색 바탕의 두꺼운 잎으로, 잎 끝이 둥글고 거친 거치연의 중간 잎 바로서기(中立葉性). 은백색의 중투 줄무늬(中透縞)로 싹 돋음 때부터 잎의 특징이 나타나는 이른바 먼저무늬의 멋(藝)이 있다. 약간 무늬가 불안정하여 검은 잎무늬〈황록색의 거무스름한 중투 줄무늬(中透縞)〉를 나타내는 수도 있다. 중투 줄무늬 멋(中透藝)의 최고 귀품이다.

잎의 멋	22	노랑 중투(中透)가 더 강하게 나온다	25
잎폭, 키	13	잎 폭이 더 넓어져 둥근 잎이 됨	15
잎모양	8	1~2잎 모자람이 아쉽다	10
총합점	43	중목(中木)이나 특징이 살아 있다	50

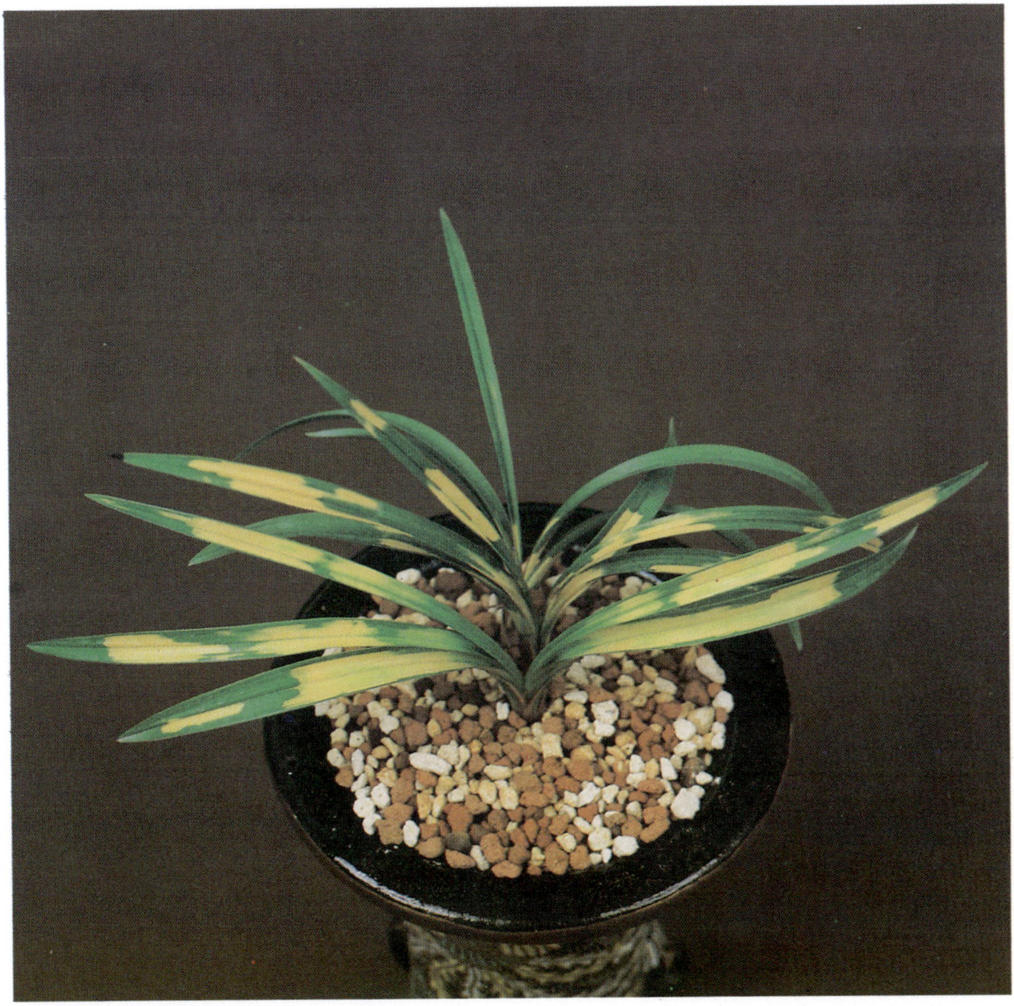

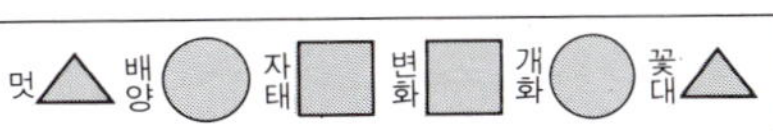

靜觀(정관) Seikan 채취·福島縣

멋△ 배양○ 자태□ 변화□ 개화○ 꽃대△

진녹색 바탕으로 잎이 두꺼우며 잎 폭이 제법 넓은 큰 잎(大葉性)의 중수엽(中垂葉). 극황(極黃)의 호랑무늬 얼룩(虎斑)의 녹색 잎에 녹색 테두리 줄무늬(緑覆輪)가 남으며, 중투호(中透虎)로 보이는 것이 특색인 호랑무늬 얼룩 멋(虎斑藝)의 귀품이다.

잎의 멋	25	잘 나타내고 있다	25
잎폭, 키	15	잘 되어 있다	15
잎모양	8	조금 부족하다	10
총합점	48	특징이 잘 나와 있다	50

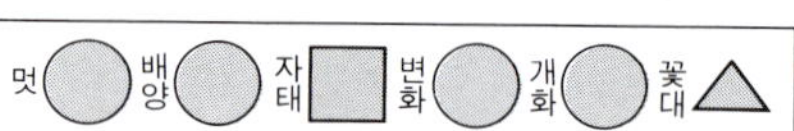

봉 황 전
鳳凰殿 Houoouden 채취·栃木縣

멋 배양 자태 변화 개화 꽃대

중수성(中垂性)의 가는 잎(細葉)으로 녹색의
깊은 테두리 줄무늬(覆輪)에 노란 색의 중투
줄무늬가 선명하게 들어 갔다. 꽃에 변화가
없음이 아쉬운 중투 멋(中透藝)의 대표적 품
종. 최고 귀품이다.

잎의 멋	25	약간 수수하지만 으뜸의 잎무늬다	25
잎폭, 키	15	잘 되어 있다	15
잎모양	10	좋다	10
총합점	50	전체로 잘 되어 있다	50

安積猛虎 안 적 맹 호 Asakamouko 채취·福島縣

멋◯ 배양◯ 자태◯ 변화▢ 개화◯ 꽃대△

큰 잎으로 두께가 두껍다. 약간 드리우는 잎
으로 조금 비틀린다. 녹색 바탕에 극황(極
黃)의 큰 호랑무늬 얼룩(虎斑)을 나타내는
호랑무늬 얼룩 멋(虎斑藝)의 귀품이다.

잎의 멋	25	상격으로 특징이 나와 있다	25
잎폭, 키	15	잘 나와 있다	15
잎모양	8	조금 부족하다	10
총합점	48	전체적으로 잘 나와 있다	50

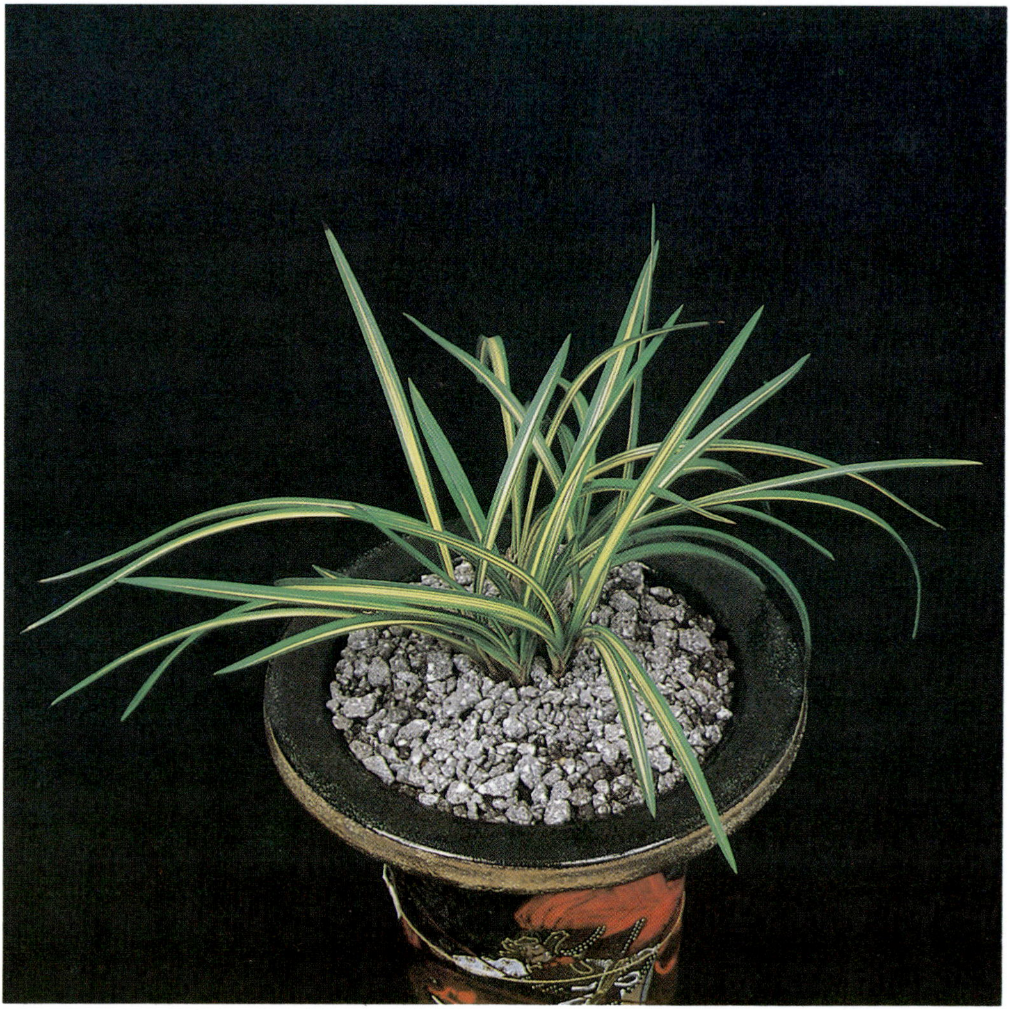

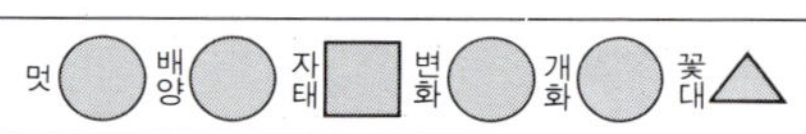

長晃殿 Chokouden　채취·新潟縣

진녹색의 깊은 테두리 줄무늬에 백황색의 중투(中透) 줄무늬로, 약간 가는 잎의 중수(中垂). 꽃은 거의 중투화(中透花)로 피지 않는 것이 아쉬워지는 중투 멋(中透藝)의 최고 귀품이다.

잎의 멋	22	중투의 황색이 좀 더 강해진다	25
잎폭, 키	15	잘 나와 있다	15
잎모양	10	좋다	10
총합점	47	약간 수수한 잎무늬다	50

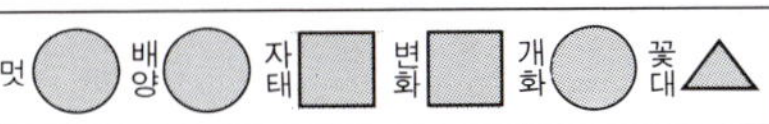

적 성 지 산

赤城之山 Akaginoyama

채취·郡馬縣
赤城山

멋 ◯ 배양 ◯ 자태 ▢ 변화 ▢ 개화 ◯ 꽃대 △

진녹색 바탕에 극황(極黃)의 호랑무늬 얼룩
(虎斑)으로 얼룩의 토막남(區分)이 좋다. 약
간 가는 잎의 반수(半垂)로 여성적. 싹나옴
은 붉은 싹(赤芽)으로, 호랑무늬 얼룩 멋(虎
斑藝)의 일품이다.

잎의 멋	25	최고의 잎무늬 성(性)이다	25
잎폭, 키	15	잘 되어 있다	15
잎모양	10	좋다	10
총합점	50	전체적으로 잘 되어 있다	50

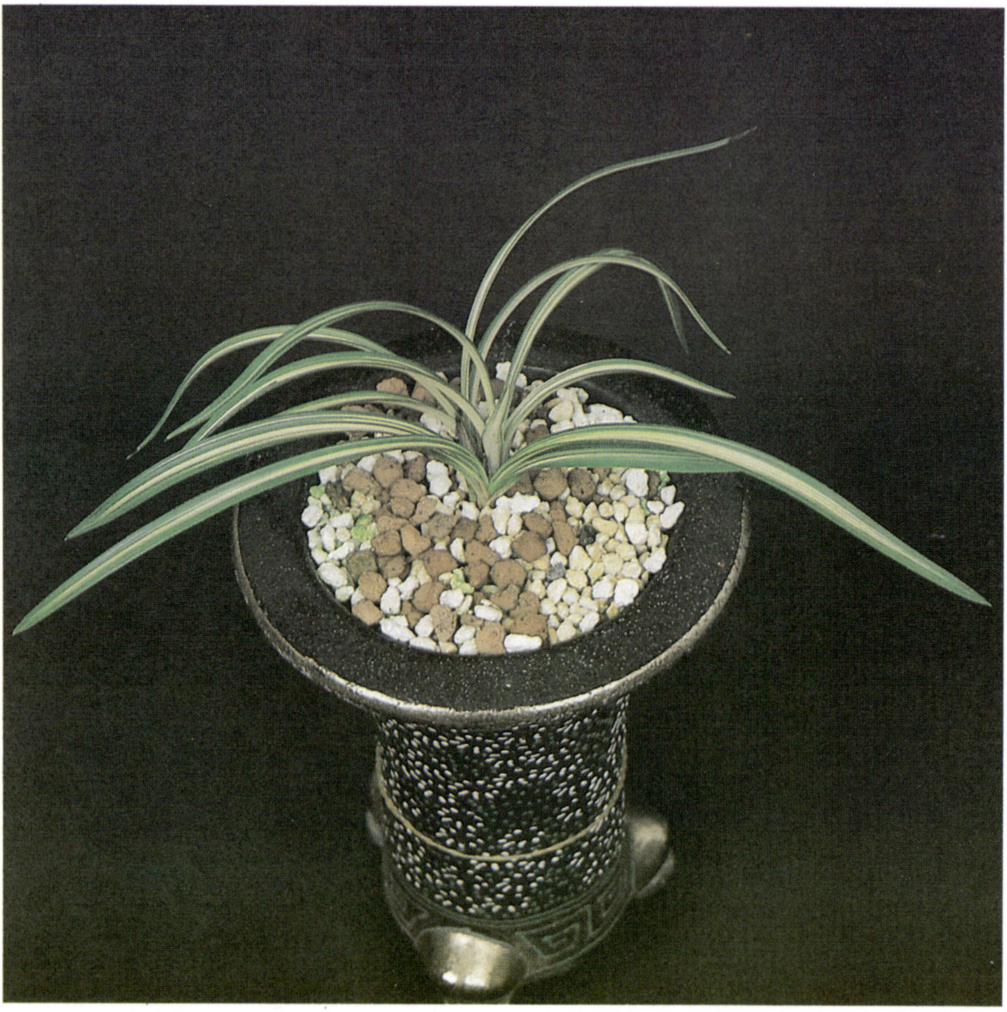

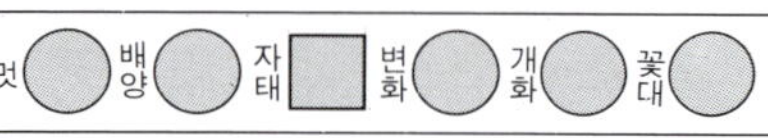

國王殿 Kokuoden 채취·群馬縣

잎은 진녹색 바탕의 테두리 줄무늬(覆輪)에
흰 중투 줄무늬를 나타내는 중엽(中葉)의 중
수(中垂). 싹이 나올 때부터 뚜렷한 특징을
나타내는 이른바, 먼저 무늬(先天性)의 중투
줄무늬(中透縞)로 그 수가 적은 것이 아쉬
운 중투 멋(中透藝)의 귀품이다.

잎의 멋	25	최상의 잎무늬이다	25
잎폭, 키	15	잘 되어 있다	15
잎모양	8	조금 부족하다	10
총합점	48	전체적으로 특징이 살아있다	50

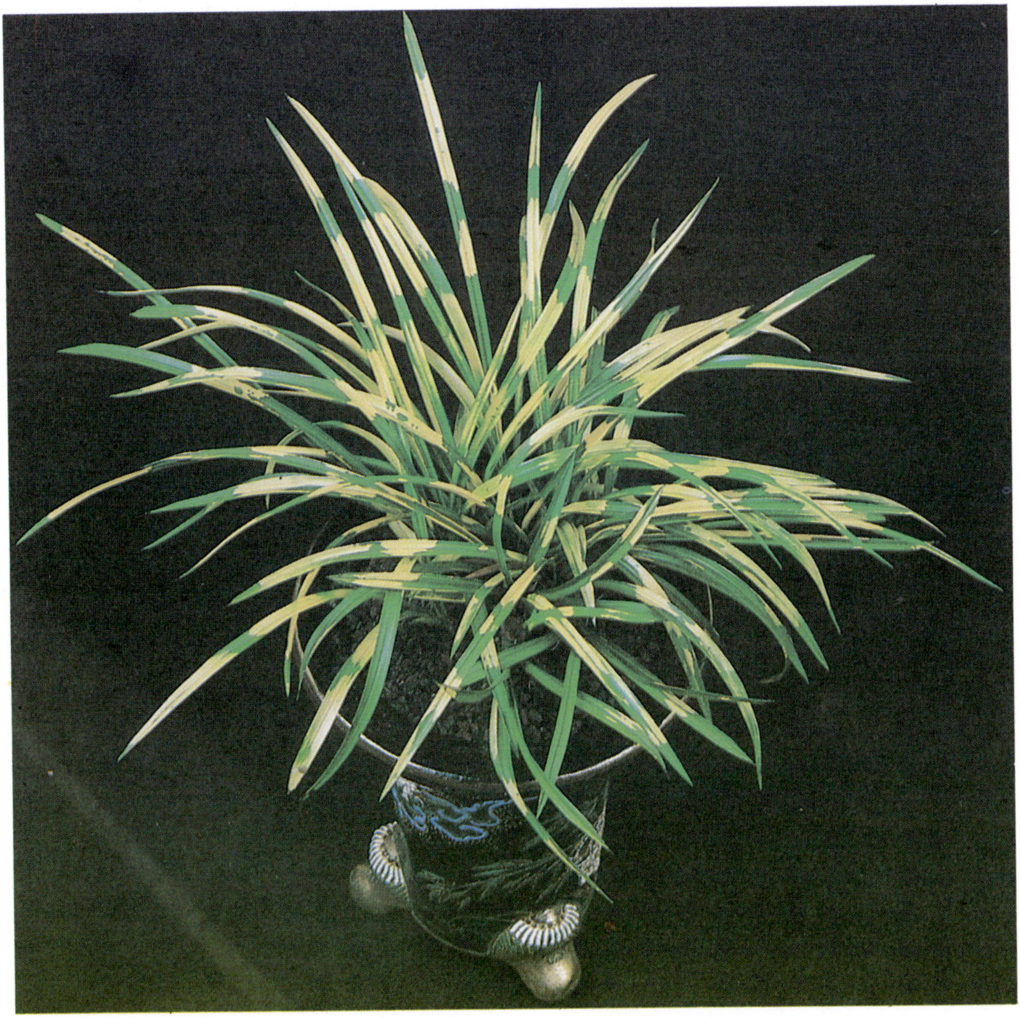

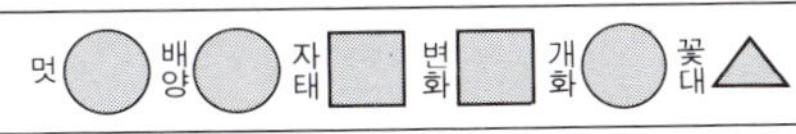

赤城之花 Akaginohana 채취·群馬縣

녹색 바탕에 노란 색의 호랑무늬 얼룩(虎斑)
으로 얼룩 토막은 좋다. 약간 가는 잎의 반
수(半垂)로 여성적. 싹나옴은 빨강 싹으로,
호랑무늬 얼룩 멋(虎斑藝)의 일품이다.

잎의 멋	25	최고의 잎무늬 성(性)이다	25
잎폭, 키	15	잘 되어 있다	15
잎모양	10	좋다	10
총합점	50	전체적으로 잘 되어 있다	50

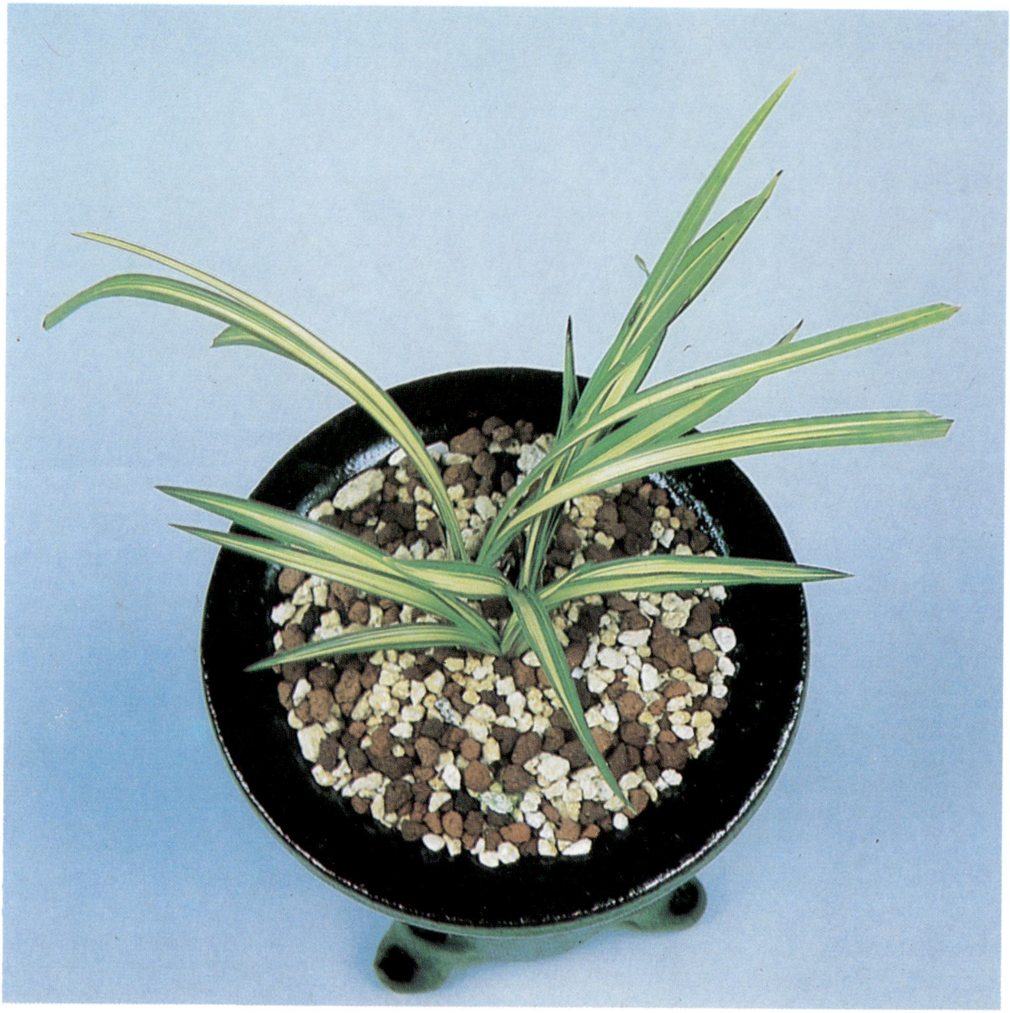

銀嶺(은령) Ginrei 채취·茨城縣

멋 ○ 배양 ○ 자태 □ 변화 ○ 개화 □ 꽃대 ○

진녹색 테두리 줄무늬에 황백색의 중투 줄무늬(中透縞)로 잎이 두껍고 잎 폭도 넓은 큰잎(大葉性)의 좋은 품종이다. 잎 끝에 걸쳐 거친 거치연이 특색. 중투 멋(中透藝)의 최고 귀품이다.

잎의 멋	25	상격의 잎무늬이다	25
잎폭, 키	10	폭, 키 다 함께 부족하다	15
잎모양	8	2~3잎 모자란다	10
총합점	43	중측(中木)으로 전체가 가지런하지 못함	50

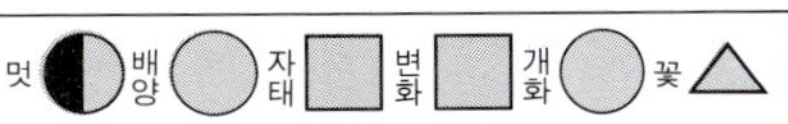

<ruby>高<rt>고</rt>嶺<rt>령</rt>之<rt>지</rt>花<rt>화</rt></ruby> Takanenohana 채취·山梨縣

진녹색 바탕에 극황(極黃)의 흩어지는 호랑
무늬 얼룩(虎斑)이 들어가 큰 잎(大葉性)의
반(半) 바로서기로, 잎 두께도 있고, 잎 폭
도 넓다. 잎이 두껍기 때문에 호랑무늬 얼룩
이 잘 나오기가 어려운 호랑무늬 얼룩 멋(虎
斑藝)의 귀품이다.

잎의 멋	22	좀 더 호랑무늬가 뚜렷하게 나온다	25
잎폭, 키	10	잎 끝을 자르고 있다	15
잎모양	8	또 2잎 정도 나온다	10
총합점	40	특징이 조금 부족하다	50

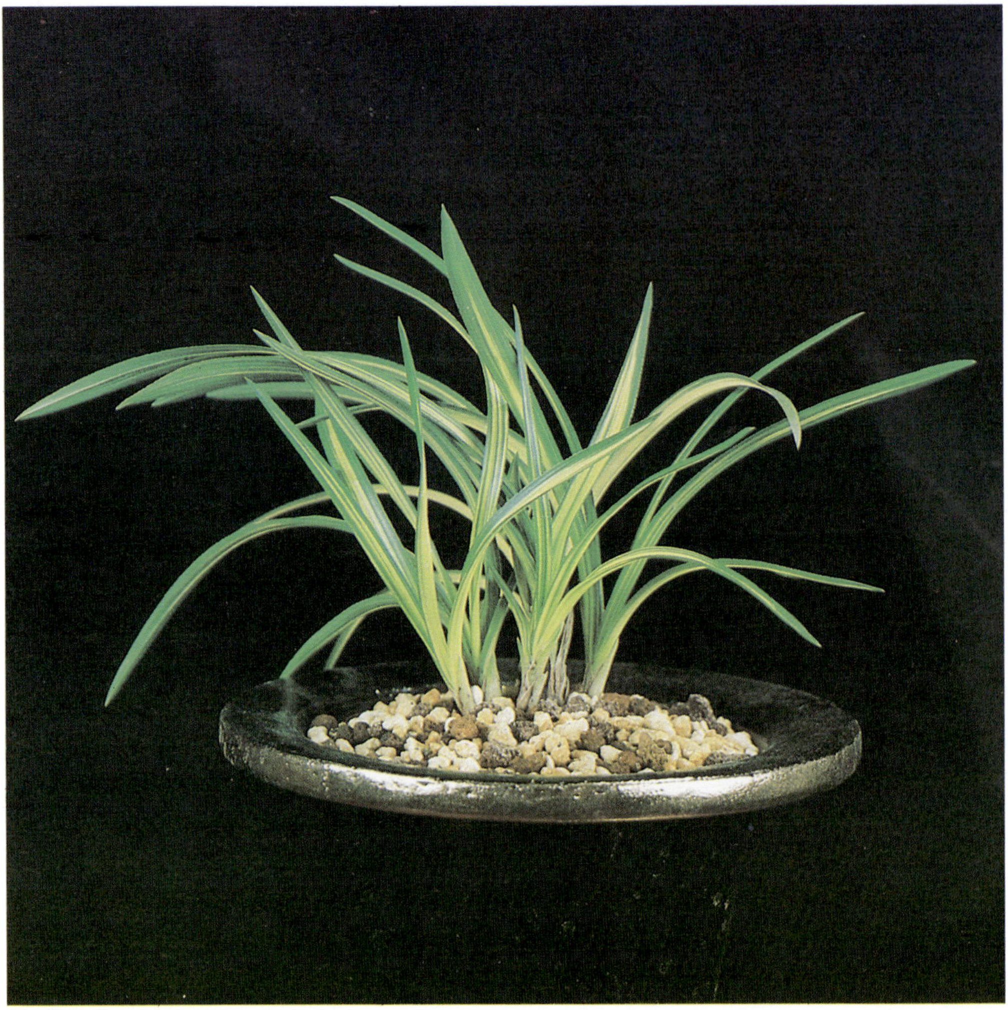

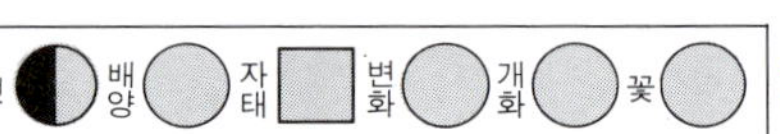

銀司晃 Ginshikou 채취·長野縣

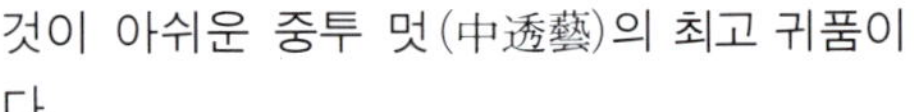

꽃은 녹색 테두리 줄무늬로 백황색에 분홍
이 조금 걸친 중투화(中透花). 잎은 진녹색
의 깊은 테두리 줄무늬에 백황색의 중투 줄
무늬(中透縞)로 큰 잎(大葉性)의 반(半) 바
로서기. 좋은 품종인데 잎무늬가 불안정한
것이 아쉬운 중투 멋(中透藝)의 최고 귀품이
다.

잎의 멋	20	노랑이 더 진해지는 중투(中透) 이다	25
잎폭, 키	15	잘 되어 있다	15
잎모양	10	좋다	10
총합점	45	중촉(中木)이므로 웅장함이 부족	50

菖城之花 Syojyonohana 채취·新潟縣

녹색 바탕에 극황(極黃)의 큰 호랑무늬 얼룩
(大虎斑)으로 흐르는 호랑무늬(流虎)가 된다.
잎이 두껍고, 잎 폭도 넓은 큰 잎(大葉)으로
중수(中垂). 다른 품종과 달라 뿌리가 가는
것이 특색. 호랑무늬 얼룩 멋(虎斑藝)의 일

품이다.

잎의 멋	20	더 선명하게 나온다	25
잎폭, 키	15	잘 되어 있다	15
잎모양	10	좋다	10
총합점	45	호반(虎斑)이 더 나오면 좋다	50

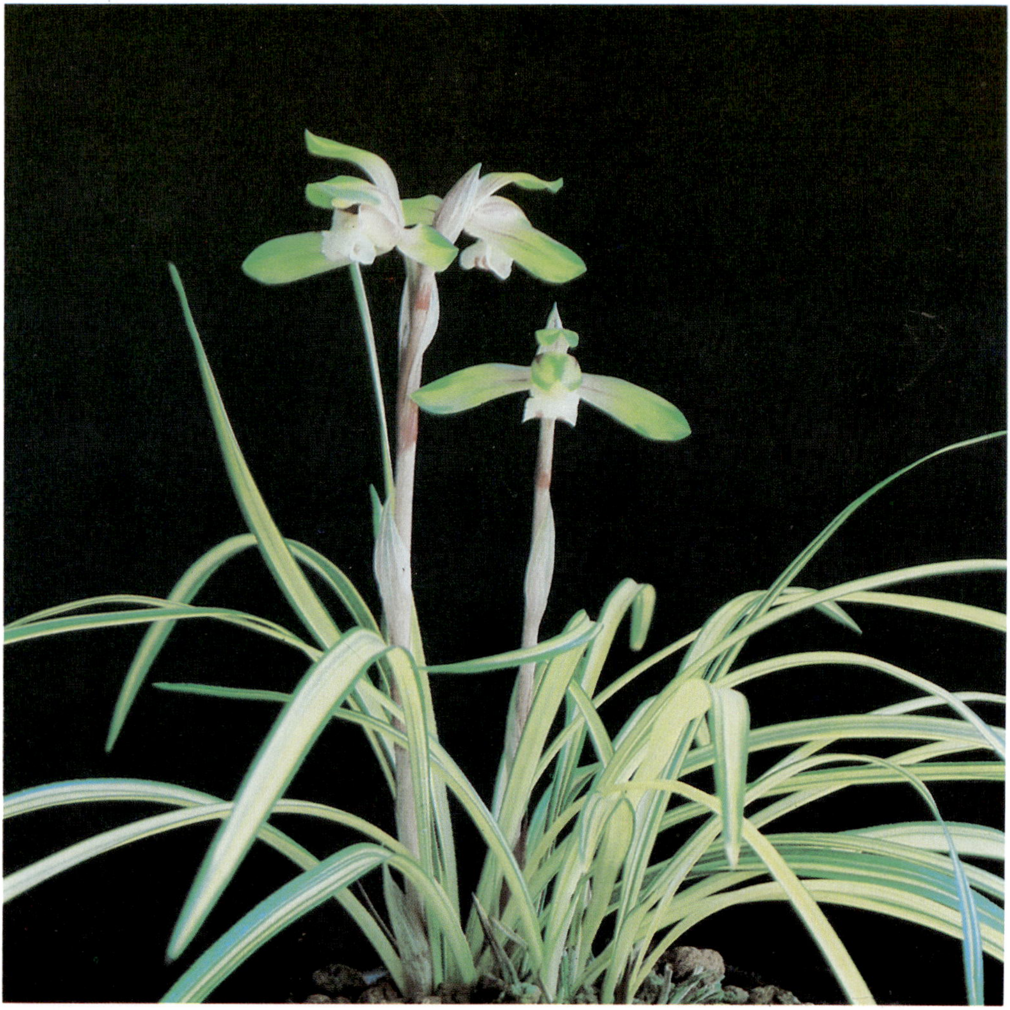

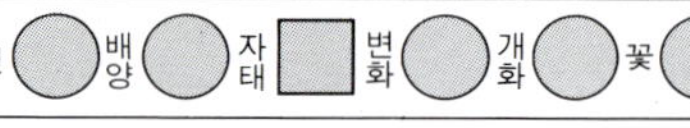

幽谷殿 Yukokuden 채취·熊本縣 天草

얕은 녹색 테두리 줄무늬에 백황(白黃)의 중
투 줄무늬(中透縞)를 나타내는 가는 잎의 중
수(中垂). 꽃도 녹색 테두리 줄무늬(綠覆輪)
를 걸친 연노란 색의 중투로 여성적인 아름
다움이 있는 복륜화(覆輪花)의 최고 귀품이
다.

꽃색깔	18	노랑기가 더 강해진다	20
꽃모양	20	특징이 살아 있다	20
꽃 대	10	잘 뻗어 있다	10
총합점	48	전체로 잘 피어 있다	50

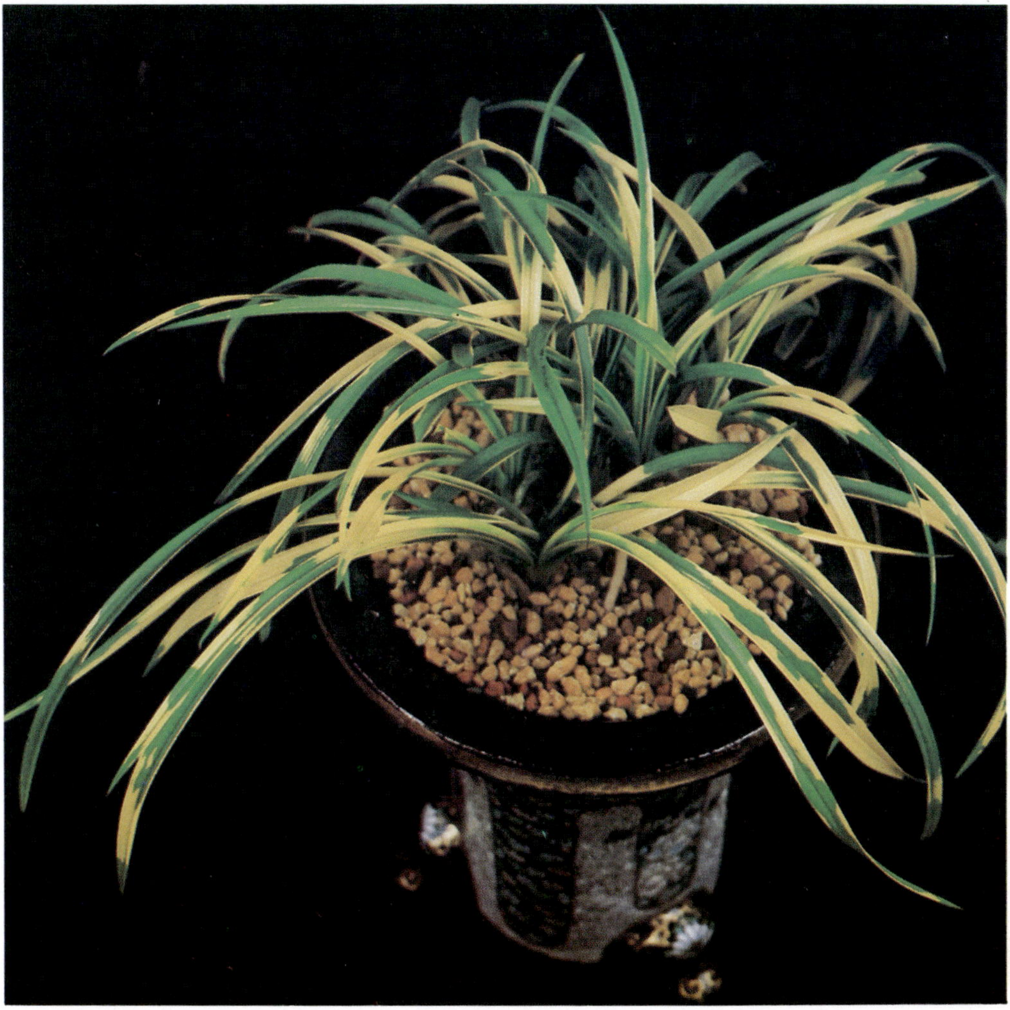

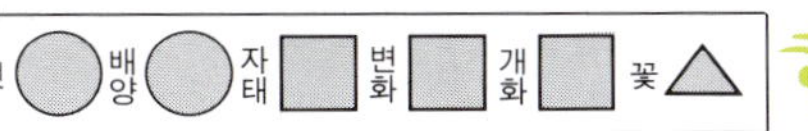

水戸之花 Mitonohana 채취·茨城縣

진녹색 바탕에 반달무늬가 섞인 황금색의 호
랑무늬 얼룩(虎斑)이 약간 흐르는듯이 나오
는 큰 잎으로, 말려 올라가는(卷葉) 버릇이
있는 드리우는 잎(垂葉). 호랑무늬 얼룩 멋
(虎斑藝)의 귀품이다.

잎의 멋	23	호랑무늬의 노랑기가 강하게 나온다	25
잎폭, 키	15	잘 되어 있다	15
잎모양	10	좋다	10
총합점	48	전체적으로 수수하다	50

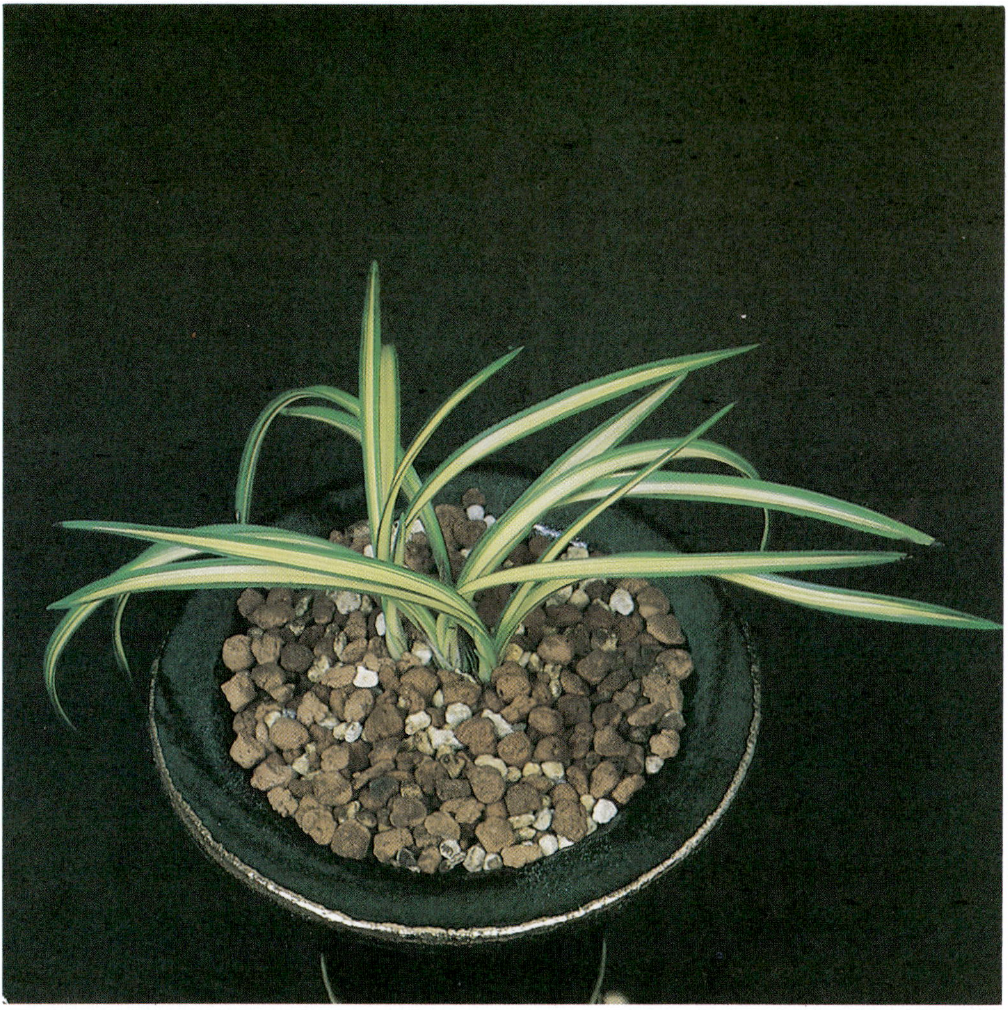

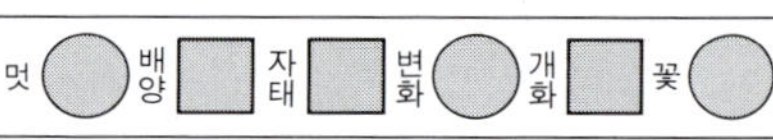

金玉殿 Kingyokuden 채취·長野縣

잎은 진녹색의 깊은 테두리 줄무늬, 극황(極
黃) 색이 잎 가운데 박히는 줄무늬로 된다.
잎 폭은 약간 가늘고 중수엽성(中垂葉性) 으
로, 중투 멋(中透藝)의 귀품이다.

잎의 멋	20	중투의 노랑이 진해진다	25
잎폭, 키	15	잘 나와 있다	15
잎모양	8	2~3잎 더 있으면 좋다	10
총합점	43	중촉(中木)이므로 웅대함이 없다	50

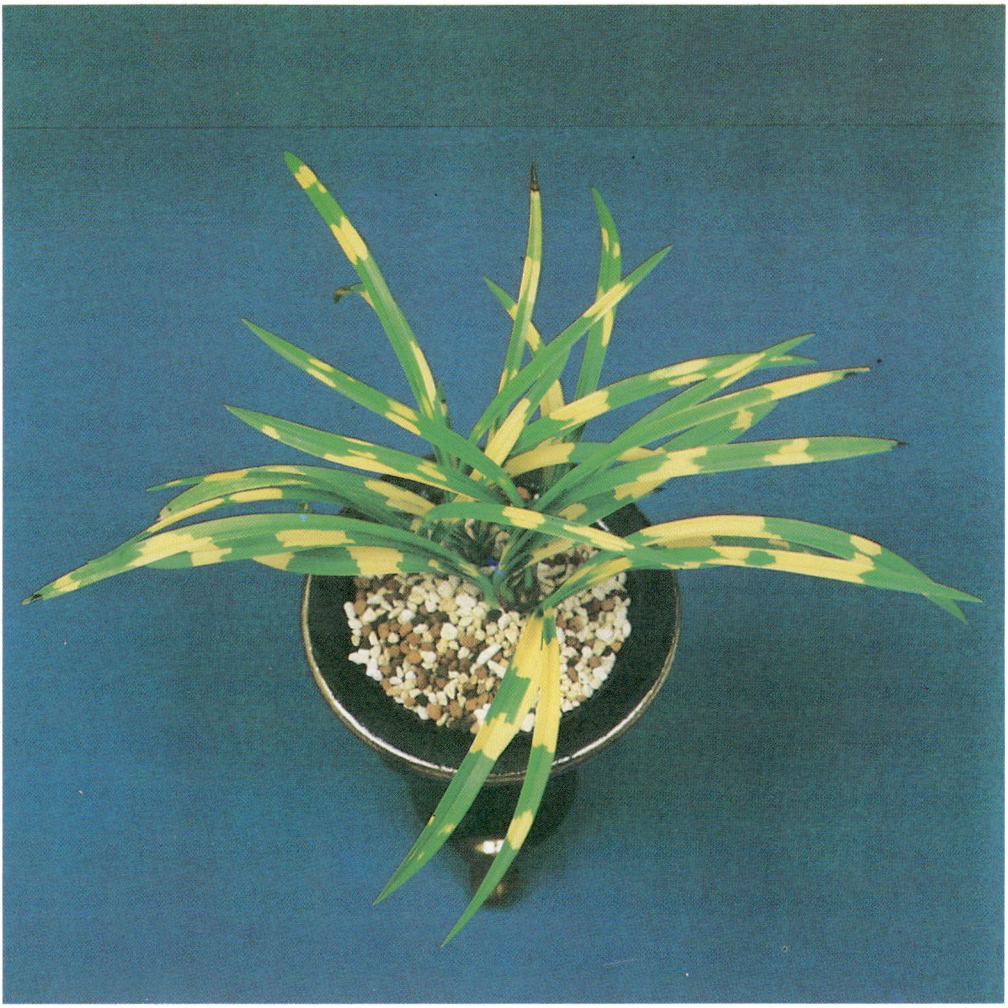

輪波之花 (윤파지화) Wanaminohana 채취·福島縣

멋 ◐ 배양 ○ 자태 □ 변화 □ 개화 ○ 꽃 △

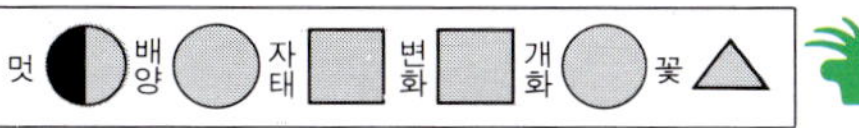

광택있는 진녹색 바탕에 극황(極黃)의 호랑무늬가 선명하게 나타난다. 배양법에 따라 2단, 3단 또는 흐르는 호랑(流虎)이 된다. 튼튼하여 가꾸기 쉬운 대중품으로 호랑무늬 얼룩 멋(虎斑藝)의 일품이다.

잎의 멋	25	잘 나와 있는 최고의 잎무늬다	25
잎폭, 키	15	잘 나와 있다	15
잎모양	10	좋다	10
총합점	50	전체적으로 특징이 잘 살아 있다	50

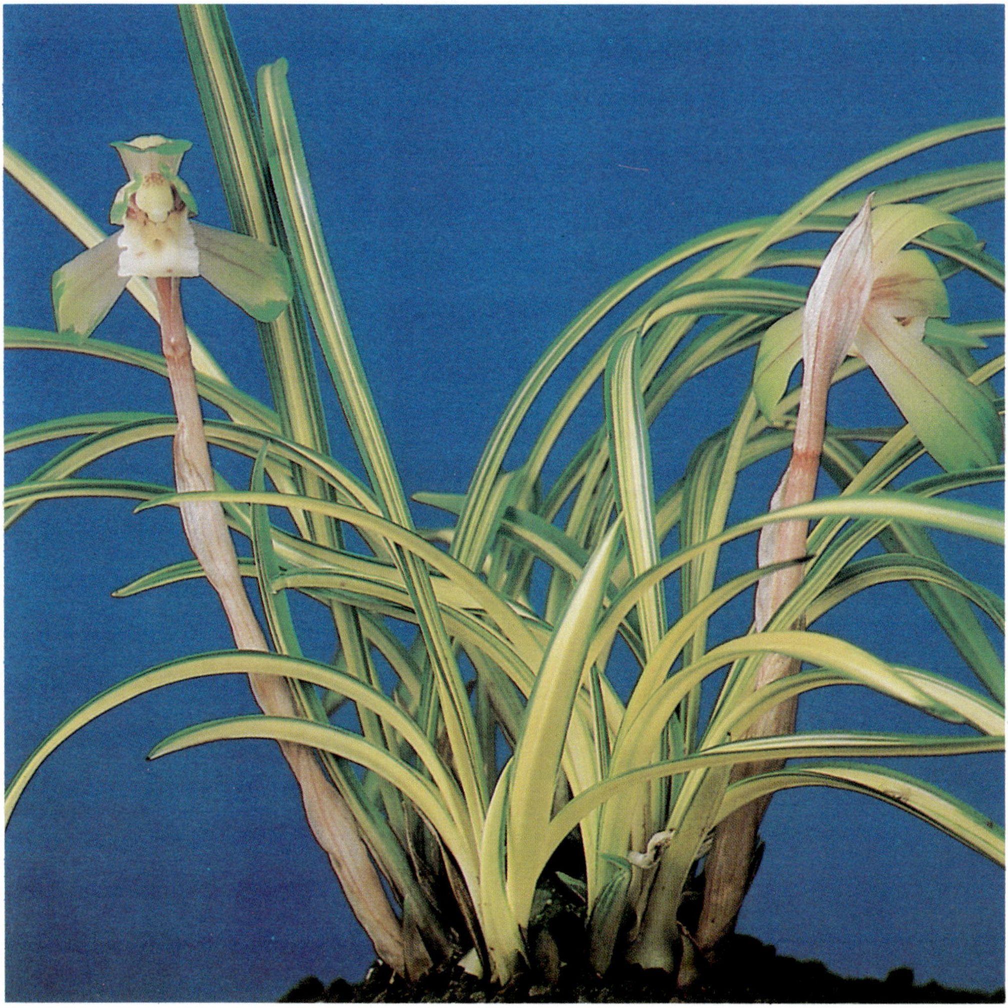

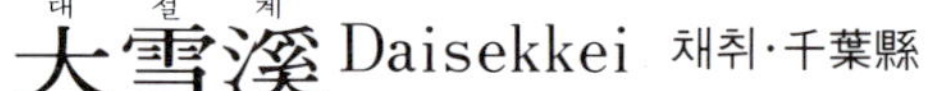

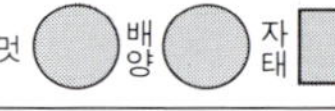

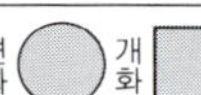

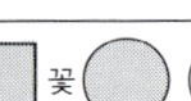

大雪溪(대설계) Daisekkei 채취·千葉縣

멋 ○ 배양 ○ 자태 □ 변화 ○ 개화 □ 꽃 ○ 香

꽃은 녹색 테두리 줄무늬를 걸친 중투화(中透花)로 약간 작은 송이(小輪). 잎도 녹색 테두리 줄무늬에 백황색이 잎 가운데 박힌 줄무늬, 대엽성(大葉性)의 중수(中垂)로 잎 폭은 중간이 가늘다(中細). 중투 멋(中透藝)의 최고 귀품이다.

꽃색깔	18	꽃 중투의 노랑기가 좀 더 나온다	20
꽃모양	20	특징이 살아 있다	20
꽃 대	10	잘 뻗어 있다	10
총합점	48	전체적으로 특징이 나와있다	50

鏡山 Kagamiyama 채취·産地不明

멋 ● 배양 ○ 자태 □ 변화 □ 개화 □ 꽃 △

극황(極黃)의 호랑무늬 얼룩(虎斑)이 잎면
전체에 화려하게 찍혀 나오는 중엽(中葉)의
중수(中垂)로, 녹색 바탕이 약간 엷다. 화려
한 호랑무늬 얼룩에 비해 잎뎀(葉燒)이 적은
호랑무늬 얼룩 멋(虎斑藝)의 귀품이다.

잎의 멋	25	최상의 잎무늬이다	25
잎폭, 키	15	잘 되어 있다	15
잎모양	10	좋다	10
총합점	50	전체로 잘 되어 있다	50

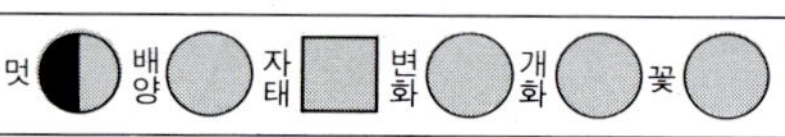

明旭 _{명 욱} Meikyoku　채취·島根縣

멋 ◐ 배양 ◯ 자태 ☐ 변화 ◯ 개화 ◯ 꽃 ◯

잎은 진녹색 바탕이 강한 깊은 테두리 줄무늬에 백황(白黃)의 중투 줄무늬(中透縞). 잎 폭이 약간 좁은 중엽(中葉)으로 바로서기가 된다. 아랫잎은 약간 화려한 듯한 중투 줄무늬(中透縞)로 되어, 잎 위쪽에 가까워질수록 수수한 잎무늬로 되는 중투 멋(中透藝)의 귀품이다.

잎의 멋	25	모주(母株)가　검은 잎무늬다	25
잎폭, 키	15	잘 되어 있다	15
잎모양	10	좀 더 잎 모양이 좋아진다	10
총합점	50	잎무늬가 가지런하지 못함이 아쉽다	50

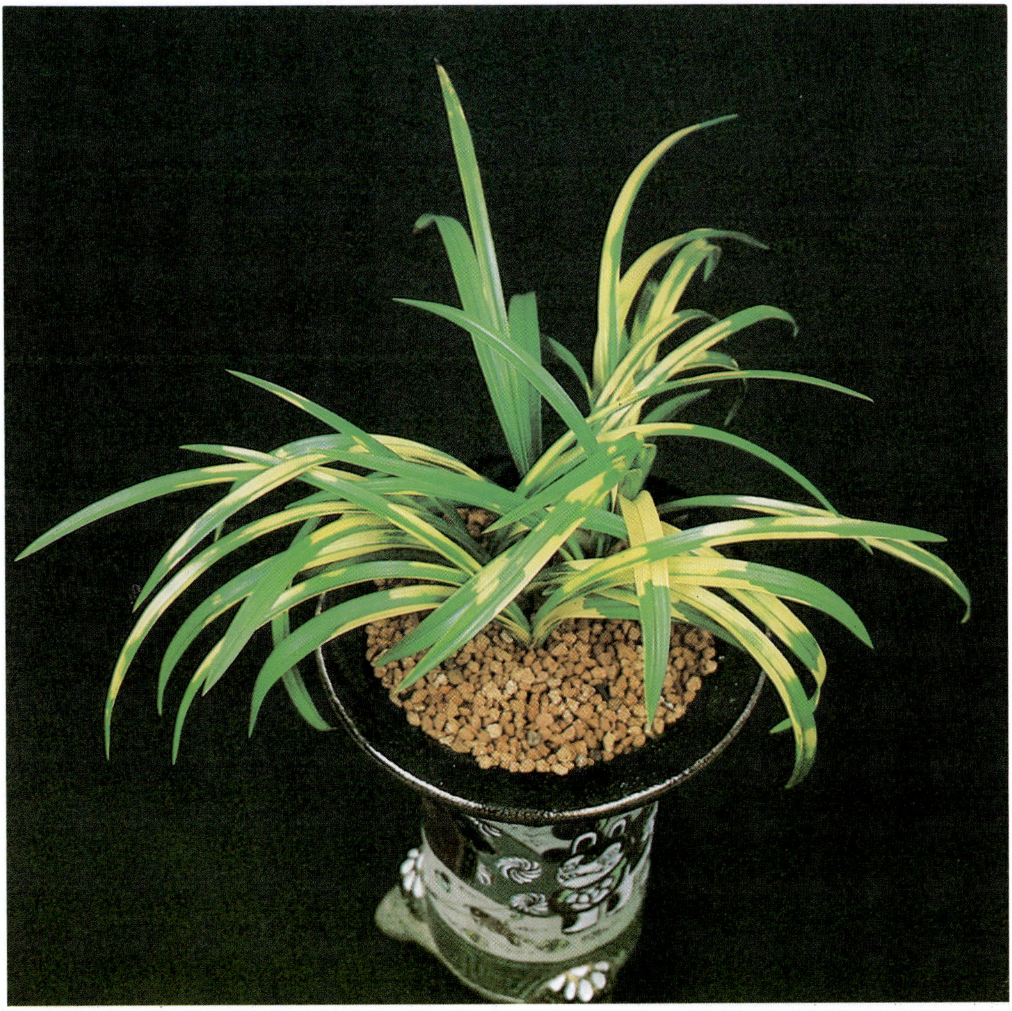

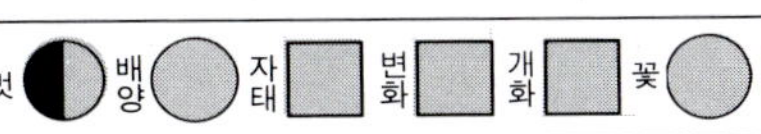

信濃之花 Shinanonohana 채취·長野縣

녹색 바탕에 황금색의 호랑무늬 얼룩(虎斑)
을 나타내고 얼룩의 토막남이 좋고 얼룩 안
에 녹색의 반점(斑點)이 나오는 수도 있다.
중엽(中葉)의 중수성(中垂性)으로 호랑무늬
얼룩 멋(虎斑藝)의 일품이다.

잎의 멋	23	줄무늬가 부족한 곳도 있다	25
잎폭, 키	15	잘 되어 있다	15
잎모양	10	좋다	10
총합점	48	전체적으로 잘 되어 있다	50

御代櫻 어 대 앵 Miyozakura 채취·茨城縣

멋 ● 배양 ○ 자태 □ 변화 ○ 개화 ○ 꽃 ○ 香

잎은 진녹색의 테두리 줄무늬(覆輪)에 백황
(白黃)이 잎 가운데 박힌 줄무늬가 불안정하
게 들어가며 잎의 오목한 곳에는 잘 나온다.
꽃은 녹색 테두리 줄무늬에 백황의 중투화
(中透花)로 분홍빛이 조금 물든다.   중투화
(中透花)의 일품이다.

꽃색깔	15	테두리 줄무늬가 더 파랗게 된다	20
꽃모양	18	더 좋은 모양으로 핀다	20
꽃 대	10	잘 뻗어 있다	10
총합점	43	전체적으로 녹색의 부족함이 아쉽다	50

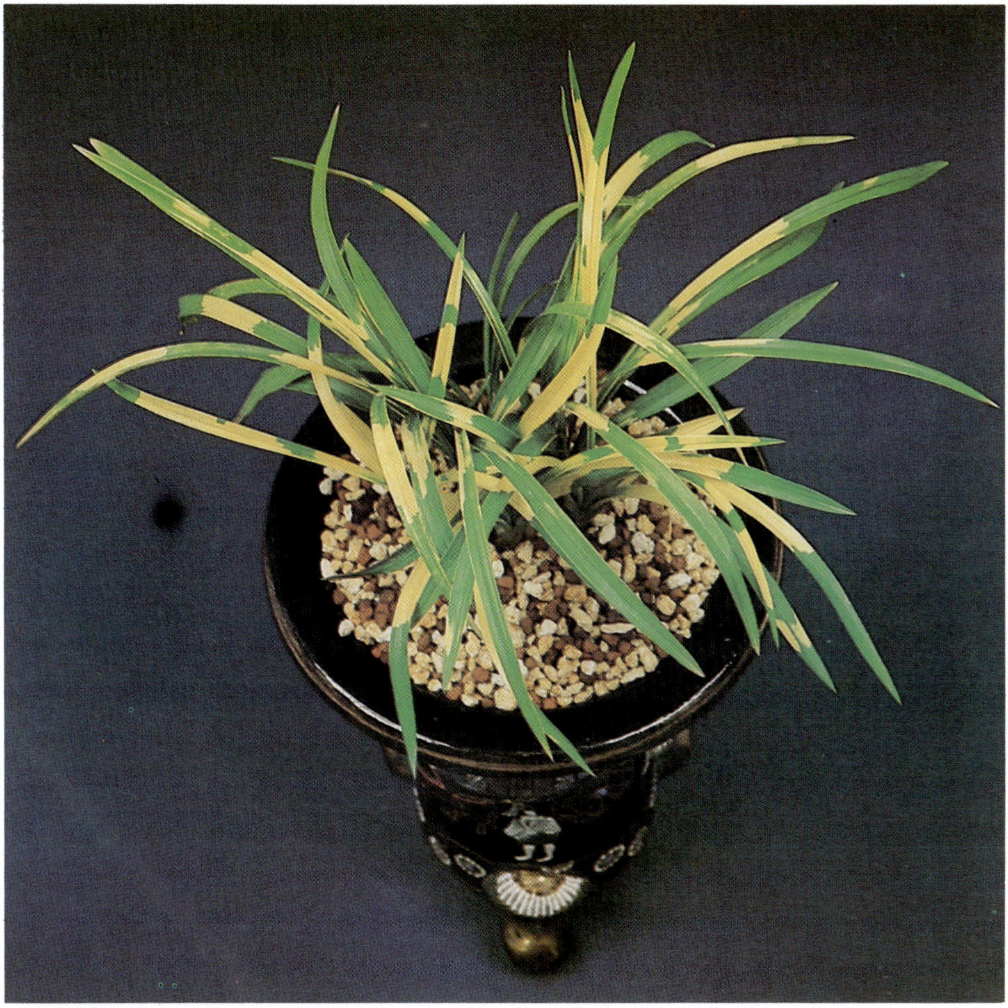

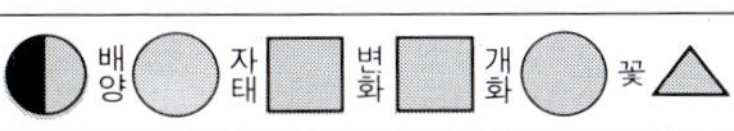

麒麟山(기린산) Kirinzan 채취·新瀉縣

멋 ◐ 배양 ○ 자태 □ 변화 □ 개화 ○ 꽃 △

잎이 두껍고 광택이 있는 녹색 바탕에 극황(極黃)의 호랑무늬 얼룩(虎斑)과 망사무늬를 나타내는 반 바로서기의 대엽성(大葉性). 싹나옴은 푸른 싹(青芽)으로 잎 끝은 약간 둥그스름한 호랑무늬 얼룩 멋(虎斑藝)의 귀품이다.

잎의 멋	20	잎의 녹색 바탕이 더 강해진다	25
잎폭, 키	13	조금 가는 편	15
잎모양	8	1～2잎 부족하다	10
총합점	41	전체적으로 호반과 녹색 바탕이 부족함	50

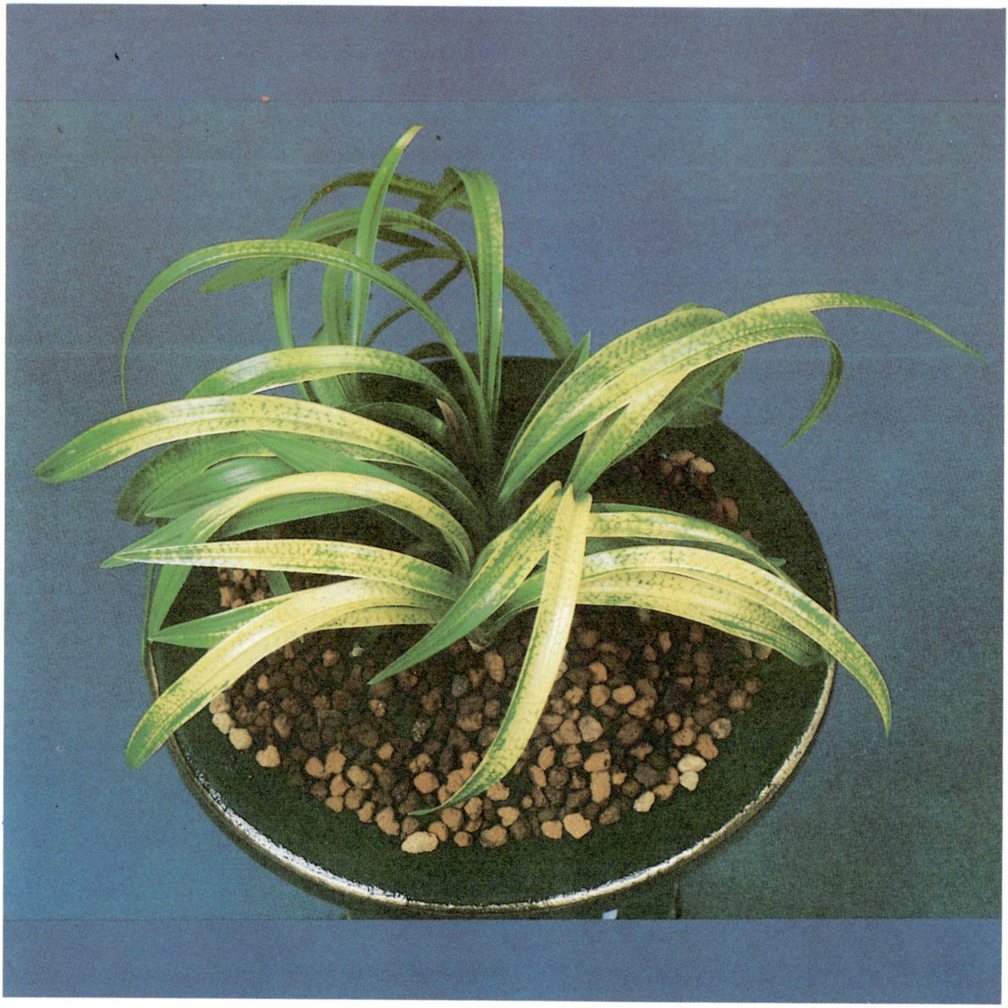

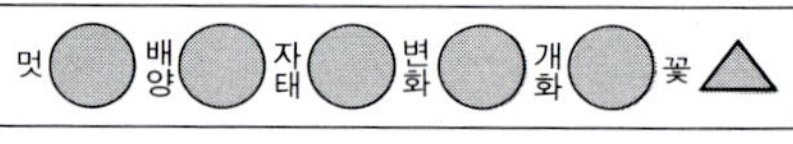

守門龍 Sumonryu　채취·新瀉縣

잎 폭이 넓은 큰 잎(大葉)의 중수(中垂)로
잎 전체에 노란 색으로 흐르는 큰 해돋이 호
랑무늬(大曙虎)가 깔려 있고, 그 뒷면에 자
잘한 진녹색의 점이 흩어져 있는 사피호(蛇
皮虎)의 최고 귀품이다.

잎의 멋	25	최상의 잎무늬이다	25
잎폭, 키	15	잘 되어 있다	15
잎모양	10	좋다	10
총합점	50	전체적으로 잘 되어 있다	50

瑞晃錦 *Zuikounishiki* 채취·新潟縣

잎은 연녹색에 백황의 테두리 줄무늬가 걸
쳐 조금 비틀리는 중수엽(中垂葉). 꽃도 테
두리 줄무늬(覆輪縞)로 아름다운 귀품이다.

꽃색깔	18	꽃잎의 줄무늬가 적다	20
꽃모양	20	특징이 살아 있다	20
꽃 대	10	잘 뻗어 있다	10
총합점	48	꽃의 줄무늬가 더 산뜻해진다	50

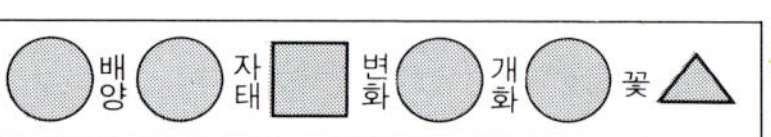

錦波 Kinpa 채취·千葉縣

멋 ◯ 배양 ◯ 자태 ☐ 변화 ◯ 개화 ◯ 꽃 △

녹색 바탕에 노란 색의 뱀 껍질 호랑무늬 얼룩 즉, 사피호반(蛇皮虎斑)으로 잎이 두꺼운 큰 잎(大葉). 잎 끝은 좀 뾰족한 편이며, 톱니가 거친 중수성(中垂性), 싹이 나올 때 흰 얼룩(白斑)의 아름다움이 아주 뛰어나다.

사피호 멋(蛇皮虎藝)의 최고 귀품이다.

입의 멋	25	최상의 잎무늬이다	25
잎폭, 키	12	좀 더 잎 폭이 넓어짐	15
잎모양	10	좋다	10
총합점	47	전체적으로 잘 되어 있다	50

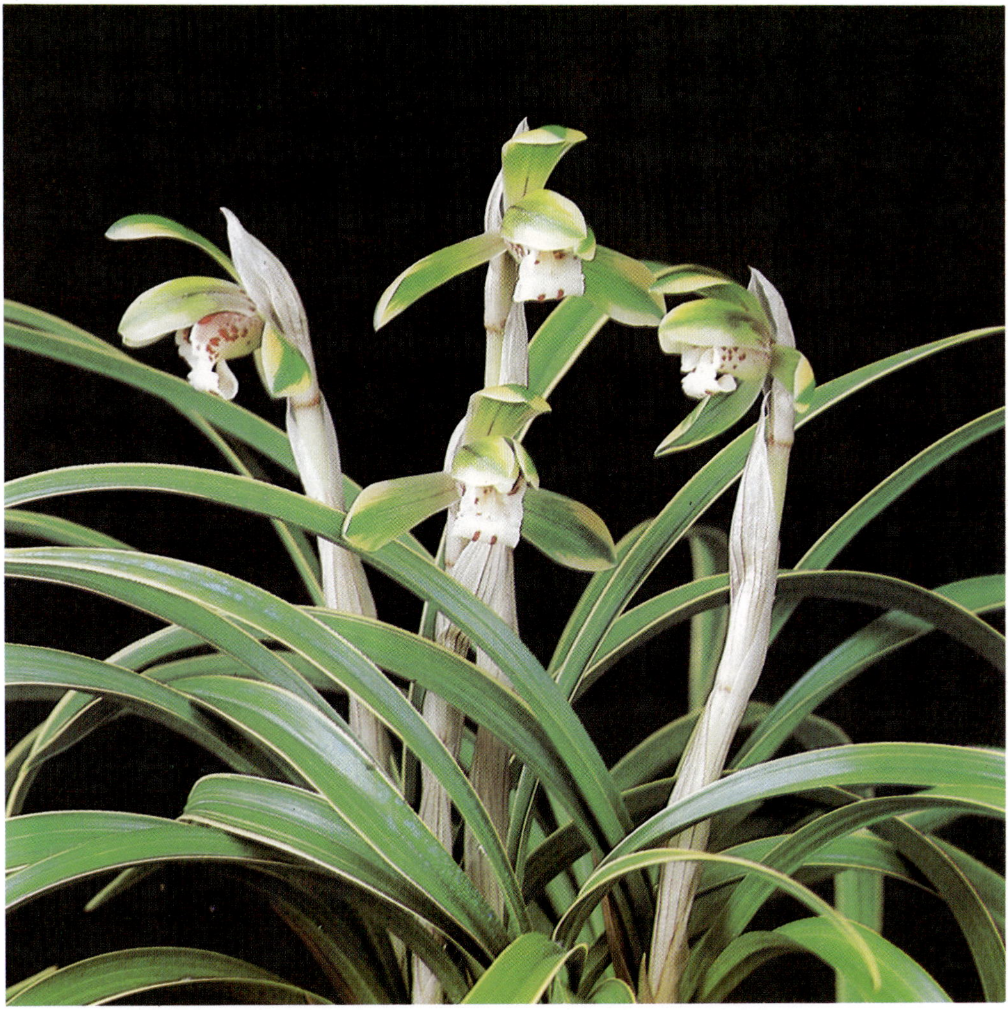

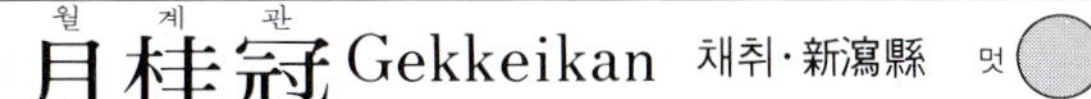

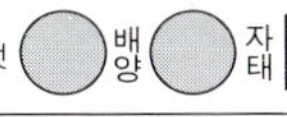

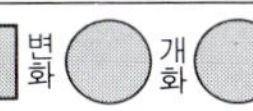

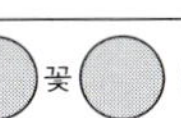

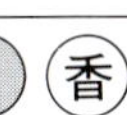

月桂冠(월계관) Gekkeikan

채취·新瀉縣 멋 ◯ 배양 ◯ 자태 □ 변화 ◯ 개화 ◯ 꽃 ◯ 香

녹색 바탕에 황백(黃白)의 깊은 테두리 줄무늬가 뚜렷하게 걸친다. 잎 폭은 넓고 두꺼운 큰 잎의 중수엽(中垂葉). 꽃은 황백의 깊은 테두리 줄무늬를 걸치고 모양 좋게 피기 때문에 일반인이 즐겨 가꾸는 귀품이다.

꽃색깔	18	꽃의 녹색이 부족하다	20
꽃모양	20	특징이 살아 있다	20
꽃 대	10	잘 뻗어 있다	10
총합점	48	전체로 노란색이 강하다	50

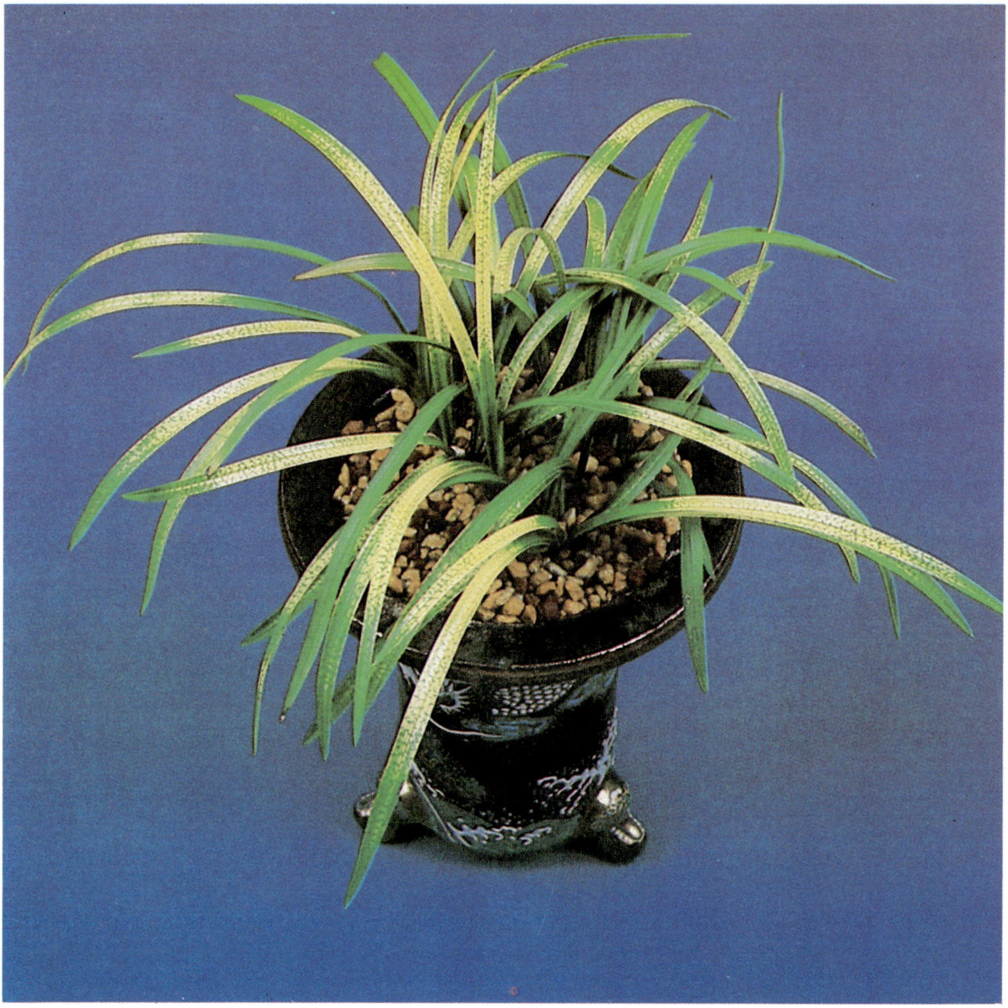

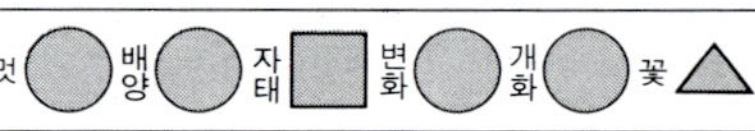

群千鳥 Murechidori 채취·埼玉縣

잎 두께가 약간 얇은 중수(中垂)의 가는 잎
(細葉), 사피호(蛇皮虎) 중에서 가장 선명한
백황색의 사피호반(蛇皮虎斑)으로 여성적인
아름다움이 뛰어나다. 사피호 특유의 어두컴
컴함이 없어 인기있는 귀품이다.

잎의 멋	25	최상의 잎무늬이다	25
잎폭, 키	15	잘 되어 있다	15
잎모양	10	좋다	10
총합점	50	전체적으로 잘 되어 있다	50

日光殿 Nikkoden 채취·福井縣

멋 ◯ 배양 ◯ 자태 ▢ 변화 ◯ 개화 ◯ 꽃 ◯ 香

잎은 광택이 있는 진녹색 바탕에 백황(白黃)의 테두리 줄무늬를 걸친 바로서기성(立葉性). 꽃도 백황의 테두리 줄무늬를 걸치는 보통 크기의 송이(中輪花)로 튼튼하여 가꾸기 쉬운 난으로 일반인이 즐겨 가꾸는 복륜화(覆輪花)의 일품이다.

잎의 멋	25	잘 나와 있다	25
잎폭, 키	15	잘 되어 있다	15
잎모양	10	좋다	10
총합점	50	전체적으로 잘 되어 있다	50

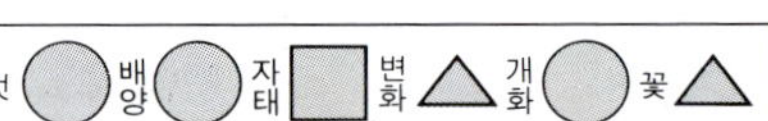

<table>
<tr><td>世界之圖 세계지도</td><td>Sekainozu</td><td>채취·新潟縣</td><td>멋 ◯ 배양 ◯ 자태 ▢ 변화 △ 개화 ◯ 꽃 △</td></tr>
</table>

녹색 바탕에 백황색의 사피호(蛇皮虎)로, 약
간 비틀리는 중수엽(中垂葉). 새　촉(新木)
의 아름다움에 비해 고촉(古木)은 어두워지
는데, 사피호의 일품이다.

잎의 멋	25	최상의 잎무늬이다	25
잎폭, 키	15	잘 되어 있다	15
잎모양	10	좋다	10
총합점	50	전체적으로 잘 되어 있다	50

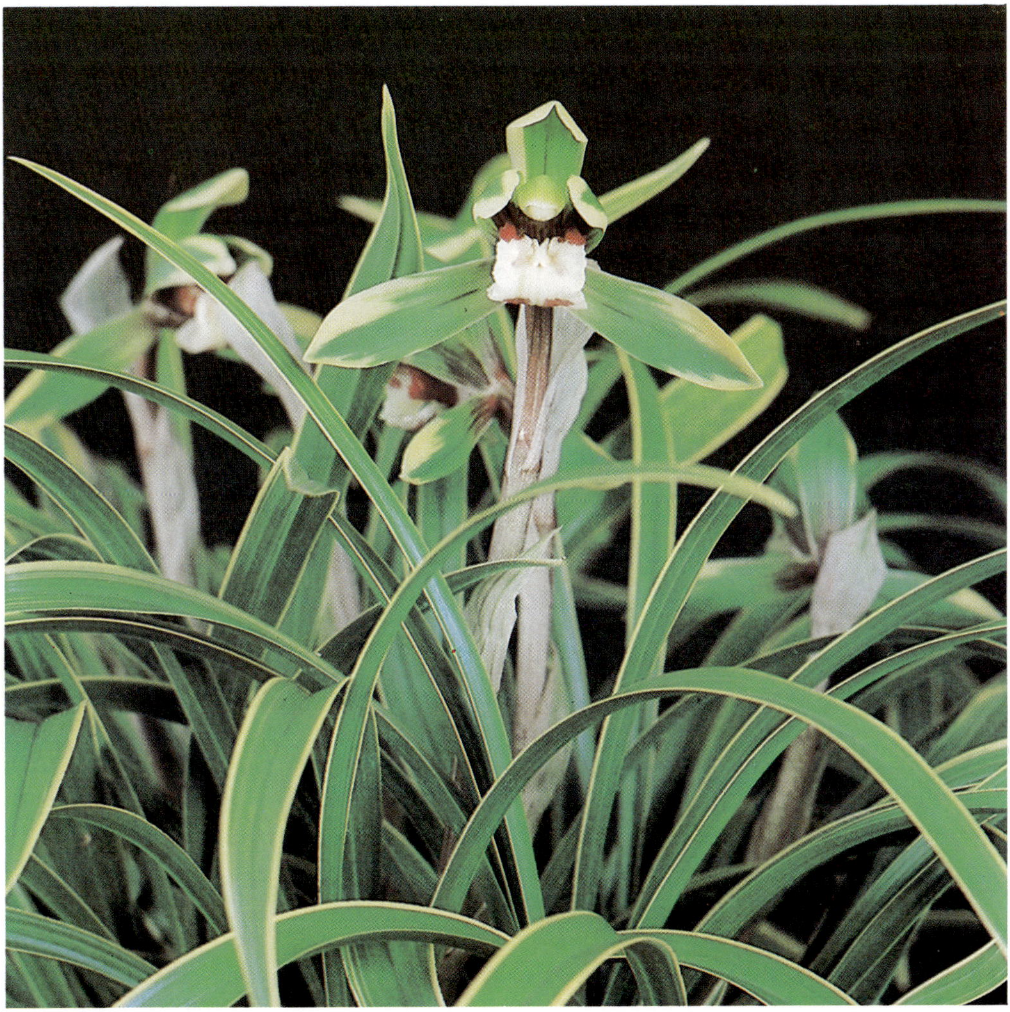

七^칠福^복神^신 *Hichihukuzin* 채취·新潟縣

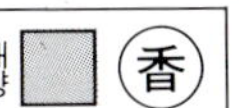

녹색 바탕에 백황색의 테두리 줄무늬를 걸
치는 반수엽(半垂葉). 꽃에도 백황색의 테
두리 줄무늬를 걸친다. 다른 복륜화(覆輪花)
와 달라 꽃잎(花瓣), 내판(內瓣)의 밑둥에
자홍색(紫紅色)이 선명하게 나오는 것이 특
색이다. 인기 상승 중의 귀품이다.

꽃색깔	20	잘 나와 있다	20
꽃모양	20	특징이 살아 있다	20
꽃 대	10	잘 뻗어 있다	10
총합점	50	전체적으로 잘 되어 있다	50

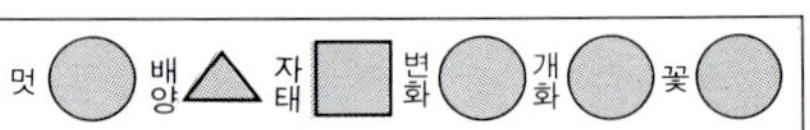

불이관		
不二冠 Fujikan	채취·新瀉縣	

멋 ◯　배양 △　자태 ▢　변화 ◯　개화 ◯　꽃 ◯

큰 잎의 중수(中垂)로 하얀 깊은 테두리 줄무늬에 잎 가운데 흰 줄무늬가 있는 두 가지 멋(二藝品)의 아름다운 품종이다. 고목(古木)이 되면 잎에 검은 점(點)이 나오는 것이 옥에 티이다. 테두리 줄무늬(覆輪縞)의 대표적 최고 귀품이다.

잎의 멋	20	줄무늬가 부족하다	25
잎폭, 키	15	잘 되어 있다	15
잎모양	10	좋다	10
총합점	45	사진이 나빠 칙칙하게 보이는 것이 흠	50

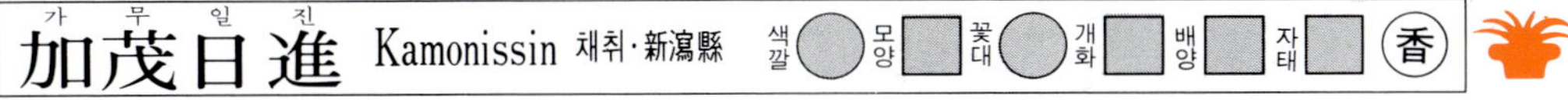

| | 가茂무日일進진 加茂日進 Kamonissin 채취·新潟縣 | 색깔 ◯ 모양 ☐ 꽃대 ◯ 개화 ☐ 배양 ☐ 자태 ☐ 香 |

加茂日進 Kamonissin 채취·新潟縣

진녹색 바탕에 백황색의 큰 테두리 줄무늬
(大覆輪)를 걸치고 노수성 (露受性 : 오목함)
이 좋은 큰 잎(大葉)으로 잎 폭, 잎 두께도
다 좋다. 꽃에도 백황의 깊은 테두리 줄무
늬를 걸치는 복륜화 (覆輪花)의 귀품이다.

꽃색깔	20	잘 나와 있다	20
꽃모양	20	특징을 살리고 있다	20
꽃 대	10	잘 뻗어 있다	10
총합점	50	전체적으로 잘 되어 있다	50

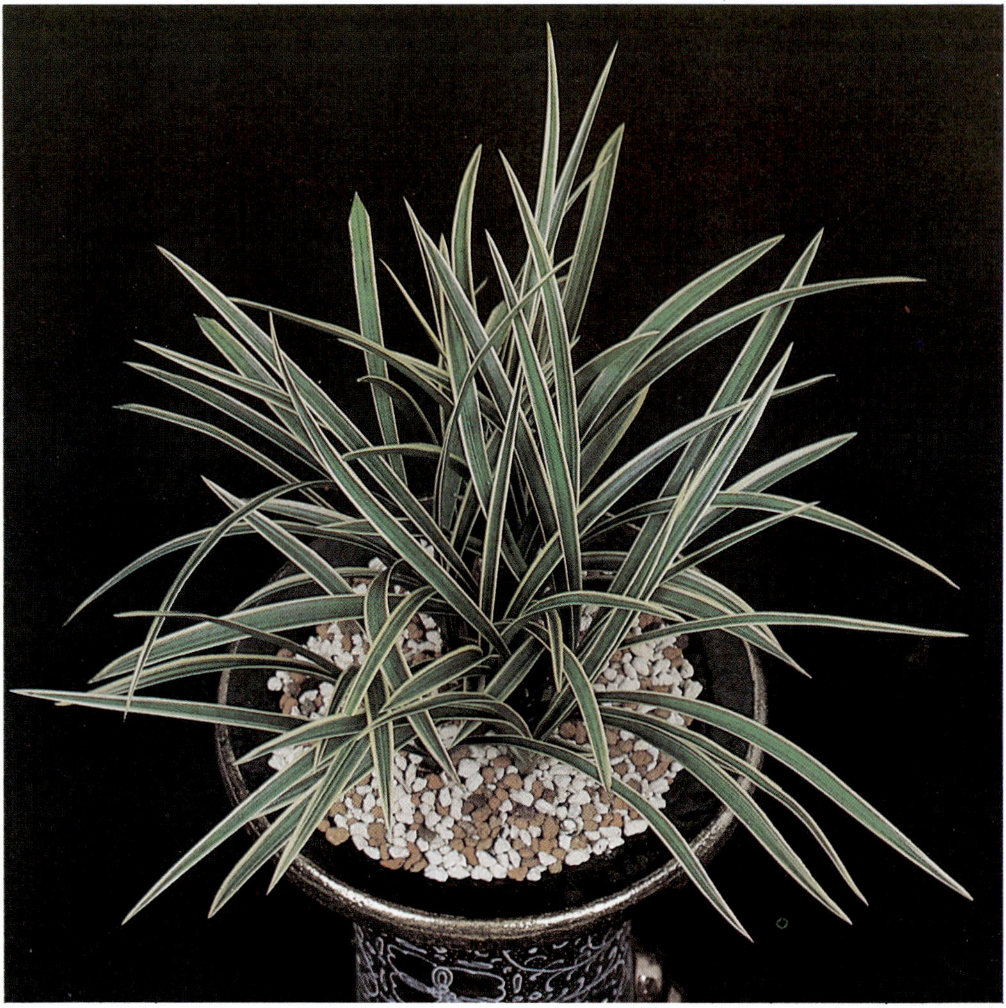

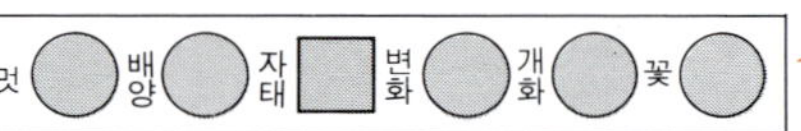

聖晃 (성황) Seikou 채취·福井縣

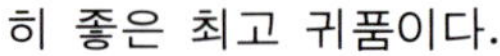

「일광전(日光殿)」에서 변화한 품종. 녹색 바탕이 강한 바로서기 잎(立葉性)으로 하얀 깊은 테두리 줄무늬를 걸친다. 꽃도 테두리 줄무늬(覆輪)를 걸쳐 아름다운 품종으로, 테두리 줄무늬 멋(覆輪藝) 중에서 인기가 특히 좋은 최고 귀품이다.

잎의 멋	20	더 깊은 복륜(覆輪)이 된다	25
잎폭, 키	15	잘 되어·있다	15
잎모양	10	좋다	10
총합점	45	전체가 칙칙하다. 멋이 부족하다	50

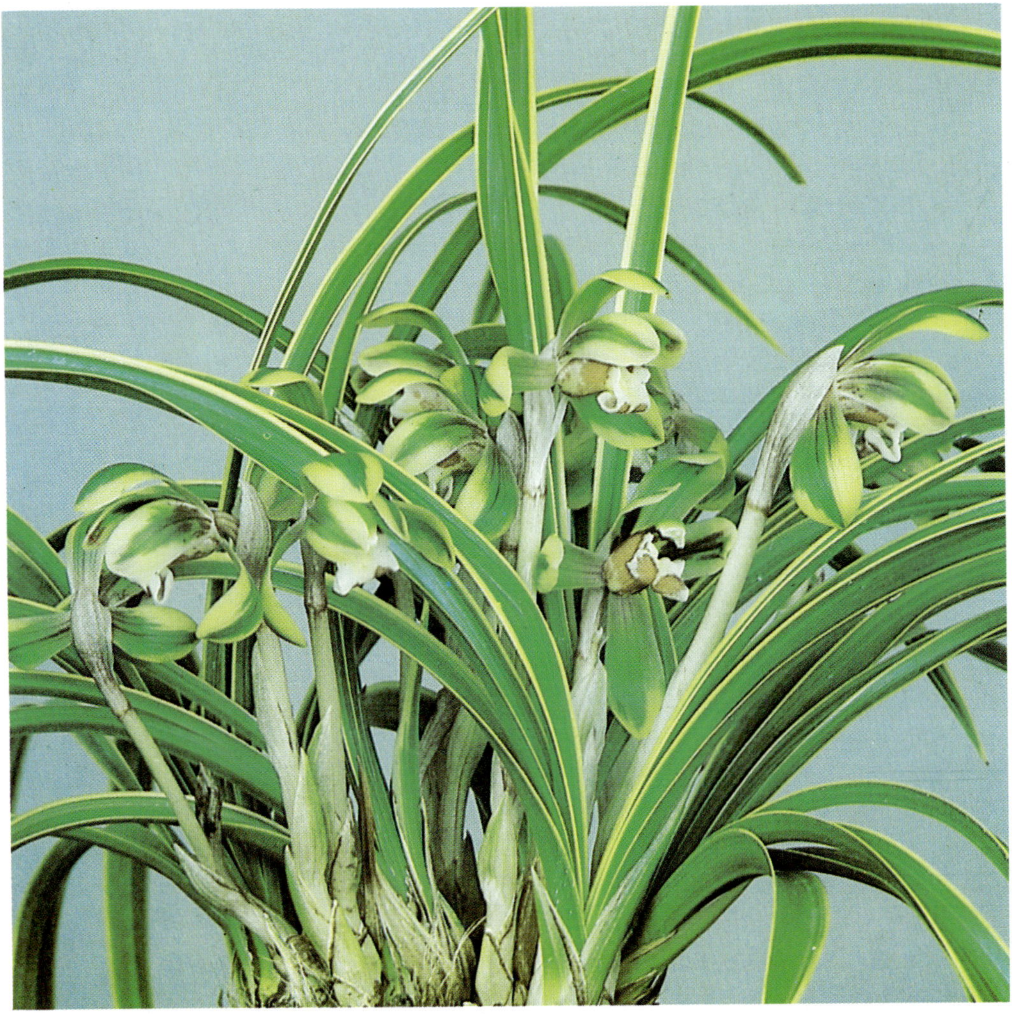

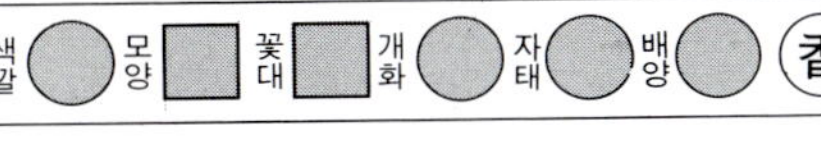

帝冠 (제관) Teikan　채취·長野縣

광택있는 녹색 바탕에 백색 큰 테두리 줄무
늬(白覆輪)를 걸친다. 잎 두께는 두껍고 웅
대한 큰 잎의 중간 잎 바로서기 잎(中立葉).
꽃도 백황의 테두리 줄무늬를 깊이 걸치는
평견(平肩) 피기.

꽃색깔	20	잘 나와 있다	20
꽃모양	20	특징이 살아 있다	20
꽃 대	10	잘 뻗어 있다	10
총합점	50	전체적으로 잘 되어 있다	50

중국 춘란 일경일화(一莖一花)의 권유

중국 대륙에서 자생하는 춘란으로 2~3월에 1줄기에 한 송이의 꽃을 피운다. 중국에서는 옛부터 난(蘭)이라는 글자는 이 일경일화를 지칭했다고 한다. 사람의 발자취를 멀리한 심산유곡에서 청초(淸楚)한 꽃을 피우고, 방향을 풍기는 데에서 세속에 물들지 않고 청렴결백의 상징으로 일컬어져, 왕자의 향기, 사군자(四君子)의 하나로 문인, 묵객이 좋아했다. 저명한 시인의 수많은 시가(詩歌)로 읊어지고 명화(名畵)에 그려져 있다.

윤기있는 진녹색의 우아한 잎모습에 매판(梅瓣)·하화판(荷花瓣)·수선판(水仙瓣)·기종(奇種)·소심(素心)으로 구별되는 다양한 꽃모양의 청순한 꽃이 벌어지는 모습은, 동양란이 아니면 볼 수 없는 아름다움이며, 기품있는 향기에 감싸여 과연 우아한 정취라 말할 수 있다.

중국에서는 약 1000년이나 먼 옛날에 난의 전문서가 간행되었을 정도로 오랜 재배의 역사가 있다. 우리 나라와 일본에서도 옛부터 재배되어 왔으나, 1936년에 小原栄次郎씨가 간행한 「蘭華譜(난화보)」에 의해, 명화(銘花)의 여러 가지가 소개되어 보다 많은 애호자에 의해 재배되기에 이르렀다.

성질도 강건하고 번식도 좋고, 추위에도 강하다는 점에서 널리 각지에서 재배되고 있다. 근년에는 재배 기술이 더욱 향상되어 각지에 난애호회도 설치되어, 매년의 개화기에는 전시회나 품평회가 각지에서 개최되고 있다.

양란과 같이 화려함은 없으나 청초하고 기품이 넘치는 꽃과 꽃모습·은은한 방향은 동양의 마음, 동양인의 아취(雅越)·유한(幽閑)에 통하는 점이 있다 말할 수 있다.

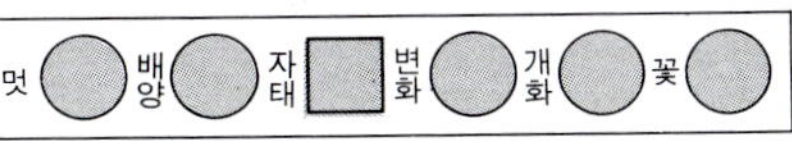

軍旗(군기) 중국産

멋 ◯ 배양 ◯ 자태 ▢ 변화 ◯ 개화 ◯ 꽃 ◯

중국 춘란인데 제 2 차 세계 대전 중 히로시마(廣島) 현 미하라(三原) 시에서 명명하였다. 녹색 테두리 줄무늬에 흰 중투 줄무늬(白中透縞)를 나타내며 노수성(露受性)을 곁들인 중수엽(中垂葉)으로, 중국 춘란의 대표적인 잎무늬란의 최고 귀품이다.

잎의 멋	25	최상의 잎무늬이다	25
잎폭, 키	15	잘 되어 있다	15
잎모양	10	좋다	10
총합점	50	특징을 잘 내고 있다	50

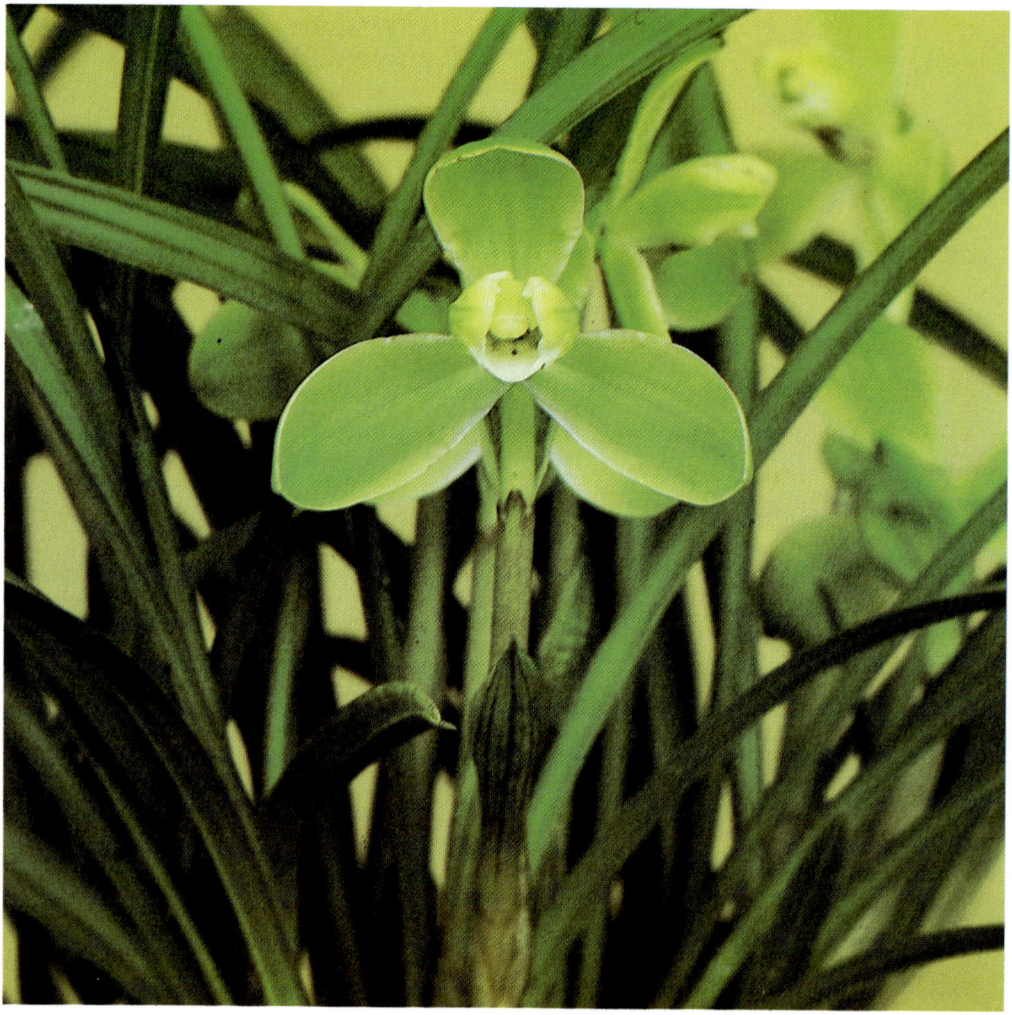

宋梅(송매)　중국産

중국 소흥 (紹興)에서 송 금선 (宋 錦旋)이라
는 사람이 재배하여 『난혜소사 (蘭惠小史)』
에는 「송금선매」라 기록되어 있다.　새싹은
선명한 보라색으로, 성장함에 따라 진녹색
이 된다. 잎이 두껍고 잎 폭도 넓고 광택이
있다. 꽃잎 (花瓣)은 짧고 둥근　평견 (平肩)
피기. 꽃잎도 두껍고 안쪽으로 말려들어 간
다. 내판 (內瓣)은 짧고 누에나방 모양의 꽃
가루 덩어리 즉, 잠아두 (蠶蛾兜), 넓게 퍼
진 유해설 (劉海舌)로 홍자색 (紅紫色) 작은 점
이 있고, 매판 (梅瓣)의 대표적 귀품이다.

꽃색깔	20	아름답게 나와 있다	20
꽃모양	20	특징이 살아 있다	20
꽃　대	10	잘 뻗어 있다	10
총합점	50	노화 (老花)로 상해있어 아쉽다	50

西神梅 (서신매)　중국産

<table>
<tr><td>색깔 ◯</td><td>모양 ▢</td><td>꽃대 ◯</td><td>개화 ◯</td><td>자태 ▢</td><td>배양 ◯</td><td>(香)</td></tr>
</table>

약 70년 전 중국 강소성 무석(無錫)에서 발견됨. 새 싹은 붉은 싹이 나오는 세엽성(細葉性)으로 잎이 약간 두꺼운 반수엽(半垂葉)이다. 꽃은 세 잎(三瓣)이 폭 넓은 매판(梅瓣)으로 잎 모습이 작은데 비해 큰 편이다.

내판(內瓣)의 투구는 얕으며 두께가 얇은데 자태가 가지런하여 혀(舌) 위에 동그란 설점(舌點)이 크게 박혀 있다. 매판 중의 최고 귀품이다.

꽃색깔	20	산뜻한 연초록으로 나온다	20
꽃모양	20	특징이 살아 있다	20
꽃 대	10	잘 뻗어 있다	10
총합점	50	전체적으로 잘 되어 있다	50

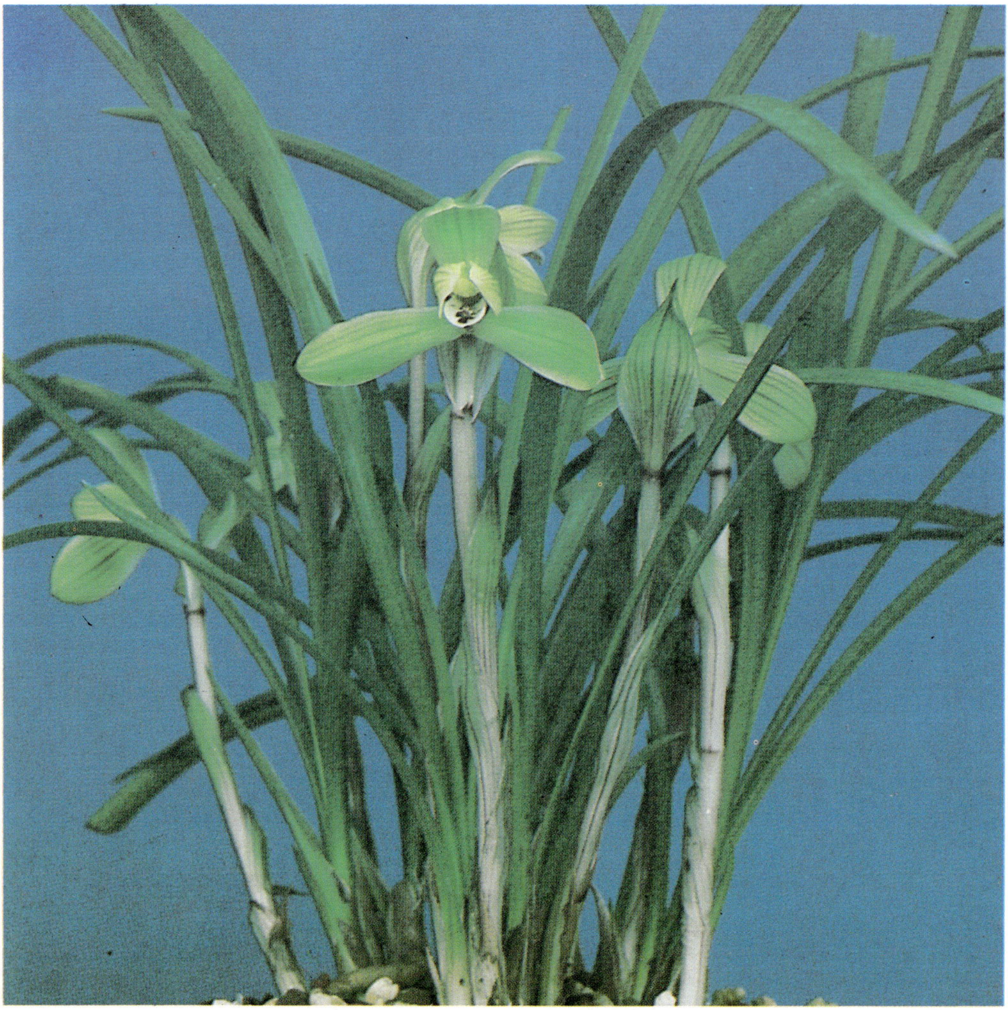

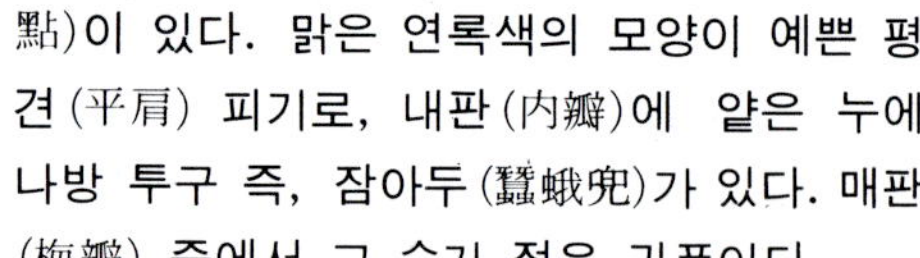

逸品 (일품) 중국産

발견 연대는 미상이나 명화(名花)로서 감상 가치가 높은 꽃이다. 잎은 녹색의 반 바로 서기 잎(半立葉)인 부드러운 엽성(葉性)이다. 꽃은 꽃잎 끝이 죄어진 단정한 꽃이다. 둥근 혀(円舌)로 선명한 자홍색의 설점(舌點)이 있다. 맑은 연록색의 모양이 예쁜 평견(平肩) 피기로, 내판(内瓣)에 얕은 누에 나방 투구 즉, 잠아두(蠶蛾兜)가 있다. 매판(梅瓣) 중에서 그 수가 적은 귀품이다.

꽃색깔	17	꽃잎의 줄무늬가 선명하게 나온다	20
꽃모양	18	특징이 살아 있다	20
꽃 대	10	잘 뻗어 있다	10
총합점	45	전체로 수수하다	50

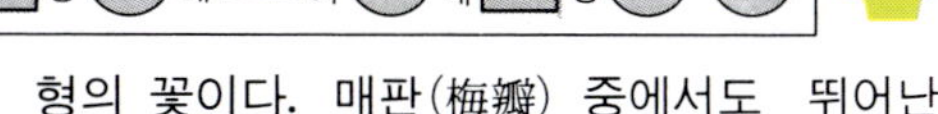

天興梅 (천흥매)　중국産

색깔 ▢　모양 ◯　꽃대 △　개화 ◯　자태 ▢　배양 ◯　（香）

잎은 담록색의 넓은 잎으로, 잎 두께는 비교
적 얇고 축 늘어지거나 또는 반수엽(半垂葉)
으로 잎 끝이 노수성(露受性：오목함)이 되
는 것도 있다. 꽃은 폭이 넓은 원두화(円頭
花)로, 꽃잎살이 두껍고 가장자리가 휘는 대
형의 꽃이다. 매판(梅瓣) 중에서도　뛰어난
품종이다.

꽃색깔	18	조금 더 연록색이 된다	20
꽃모양	20	특징이 살아 있다	20
꽃 대	9	조금 더 뻗는다	10
총합점	47	조금 더 크게 핀다	50

萬字 (만자) 중국産

색깔 ◯ 모양 ▢ 꽃대 ◯ 개화 ◯ 자태 ▢ 배양 △ 香

「원호제일매(鴛湖第一梅)」라고도 부른다. 새싹(꽃대)은 보라색으로 물든 녹색으로 굵으며, 잎 두께가 두꺼운 반수엽(半垂葉)으로 광택이 있다. 꽃잎은 살이 두껍고 연록색, 내판(內瓣)의 투구 안쪽에 엷은 분홍색을 물들고, 혀(舌)는 작은 여의설(小如意舌)이다. 일본에 있는 매판(梅瓣)으로 이 종류의 수가 제일 적은 품종으로 특출한 귀품이다.

꽃색깔	12	더 연한 잎색깔이 된다	20
꽃모양	20	특징이 잘 나와 있다	20
꽃 대	10	잘 뻗어 있다	10
총합점	42	전체로 수수하다	50

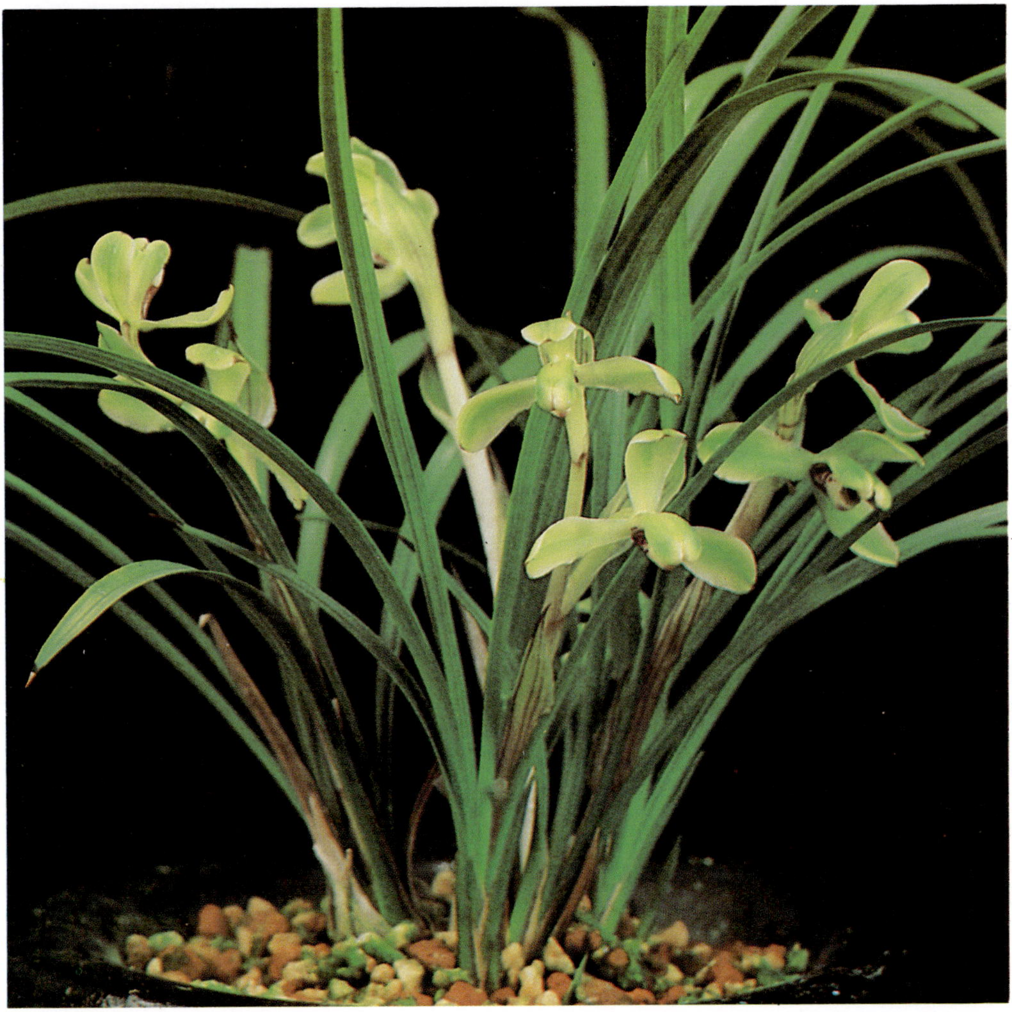

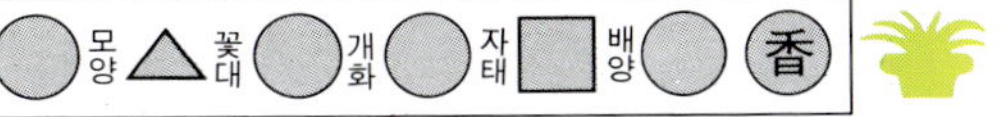

老代梅(노대매) 중국産

색깔 ○ 모양 △ 꽃대 ○ 개화 ○ 자태 □ 배양 ○ 香

새 싹은 새빨간 빛깔로 싹이 돋는다. 잎 폭은 중간 크기로 반수엽(半垂葉)이다. 꽃잎 살이 두꺼운 원두(円頭)로 단단한 투구의 내판(内瓣)이 있으며, 항상 쌍두화(双頭花)로 핀다. 매판(梅瓣) 중에서 제일 작은 송이(小輪)지만 한 촉에서 꽃이 2개가 피는 귀품이다.

꽃색깔	16	녹색이 좀 더 강하게 나온다	20
꽃모양	16	특징이 살아 있다	20
꽃 대	10	잘 뻗어 있다	10
총합점	42	노화(老花)로 상해 있음이 아쉽다	50

賀神梅(하신매)　중국産

색깔 ○ 모양 □ 꽃대 ○ 개화 ○ 자태 □ 배양 ○ 香

중세엽(中細葉)의 바로서기 잎(中立性), 잎이 두꺼우며 녹색이 약간 연하다. 꽃은 세 꽃잎(三瓣) 전부 꽃 밑둥이 가늘고 긴 원두(円頭), 꽃잎의 살이 두꺼우며 녹색이 강한 꽃이 비견(飛肩)으로 핀다. 내판(內瓣)은 관음설(觀音舌)의 투구가 달리고, 작은 유해설(劉海舌), 매판(梅瓣) 중에서 가장 좋은 꽃으로 그 수도 적어 일반이 갖고 싶어하는 최고 귀품이다.

꽃색깔	18	노란 색이 조금 강하다	20
꽃모양	20	특징이 잘 나와 있다	20
꽃 대	10	잘 뻗어 있다	10
총합점	48	노화(老花)이나 잘 되어있다	50

汪咲春 (왕소춘)　중국産

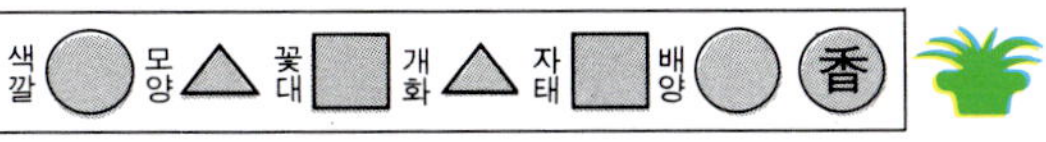

색깔 ◯　모양 △　꽃대 ▢　개화 △　자태 ▢　배양 ◯　香

약 60년 전에 발견된 비교적 새로운 품종. 잎은 진녹색 바탕에 중세엽(中細葉)으로 바로서기성(立葉性), 꽃은 주·부판(主 副瓣)이 전부 가늘고 길어 수선판(水仙瓣)에 가깝다. 봉심(捧心)은 얕은 투구가 달리고 위로 향해 벌어지며 안 쪽에 분홍점(紅點)이 물들고 둥근 혀(円舌)에 홍점이 1~2점 박히는 귀여운 꽃이다. 튼튼하고 번식이 좋은 귀품이다.

꽃색깔	20	잘 나와 있다	20
꽃모양	20	특절이 잘 살아 있다 징	20
꽃 대	8	조금 더 뻗는다	10
총합점	48	전체적으로 잘 되어 있다	50

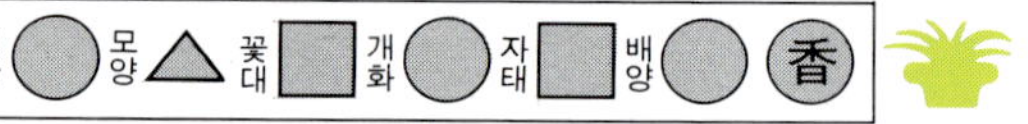

翠桃 (취도)　중국産

<table>
<tr><td>색깔</td><td>○</td><td>모양</td><td>△</td><td>꽃대</td><td>□</td><td>개화</td><td>○</td><td>자태</td><td>○</td><td>배양</td><td>○</td><td>香</td></tr>
</table>

광택이 좋은 중수엽(中垂葉). 꽃잎은 복숭아 꽃과 흡사하게 폭이 넓고, 담록색으로 산뜻해지며 살이 두꺼운 단단한 투구가 있는 내판(內瓣)이 꽃술을 감싸는듯이 껴안는다. 꽃대는 빨강 꽃대(赤莖)로 가늘고, 꽃은 작은 송이(小輪)이다. 이 적경취도(赤莖翠桃)가 골고루 좋은 모양으로 핀다. 최고 귀품이다.

꽃색깔	20	잘 나와 있다	20
꽃모양	20	특징이 살아 있다	20
꽃 대	9	조금 더 뻗는다	10
총합점	49	대체로 잘 되어 있다	50

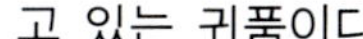

翠桃(취도) 중국産

색깔 ○ 모양 ▢ 꽃대 ▢ 개화 ▢ 자태 ○ 배양 ○ 香 

「취도」라 불리우는 것 중에도 3종류 정도로 분류할 수가 있다. 꽃줄기·잎의 폭·잎 모습에 약간의 차이가 있다. 『난화보(蘭華譜)』에 수록된 취도는 녹색 꽃줄기로, 꽃은 전체가 녹색이며 녹경취도(緑莖翠桃)라 불리우고 있는 귀품이다.

꽃색깔	18	꽃잎이 어린 잎빛깔이 된다	20
꽃모양	15	꽃잎의 퍼짐이 없다	10
꽃 대	8	조금 더 뻗는다	10
총합점	41	절반피기로 만개되지 않았다	50

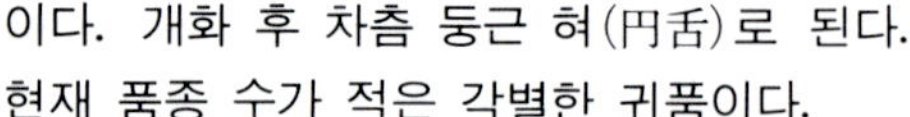

緑英(녹영)　중국産

색깔 ◯ 모양 ◯ 꽃대 ◯ 개화 ◯ 자태 ◯ 배양 ◯ 香

녹색의 싹나옴이 진녹색으로 뻗어 광택이 좋은 중수엽(中垂葉). 세 꽃잎(三瓣)의 꽃머리(花頭)는 둥글고 꽃잎 밑둥은 가늘게 죄어져 있고 꽃잎 살은 두껍고 끈끈한 성질, 내판(內瓣)이 부드러운 큰 여의설(大如意舌)이다. 개화 후 차츰 둥근 혀(円舌)로 된다. 현재 품종 수가 적은 각별한 귀품이다.

꽃색깔	20	아름다운 꽃색깔이다	20
꽃모양	20	특징이 살아 있다	20
꽃 대	10	잘 뻗어 있다	10
총합점	50	전체적으로 잘 되어 있다	50

天綠梅(천록매) 중국産

<table>
<tr><td>색깔 ☐</td><td>모양 ☐</td><td>꽃대 ☐</td><td>개화 ◯</td><td>자태 ◯</td><td>배양 ◯</td><td>香</td></tr>
</table>

발견·연대는 불명. 새 싹은 녹보라색으로 반 바로서기 잎(半立葉), 잎 두께가 두꺼운 넓은 잎으로 광택은 엷다. 꽃은 세 꽃잎(三瓣)이 다 둥글고 살이 두껍고 가장자리가 휘어 있다. 약간 단단한 봉심(捧心), 여의설 (如意舌)로 일자견(一字肩)으로 핀다. 매판(梅瓣)의 귀품이다.

꽃색깔	16	노란 색이 강하다	20
꽃모양	18	조금 더 평견(平肩)이 된다	20
꽃 대	8	조금 더 뻗는다	10
총합점	42	전체로 어린 잎빛깔이 된다	50

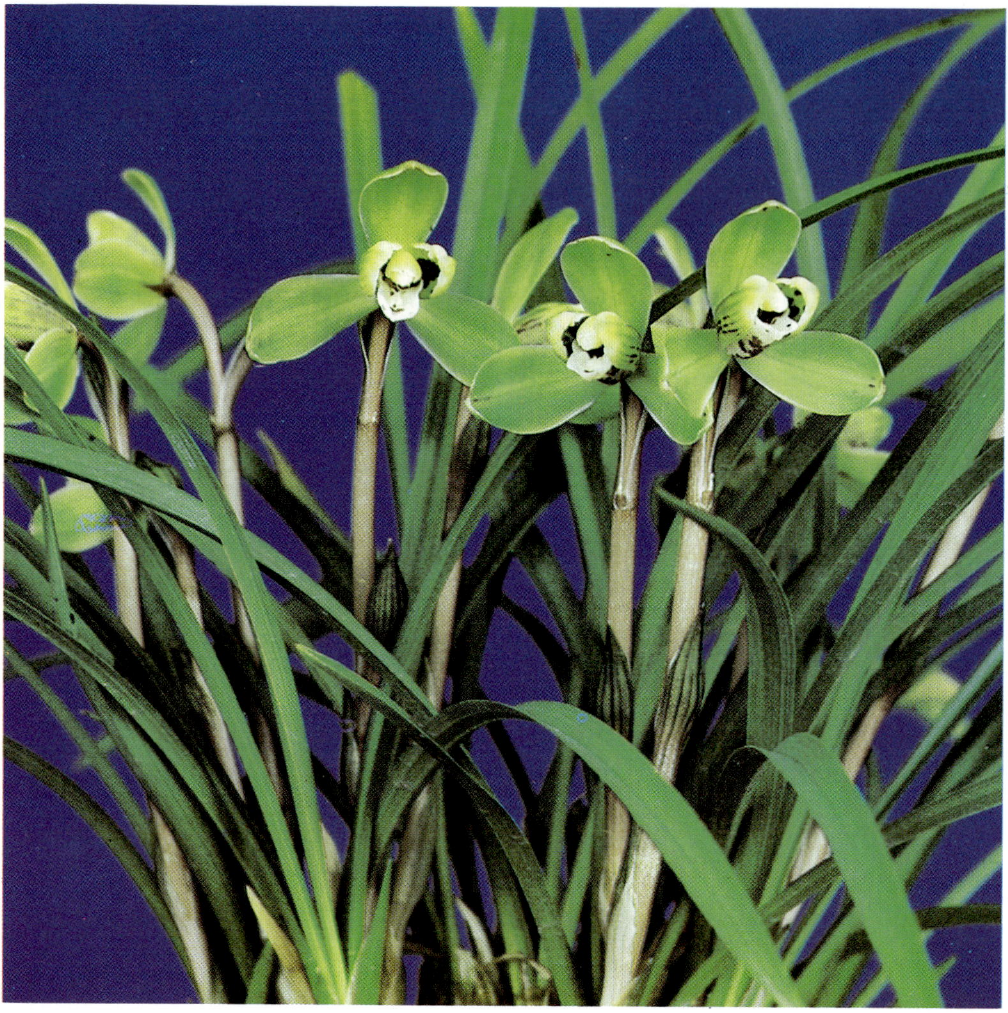

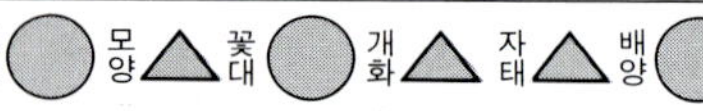

瑞梅(서매) 중국産

색깔 ● 모양 ▲ 꽃대 ● 개화 ▲ 자태 ▲ 배양 ● 香

검푸른 바탕이 좋은 중간잎 바로서기(中立葉)로 약간 작은 형. 꽃은 세 꽃잎(三瓣)이 다 짧고, 꽃잎 끝은 둥글며, 살이 두껍다. 맑은 녹색의 평견(平肩) 피기, 내판(內瓣)은 잠아두(蠶蛾兜)가 모양 좋게 감싸고, 여의설(如意舌)로 붉은 점이 1~2개 박힌다. 꽃대는 가늘고 붉은 줄기(赤莖)이다. 꽃맺음이 약간 나쁜 것이 아쉽지만 훌륭한 꽃으로 귀품이다.

꽃색깔	20	아름다운 꽃색깔이다	20
꽃모양	20	특징이 살아 있다	20
꽃 대	10	잘 뻗어 있다	10
총합점	50	전체가 잘 되어 있다	50

小打梅(소타매) 　중국産

녹보라색으로 싹이 나오며, 약간 소형의 잎
이 두꺼운 중수엽(中垂葉). 꽃은 세 꽃잎(三
瓣)이 짧고, 잎 끝이 둥글며, 가장자리가 휘
고 살이 두껍다. 약간 단단한 내판(內瓣)의
둥근 혀(円舌). 혀에 붉은 점 2개가 있는
것이 보통이다. 약간 낙견(落肩)으로 피는
매판(梅瓣)에서의 귀품이다.

꽃색깔	20	좋은 꽃색깔이다	20
꽃모양	20	특징이 살아 있다	20
꽃 대	8	가지런하지 못하다	10
총합점	48	꽃대가 가지런하지 못함이 아쉽다	50

円梅 (원매) 중국産

색깔 ☐ 모양 ☐ 꽃대 ☐ 개화 △ 자태 ☐ 배양 ○ 香

잎의 녹색은 약간 엷고 강건한 반 바로서기
잎(半立性)이다. 꽃은 세 꽃잎(三瓣)이 다
둥글고, 꽃잎 밑둥이 가늘고 길며 죄어져 약
간 뒤로 젖혀 있다. 꽃잎 끝은 크고 둥글며
안쪽으로 감싸여 있다. 꽃색깔은 약간 어둡
고 탁하나 귀품이다.

꽃색깔	20	꽃잎이 칙칙하다	20
꽃모양	20	특징이 살아 있다	20
꽃 대	10	잘 뻗어 있다	10
총합점	50	전체적으로 더 밝아짐	50

老十円 (노십원) 중국産

1850년 경에 발견됐다. 꽃모양이 매판(梅瓣)으로 피는 것은 「集円(집원)」이라 부르며 수선판(水仙瓣)으로 피는 것은 「노심원」이라 한다. 「송매(宋梅)」와 유사한 반립엽(半立葉)으로 싹나옴은 녹색. 꽃은 타원형으로 꽃잎 살이 두껍다. 부판(副瓣)의 끝은 강하게 껴안고 있다. 담록색의 꽃으로 내판(內瓣)은 단단하며, 살이 얇은 여의설(如意舌)로, 꽃대는 빨갛고 굵으나 튼튼하여 꽃맺음이 좋은 귀품이다.

꽃색깔	16	어린 잎빛깔이 된다	20
꽃모양	20	특징이 살아 있다	20
꽃 대	10	잘 뻗어 있다	10
총합점	46	전체로 노란 색이 강하다	50

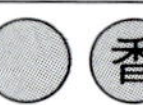

寰球荷鼎(환구하정)　중국産

색깔 ◐　모양 □　꽃대 □　개화 ○　자태 △　배양 ○　香

약 68년 전 절강성(浙江省)에서 발견되어, 당시 중국에서 수 천금의 높은 가격으로 거래되었다는 기록이 있는 명화이다. 잎 모습은 「녹운(緑雲)」의 잎과 같은 노수성(露受性 : 오목함)이 있고 잎 두께가 있는 바로서 기 잎(中立葉)이다. 꽃대의 포의(苞衣 : 苞葉)에 수은홍(水銀紅)의 백사(白沙) 얼룩이 있고, 세 꽃잎(三瓣)은 가장자리가 휘어 있어, 작은 소유해설(小劉海舌), 꽃봉오리는 자홍색으로 개화하면 조금 엷어져 호박(琥珀) 색이 된다. 춘란 중에서 이처럼 둥근 꽃은 아주 드물다. 번식력이 좋고 튼튼하며, 중국 춘란의 최고 귀품이다.

꽃색깔	15	자홍색이 더 나온다	20
꽃모양	18	부판이 앞으로 수그러져 둥글게 됨	20
꽃 대	9	조금 더 뻗는다	10
총합점	42	꽃색깔 내는 법을 연구 중이다	50

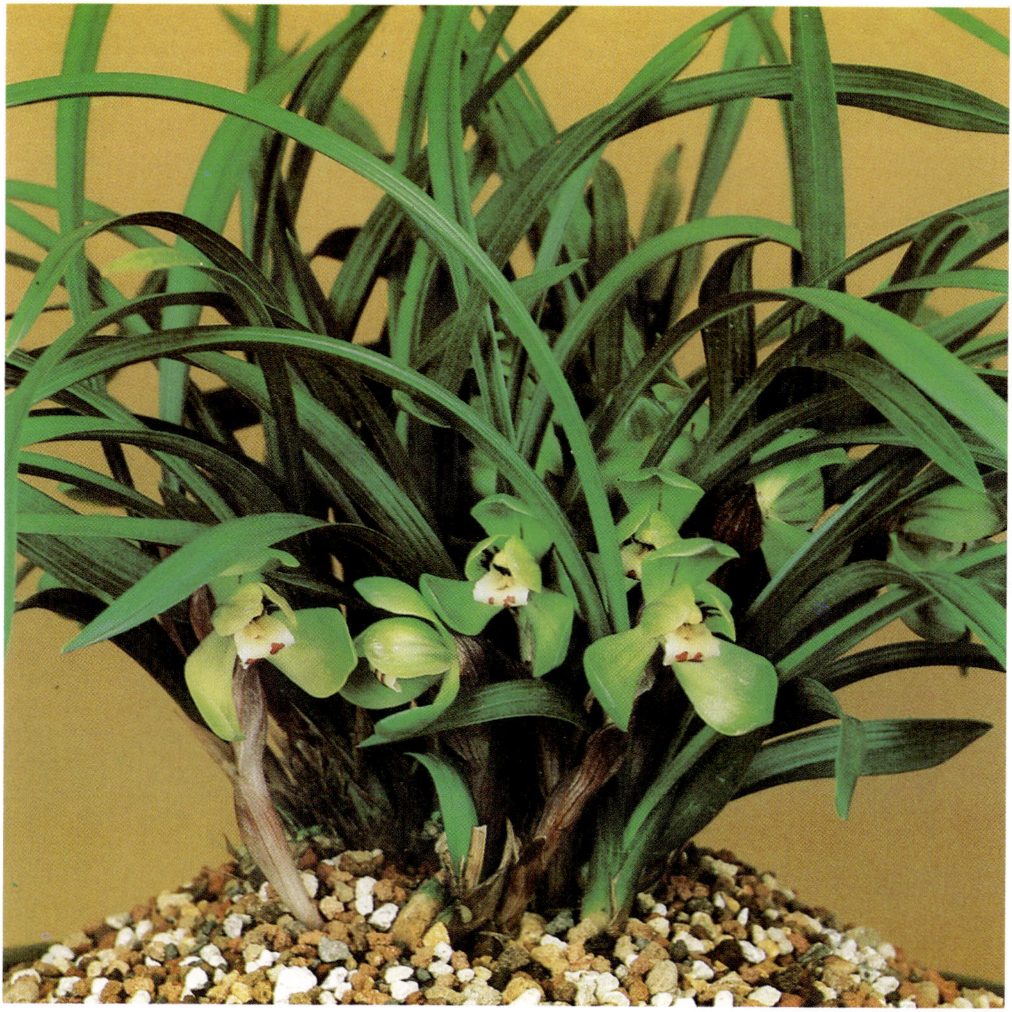

大富貴（대부귀）　중국産

1909년 상해(上海)의 꽃가게에서 발견되어, 1929년에 일본에 들여옴. 광택이 있는 진녹색으로 폭이 넓고 두께가 있는　드리워지는 잎. 꽃은 싹나옴이 선명한 자홍색으로 세 꽃잎(三瓣)은 넓고 크며 꽃잎 살도 있고 가장 자리가 휘며, 예봉(尖峰)이 있다. 짧고 둥근 내판(內瓣)으로 안쪽으로 서로 바르게 껴안는다. 대형의 유해설(劉海舌)로 U자형의 선명한 홍점(紅點)이 있다. 하화판(荷花瓣)을 대표하는 귀품이다.

꽃색깔	16	더 어린 잎 녹색이 된다	20
꽃모양	20	특징이 살아 있다	20
꽃 대	8	더 뻗는다	10
총합점	44	나무는 제대로 돼 있으나, 꽃색이 나쁘다	50

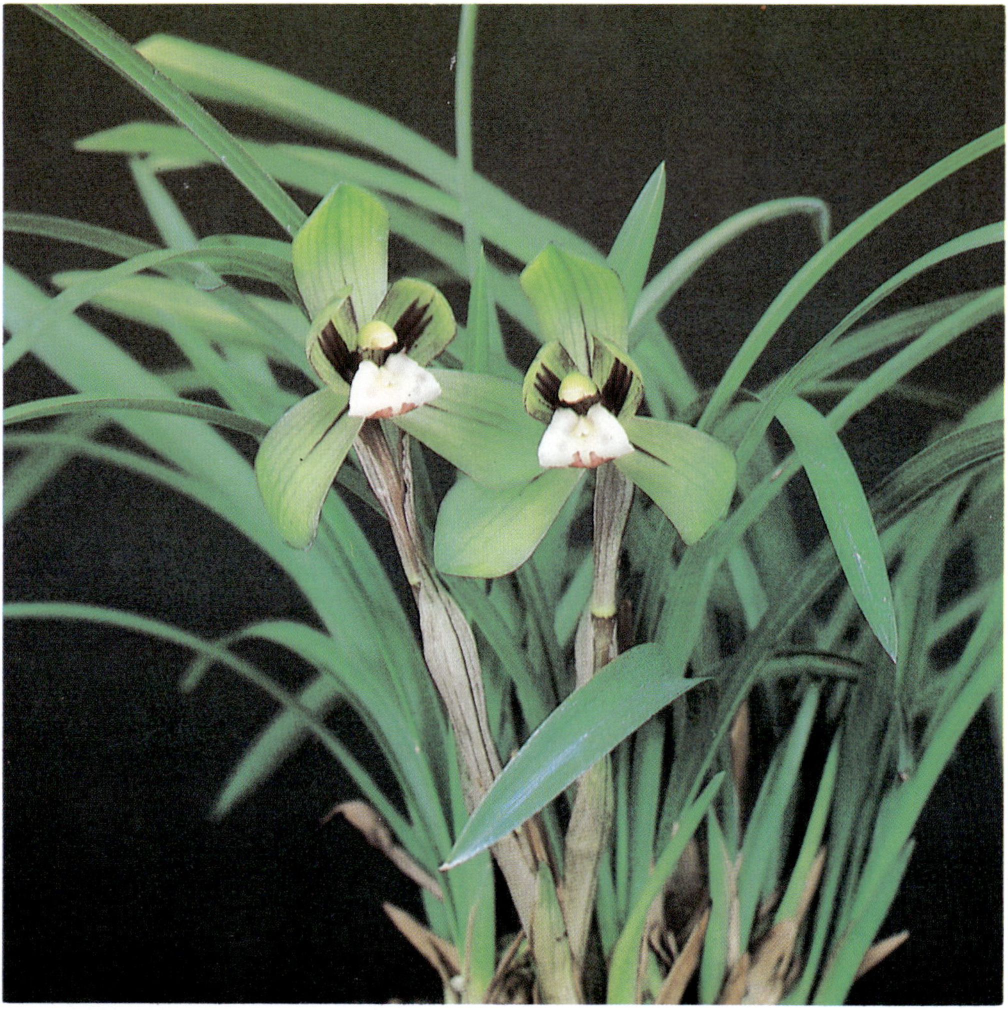

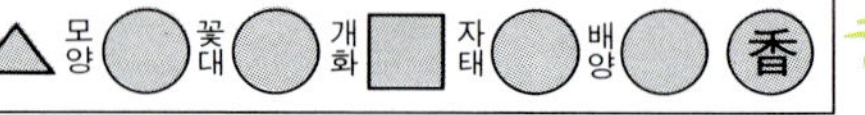

大魁荷(대괴하) 중국産

색깔 △ 모양 ○ 꽃대 ○ 개화 □ 자태 ○ 배양 ○ 香

잎은 진녹색 바탕에 잎 폭이 넓은 대엽성(大葉性)의 늘어지는 잎(垂葉). 꽃은 맑은 황록색으로 자홍색의 실 테두리 줄무늬 즉, 사복륜(糸覆輪)과 가는 줄무늬가 들어가, 황록과 자홍의 엇갈림의 모양이 아름답다. 흰색의 대권설(大捲舌)에는 분홍 점(紅點)이 2개 정도 박힌다. 튼튼하고 가꾸기 쉬운 품종으로, 아직 그 수가 적은 귀품이다.

꽃색깔	18	조금 더 녹색이 강해진다	20
꽃모양	20	특징이 살아 있다	20
꽃 대	10	잘 뻗어 있다	10
총합점	48	꽃색깔이 더 밝아진다	50

翠蓋 (취개) 中国産

색깔	◯	모양	△	꽃대	◯	개화	◯	자태	△	배양	◯	香

1900년에 발견되어, 「(개하(蓋荷)」 또는, 「취개하(翠蓋荷)」라고도 부른다. 새 싹은 가늘고 성장함에 따라 두꺼워지며, 잎 밑둥은 가늘고 잎 끝이 넓은 노수엽(露受葉)이 된다. 진녹색으로 광택이 뛰어나다. 꽃은 세 꽃잎(三瓣)이 아주 짧고 둥글며, 가장자리가 휘며, 살이 두껍다. 내판(內瓣)도 둥글고 대원설(大円舌)에 U자 형의 점이 있다. 소형으로 귀여운 꽃으로 하화판(荷花瓣)을 대표하는 귀품이다.

꽃색깔	20	어린 잎빛깔이 된다	20
꽃모양	20	특징이 잘 살아 있다	20
꽃 대	10	잘 뻗어 있다	10
총합점	50	꽃이 앞으로 향하지 않은 것이 아쉽다	50

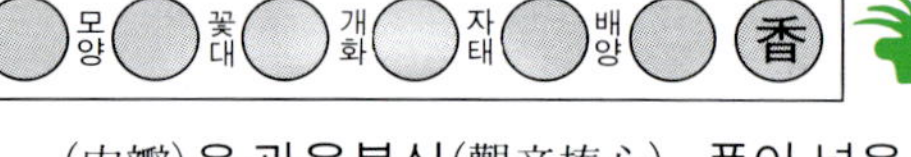

龍字(용자)　중국産

색깔 ○ 모양 ○ 꽃대 ○ 개화 ○ 자태 ○ 배양 ○ 香

1804~18년에 중국 여요(餘姚)에서 발견됨. 대형이며 광택이 좋은 잎모습으로, 잎 밑둥은 가늘고 끝이 넓은 중광엽(中廣葉)이다. 꽃은 세 꽃잎(三瓣)이 균형이 잡힌 대하화식(大荷花式)의 수선판(水仙瓣)으로, 내판(內瓣)은 관음봉심(觀音捧心), 폭이 넓은 큰 고리 모양의 혀 즉, 대보설(大舗舌)에 길쭉한 2점 사이에 둥근 1점의 설점(舌點)이 있다. 평견(平肩) 피기의 큰 꽃이다. 수선판(水仙瓣)을 대표하는 귀품이다.

꽃색깔	20	아름답게 나와 있다	20
꽃모양	20	특징이 잘 살아 있다	20
꽃 대	10	잘 뻗어 있다	10
총합점	50	전체로 훌륭한 작품이다	50

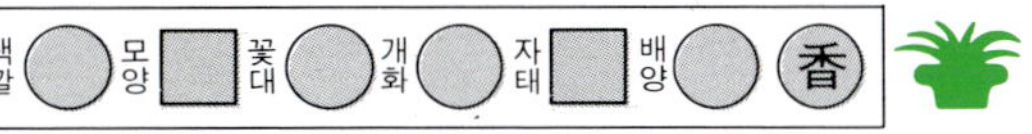

汪字 (왕자)　중국産

色깔 ◯　모양 ☐　꽃대 ◯　개화 ◯　자태 ◯　배양 ☐　香

300년 이상의 역사를 자랑하는 명화(名花)로 절강성(浙江省)에서 발견된 것. 보통 가늘기의 바로서기 잎의 진녹색. 꽃은 길며 꽃잎 끝이 둥글고, 안쪽으로 말려드는 일자견(一字肩) 피기. 짧고 부드러운 투구가 있는 내판(內瓣)으로, 대원설(大円舌). 설점(舌點)은 담홍색이다. 단정한 꽃모양은 빼어나게 뛰어나 「용자(龍字)」와 함께 수선판(水仙瓣)을 대표하는 귀품이다.

꽃색깔	20	선명한 어린 잎빛깔이다	20
꽃모양	20	특징이 잘 살아 있다	20
꽃 대	10	잘 뻗어 있다	10
총합점	50	전체적으로 잘 되어 있다	50

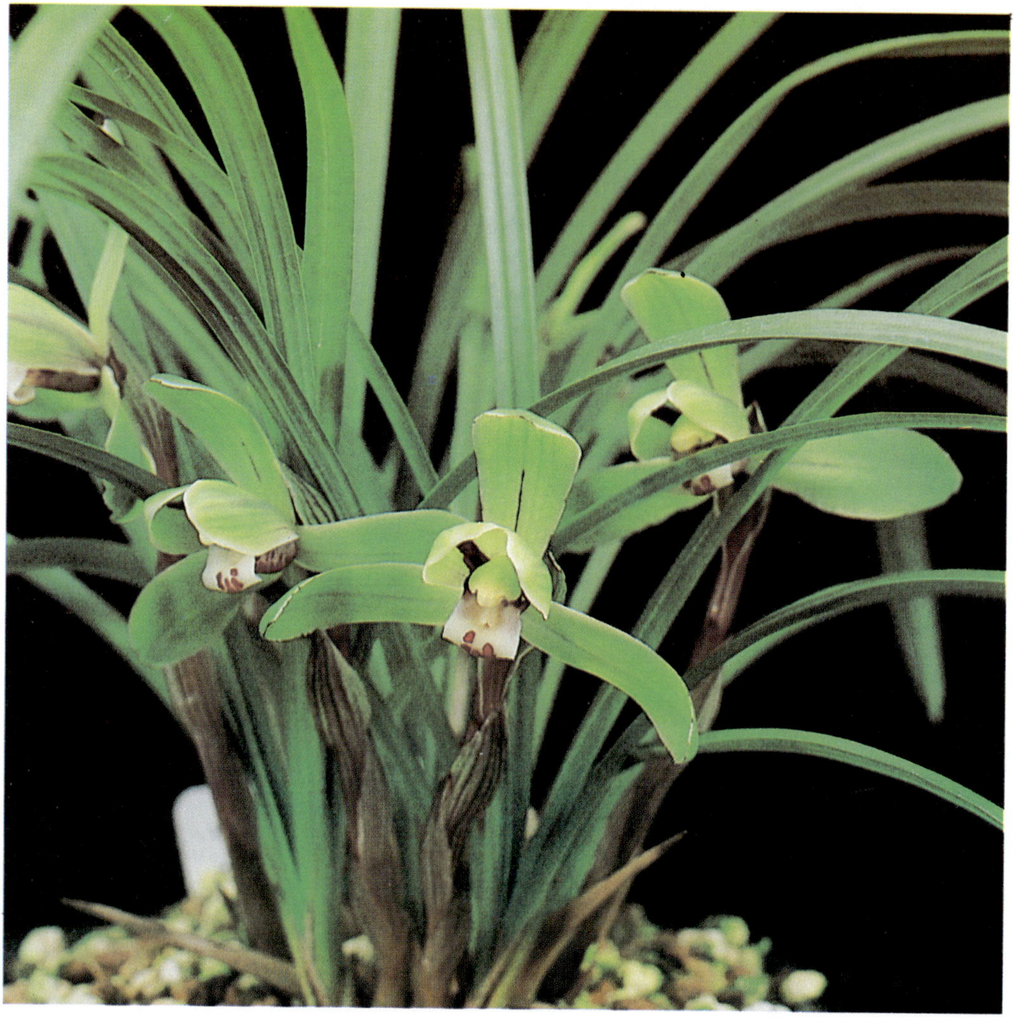

宜春仙(의춘선) 　중국産

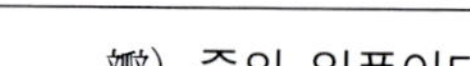

약 70년 전 절강성(浙江省) 소흥(紹興) 사람
이 발견. 넓은 잎의 두께가 두꺼운 반수엽
(半垂葉)이다. 꽃은 세 꽃잎(三瓣)이 약간
끈끈하며 단단한 관음봉심(觀音捧心), 대원
설(大円舌)로 평견(平肩) 피기 수선판(水仙
瓣) 중의 일품이다.

꽃색깔	18	조금 칙칙하다	20
꽃모양	20	특징이 살아 있다	20
꽃 대	8	조금 더 뻗는다	10
총합점	46	노화(老花)로 상해있다	50

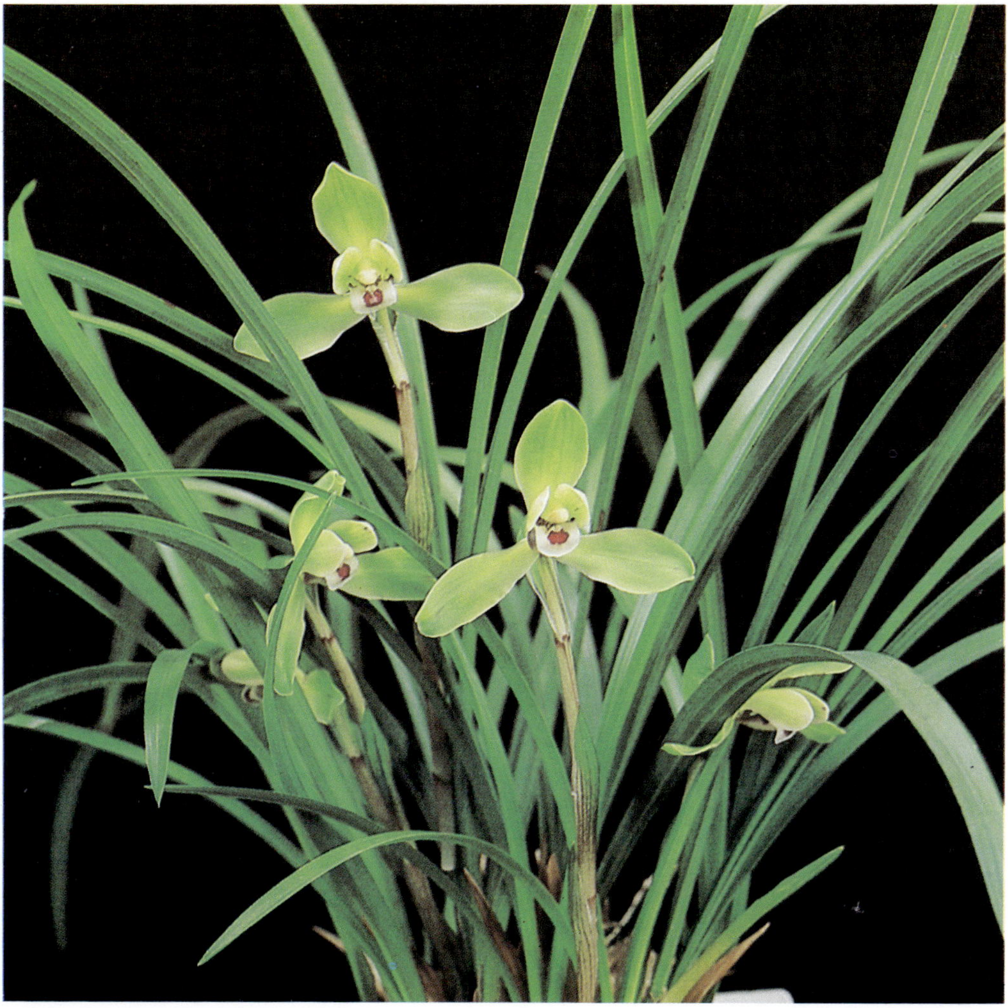

翠一品 (취일품)　중국産

약 70년 전 절강성(浙江省) 소흥(紹興) 사람이 발견, 보통 가늘기의 반수엽(半垂葉). 꽃은 세 꽃잎(三瓣)이 넓고 잎 밑둥은 가늘다. 단단한 투구 봉심(捧心), 둥근 혀(円舌)로 선명한 홍점(紅點)이 눈에 띤다. 녹색 꽃으로 평견(平肩) 피기의 명화.「서신매(西神梅)」를 가늘게 한 것 같은 가련한 꽃이다. 수선판(水仙瓣)의 귀품이다.

꽃색깔	20	아름답게 나와 있다	20
꽃모양	20	특징이 잘 살아 있다	20
꽃 대	8	더 뻗는다	10
총합점	48	꽃대가 가지런하지 못함이 아쉽다	50

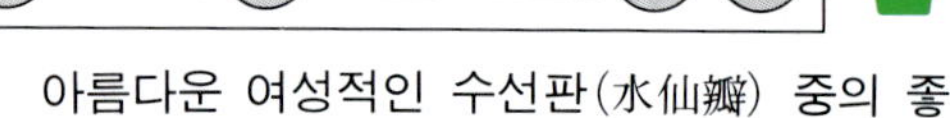

嘉隆(가륭) 　중국産

색깔 ◯　모양 △　꽃대 ◯　개화 △　자태 △　배양 ◯　(香)

한 번 보아 판별할 수 있을 정도로 여성적인 세립엽(細立葉), 사란(絲蘭)으로 착각하기 쉬울 정도의 가늘기이다. 담록색 수선판(水仙瓣)에 엷은 노랑의 투구로 대원설(大円舌)의 속 깊이 진분홍색의 설점(舌點)이 아름다운 여성적인 수선판(水仙瓣) 중의 좋은 품종이다.

꽃색깔	16	조금 더 녹색이 강해진다	20
꽃모양	18	평견(平肩)과 비슷하게 핀다	20
꽃 대	8	가지런하지 못하다	10
총합점	42	심을 때 상처로 꽃이 아래로 향해있다	50

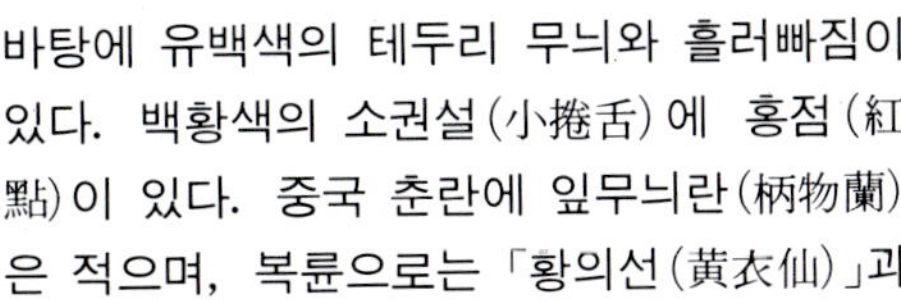

富水仙(부수선)　중국産

<table>
<tr><td>색깔 ◯</td><td>모양 ◯</td><td>꽃대 ◯</td><td>개화 ◯</td><td>자태 ◯</td><td>배양 ◯</td><td>香</td></tr>
</table>

약 60년 전 무명(無銘)으로 일본에 들여와 명명한 것이다. 「부수춘(富水春)」이라고도 한다. 잎은 광택이 좋은 대형의 대수엽(大垂葉), 잎 폭이 넓고 깊은 흰 테두리 줄무늬(白覆輪)가 있다. 꽃은 폭이 넓고 진녹색 바탕에 유백색의 테두리 무늬와 흘러빠짐이 있다. 백황색의 소권설(小捲舌)에 홍점(紅點)이 있다. 중국 춘란에 잎무늬란(柄物蘭)은 적으며, 복륜으로는 「황의선(黃衣仙)」과 두 종류 뿐으로 복륜화를 대표하는 귀품이다.

꽃색깔	18	꽃잎의 녹색이 조금 엷다	20
꽃모양	20	특징이 살아 있다	20
꽃 대	10	잘 뻗어 있다	10
총합점	48	전체적으로 잘 되어 있다	50

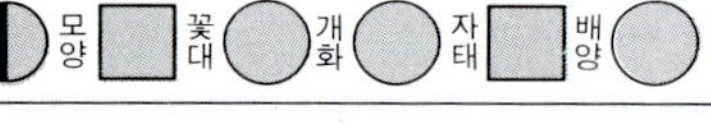

紅龍字 (홍용자) 중국産

색깔 ◑ 모양 ☐ 꽃대 ◯ 개화 ◯ 자태 ☐ 배양 ◯ 香

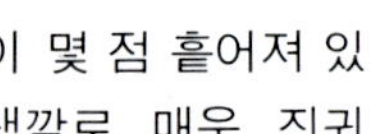

잎은 녹색 바탕에 진한 중엽(中葉)으로 반 일어서기. 꽃잎은 다섯 꽃잎(五瓣) 다 칙칙한 녹색으로 다섯 꽃잎 전체에 자홍색의 푸르름과 그물 코 무늬가 들어감. 봉심(捧心)에 약간 단단한 투구가 붙고, 혀는 큰 여의설(如意舌)로 홍점(紅點)이 몇 점 흩어져 있다. 수선판(水仙瓣)의 꽃색깔로 매우 진귀한 품종이다.

꽃색깔	20	잘 나와 있다	20
꽃모양	20	특징이 살아 있다	20
꽃 대	10	잘 뻗어 있다	10
총합점	50	전체적으로 잘 되어 있다	50

瑞蝶 (서접) 중국産

색깔	□	모양	□	꽃대	○	개화	○	자태	○	배양	○	香

잎은 광택이 있는 녹색 바탕으로, 잎 폭이 넓고 두꺼운 대엽성(大葉性). 꽃은 내판(內瓣)이 설화(舌化)하여 주·부판(主副瓣) 사이로 뒤집혀 말려드는 기종(奇種)으로, 산뜻한 자홍색으로 핀다. 대만에서 수입된 세 꽃술방울 즉, 삼예(三蕊)의 기종인 명품으로 아직 그 수가 적어 일반이 입수하고 싶은 귀품이다.

꽃색깔	18	선명한 맛이 부족	20
꽃모양	18	더 큰 송이(大輪)로 핀다	20
꽃 대	10	잘 뻗어 있다	10
총합점	46	특징이 살아 있다	50

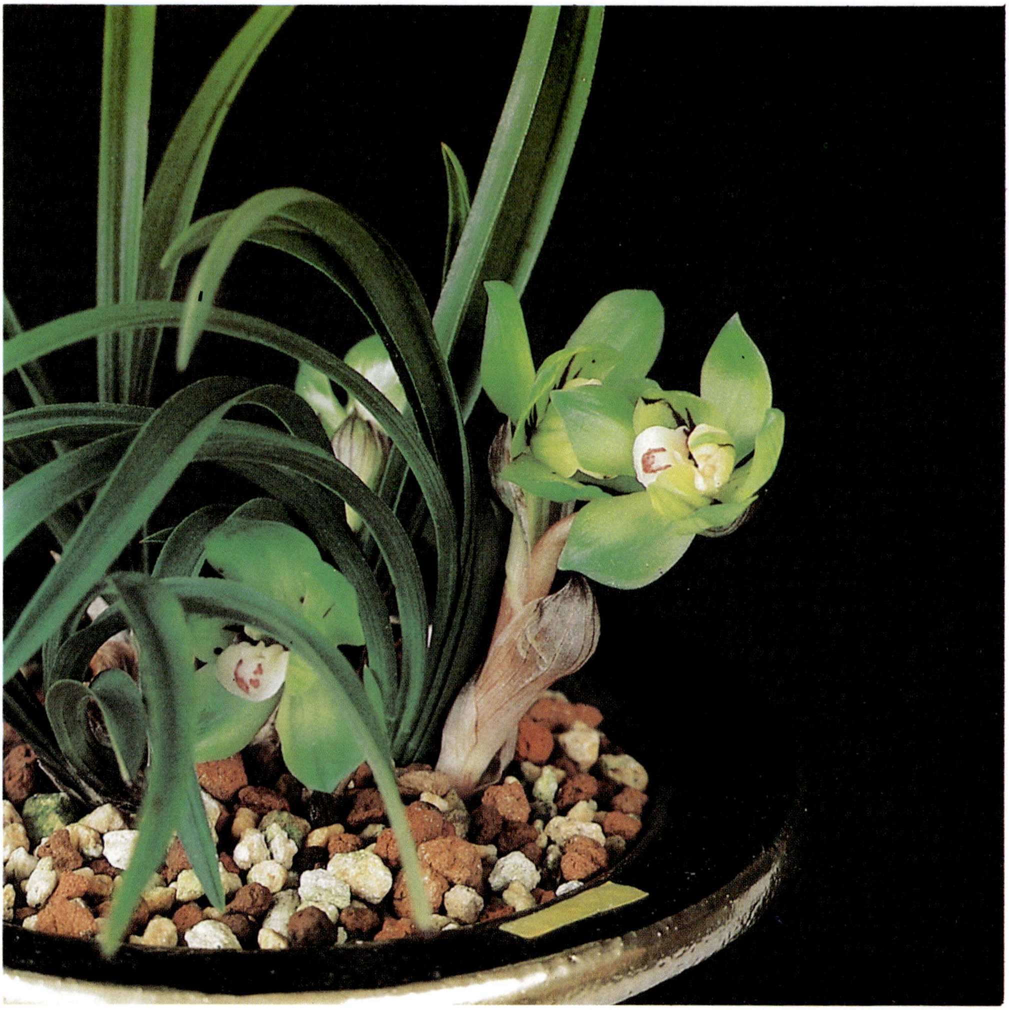

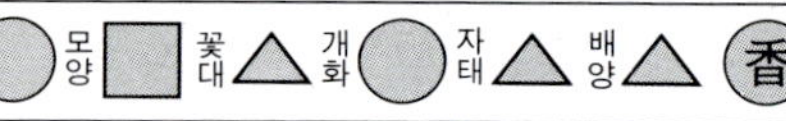

緑雲(녹운) 중국産

색깔 ○ 모양 □ 꽃대 △ 개화 ○ 자태 △ 배양 △ 香

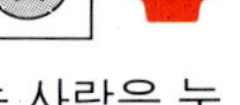

잎은 아주 두껍고 가운데 폭이 넓은 견고한 바로서기 잎으로 광택도 강하고, 소형으로 톱니가 거칠다. 일경일화(一莖一花)의 짧은 꽃잎으로 살이 두껍고 쌍두(双頭)로 필 때도 있다. 주·부판(主副瓣)을 합쳐 6~9잎이 되는 명품(銘品)으로 춘란을 가꾸는 사람은 누구나 한 분(盆)을 갖고 싶어 하는, 중국 춘란을 대표하는 최고 희귀품이다.

꽃색깔	18	꽃잎의 녹색이 더 진하게 나온다	20
꽃모양	18	꽃잎이 더 많아진다	20
꽃 대	8	더 뻗는다	10
총합점	44	중촉(中木)이므로 꽃에 힘이 없다	50

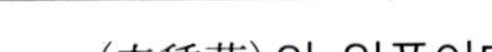

蘂蝶(예접) **중국産**

색깔 ○ 모양 □ 꽃대 ○ 개화 ○ 자태 □ 배양 □ (香)

잎이 가는 드리우는 잎이다. 바깥 세 꽃잎 (外三瓣)은 보통의 대잎판(竹葉瓣)인데, 내판(內瓣)과 혀가 같은 모양으로 흰 바탕에 홍점(紅點)이 있는 세 혀(三舌)의 기종(奇種)이다. 번식, 꽃맺음이 매우 좋은 기종화 (奇種花)의 일품이다.

꽃색깔	16	녹색이 약간 부족하다	20
꽃모양	20	특징이 살아 있다	20
꽃 대	9	뻗음이 조금 부족하다	10
총합점	45	꽃 전체의 노랑기가 강한 것이 아쉽다	50

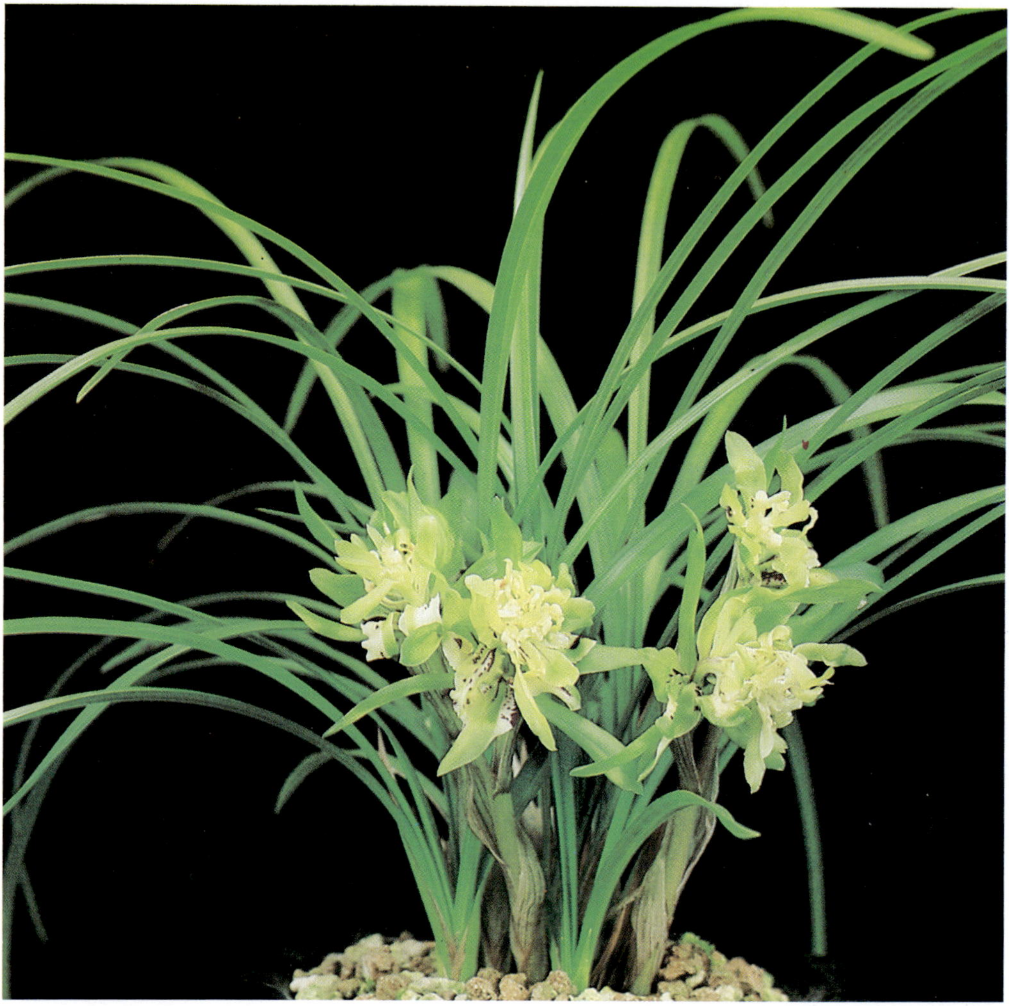

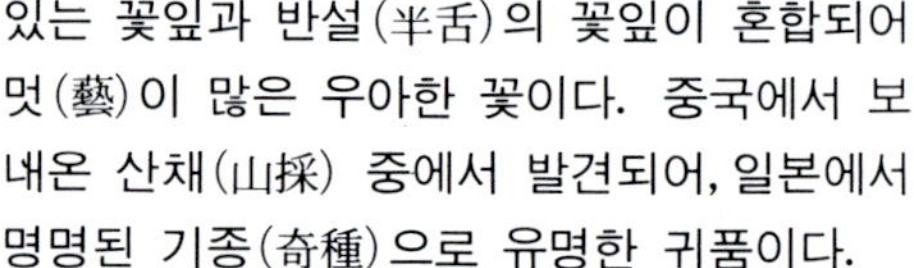

余胡蝶(여호접) 중국産

약 40년 전 상해(上海)의 여(餘) 모씨가 일본에 소개한 것. 잎은 가늘며 담록색으로 윤기가 없는 드리우는 잎(垂葉). 꽃은 담록색으로, 극히 가느다란 꽃잎이 몇 겹으로 포개지는 국화(菊花) 피기형이다. 중심부는 투구가 있는 꽃잎과 반설(半舌)의 꽃잎이 혼합되어 멋(藝)이 많은 우아한 꽃이다. 중국에서 보내온 산채(山採) 중에서 발견되어, 일본에서 명명된 기종(奇種)으로 유명한 귀품이다.

꽃색깔	18	녹색이 약하다	20
꽃모양	20	특징이 잘 보인다	20
꽃 대	8	더 뻗는다	10
총합점	46	전체적으로 잘 피어 있다	50

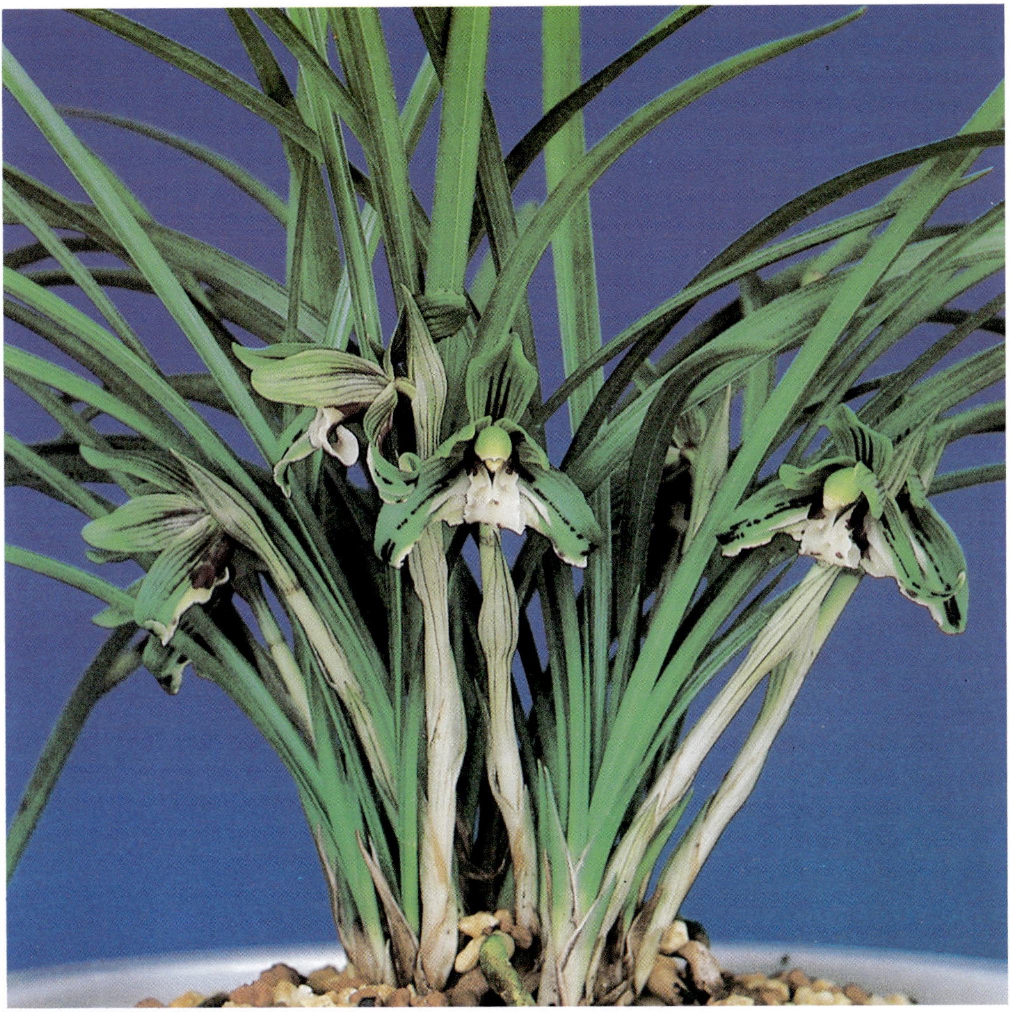

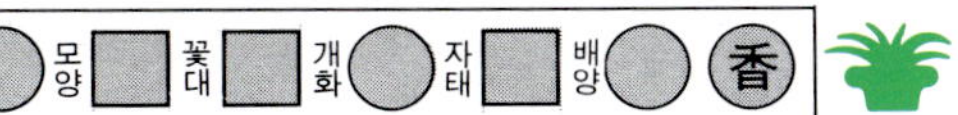

簪蝶 (잠접) 중국産

1935년에 중국에서 들여와 일본에서 명명된 것. 잎은 진녹색으로 뿌리 밑둥이 가는 넓은 잎, 광택이 좋은 절반 바로서기 잎(半立葉)이다. 꽃은 주판(主瓣)이 녹색이며 폭이 넓은 부판(副瓣)의 아래 절반이 흰 바탕으로 아래 부분은 오그라지고, 꽃잎 끝이 뒤집혀져 있다. 부판(副瓣)과 혀는 짙은 자홍색이 물들어 있다. 호접(胡蝶) 피기를 대표하는 일품이다.

꽃색깔	15	칙칙하다	20
꽃모양	20	특징이 잘 살아 있다	20
꽃 대	10	잘 뻗어 있다	10
총합점	45	전체적으로 잘 되어 있다	50

四喜蝶(사희접) 중국産

색깔 □ 모양 □ 꽃대 □ 개화 □ 자태 □ 배양 ○ 香

네 잎의 꽃잎이 나비의 모양과 같다 하여 명명된 것. 「용자(龍字)」와 비슷하여 잎 밑둥이 가늘고, 보통 가늘기의 반수엽(半垂葉)이다. 꽃은 외판(外瓣) 4잎이 교차하여 벌어진다. 아래 한 잎은 보통의 혀로, 양 부판(副瓣)이 반쯤 흰 혀로 변해 있다. 꽃대가 뻗어 위로 향해 핀다. 꽃색깔은 약간 어둡다. 품격이 있는 기종(奇種)의 귀품이다.

꽃색깔	18	조금 더 녹색이 강해진다	20
꽃모양	18	조금 휘어 있다	20
꽃 대	8	가지런하지 못하다	10
총합점	44	꽃대가 더 뻗어서 피면 좋다	50

舞蝶 (무접)　중국産

색깔  모양 꽃대 개화  자태 배양 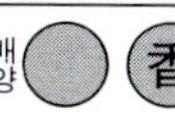 

「잠접(簪蝶)」과 비슷한데 잎이 약간 가늘고
부드럽다. 꽃모양도 비슷한데 꽃잎은 담록
색으로 부판(副瓣)과 혀의 바림빛깔은 담록
색으로 부드러운 느낌이 있다. 밝은 호접(胡
蝶) 피기의 귀품이다.

꽃색깔	20	잘 피어 있다	20
꽃모양	20	특징이 살아 있다	20
꽃 대	9	조금 더 뻗는다	10
총합점	49	전체적으로 잘 피어 있다	50

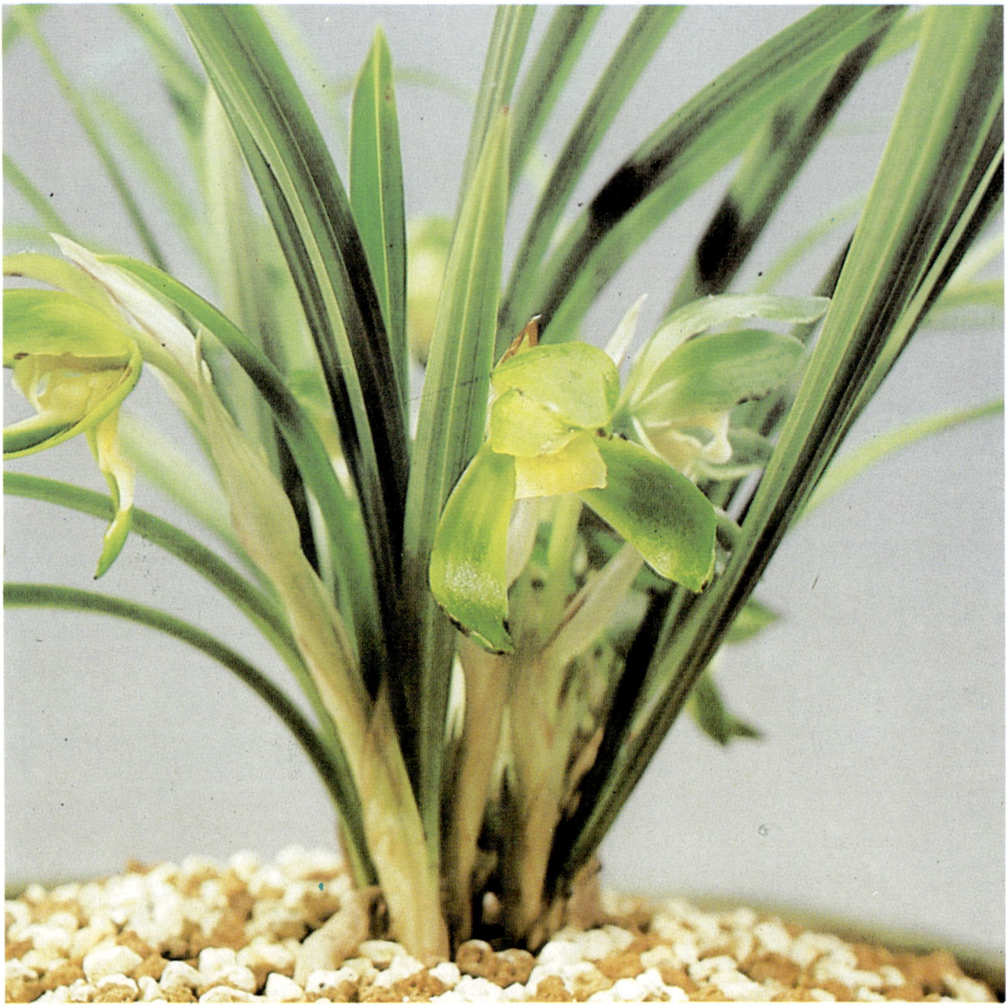

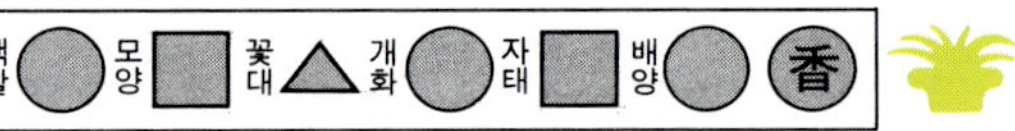

素蝶(소접) 중국産

색깔 ○ 모양 □ 꽃대 △ 개화 ○ 자태 □ 배양 ○ 香

잎은 담록색의 넓은 잎으로 약간 바로서기 잎. 꽃은 소심(素心)의 호접(胡蝶)피기라는 귀중한 두 가지의 멋(二藝品)이 있다. 주판(主瓣)은 새하야며, 용(龍) 모양의 주름이 있고 꽃잎 끝이 밖으로 뒤집힌다. 혀는 새하얀 대권설(大捲舌). 백화(白花)로 호접피기는 이 품종 뿐으로 명품(銘品)의 왕자를 지키고 있는 귀품이다.

꽃색깔	16	노란 색이 강하다	20
꽃모양	15	부판(副瓣)의 설화(舌化)가 적다	20
꽃 대	9	조금 더 뻗는다	10
총합점	40	노화(老花)로 상해 있다	50

小胡蝶(소호접) 중국산

색깔 ◯ 모양 △ 꽃대 ◯ 개화 ◯ 자태 ▢ 배양 ◯ (香)

잎은 가는 반수엽(半垂葉)으로 중형(中型). 꽃은 작은 특색있는 호접피기이다. 부판(副瓣) 두 잎이 뒤로 활모양으로 휜 꽃으로, 담록색에 자홍색의 줄이 정연하게 그어져 있다. 혀는 백황색으로 분홍 설점(舌點)이 있다. 별칭 「진접(珍蝶)」이라는 이름이 있는 귀여운 호접피기로 기종(奇種)에서의 최고 귀품이다.

꽃색깔	20	잘 피어 있다	20
꽃모양	18	특징이 살아 있으나 들쭉날쭉	20
꽃 대	10	잘 뻗어 있다	10
총합점	48	전체적으로 잘 되어 있다	50

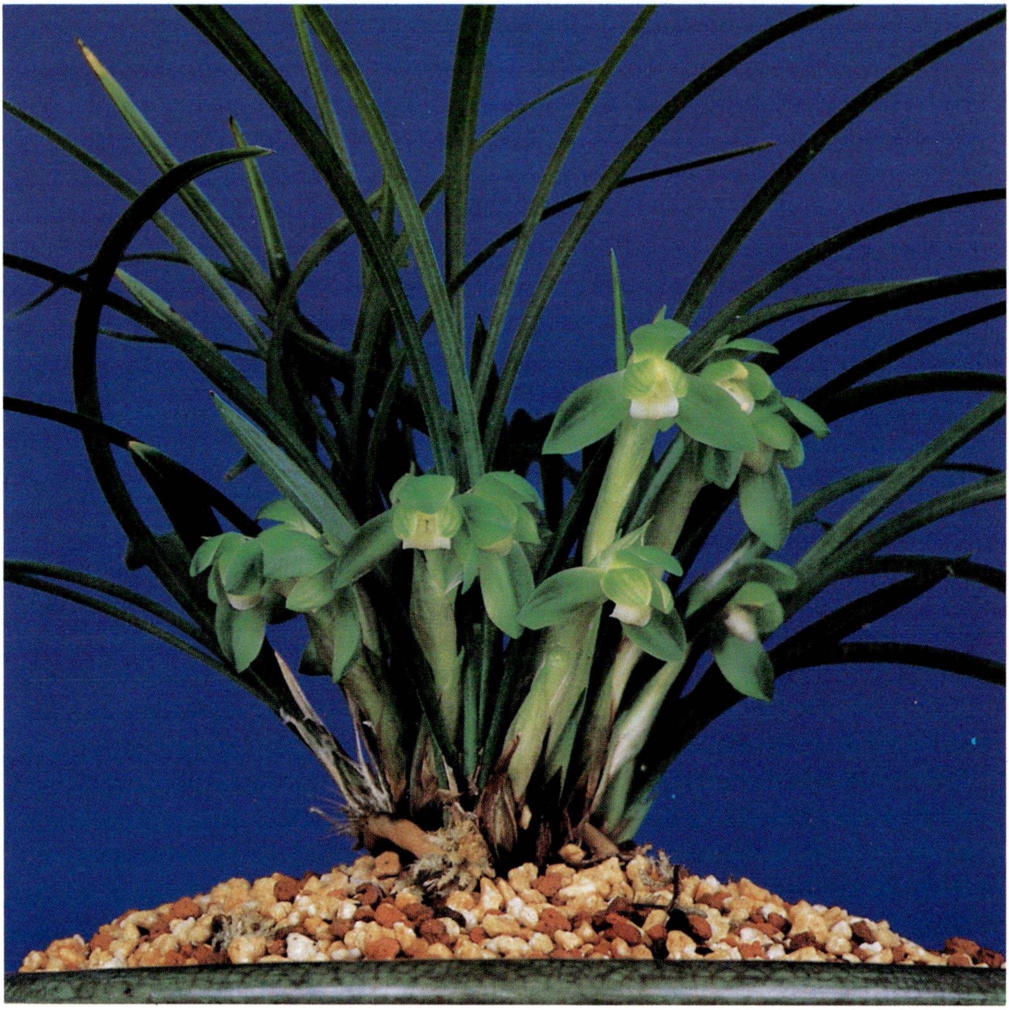

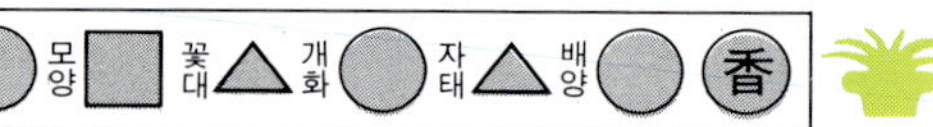

楊氏素(양씨소) 중국産

색깔 ○ 모양 □ 꽃대 △ 개화 ○ 자태 △ 배양 ○ 香

1920년에 중국 영파(寧波)의 양(楊)씨가 발견, 1934년 일본에 들여옴. 잎이 두꺼운 진녹색의 중수엽(中垂葉). 꽃은 세 꽃잎(三瓣)이다. 짧고 폭이 넓은 붉은 녹색으로 맑고, 하얗게 비치는 두꺼운 살, 내판(内瓣)은 단정한 모양을 가지런히 하고, 대원설(大円舌)로 순백색. 잎에 비교하여 꽃은 크다. 하화판(荷花瓣)에 가까운 둥근 꽃잎으로 소형이지만 소심(素心)의 최고 귀품이다.

꽃색깔	20	잘 피어 있다	20
꽃모양	20	특징을 잘 알 수 있다	20
꽃 대	10	잘 뻗어 있다	10
총합점	50	전체적으로 잘 되어 있다	50

蔡仙素 (채선소)　중국産

색깔 ⬤　모양 ☐　꽃대 ☐　개화 ☐　자태 ☐　배양 ⬤　(香)

푸른 싹(青芽)으로 나와 중광엽(中廣葉)으로
반 바로서기성, 꽃은 살이 두꺼운 담록색, 평
견(平肩) 피기의 둥근 혀(円舌)로 순백색, 꽃
대는 녹색으로 가늘고 길다. 소심(素心)에서
는 희귀하게 내판(内瓣)에 투구가 있고, 단

정한 명화(名花)로 최고 귀품이다.

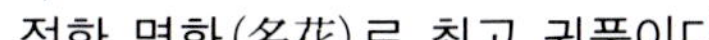

꽃색깔	17	조금 새하얗게 되어 있다	20
꽃모양	20	특징이 잘 살아 있다	20
꽃　대	10	잘 뻗어 있다	10
총합점	47	전체적으로 잘 되어 있다	50

玉梅素 (옥매소) 中國産

색깔 ⬤ 모양 △ 꽃대 △ 개화 ⬤ 자태 △ 배양 ◻ 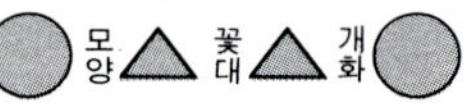香

붉은 싹(赤芽)으로 발아하며, 가는 잎(細葉)으로 단단한 엽질(葉質)의 끝이 뾰죽하고 톱니도 날카롭다. 꽃대도 빨갛고 맑은 푸른색의 백화(白花)로 된다. 꽃잎 끝이 둥글고 살이 두껍다. 수평의 일자견(一字肩) 피기, 단단한 봉심(捧心)으로 순백색의 작은 여의설(小如意舌). 혀의 속이 담홍색의 도시소(桃腮素)가 되는 사랑스런 꽃으로 여왕(女王)다운 귀품이다.

꽃색깔	20	잘 피어 있다	20
꽃모양	20	특징이 잘 나와 있다	20
꽃 대	10	잘 뻗어 있다	10
총합점	50	사진 흐림이 아쉽다	50

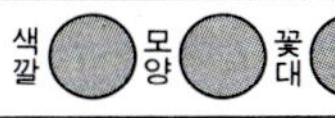

老文團素 (노문단소) 중국産

| 색깔 | 모양 | 꽃대 | 개화 | 자태 | 배양 | 香 |

약 150년 전 절강성(浙江省)에서 발견된 소심(素心) 중의 명화(名花). 싹 나옴은 녹색으로, 잎 밑둥이 가느다란 중광엽(中廣葉)의 드리우는 잎. 꽃은 꽃잎 밑둥이 죄인 긴 모양의 방각(放角)이며 담록색, 순백색의 대권설(大捲舌), 내판(內瓣)에 얕은 녹색의 줄무늬를 보인다. 일자견(一字肩) 피기의 기품있는 큰 송이(大輪)이다. 중국 춘란 소심을 대표하는 명화(銘花)로 최고 귀품이다.

꽃색깔	20	잘 나와 있다	20
꽃모양	20	특징이 살아 있다	20
꽃 대	10	잘 뻗어 있다	10
총합점	50	전체적으로 잘 피어 있다	50

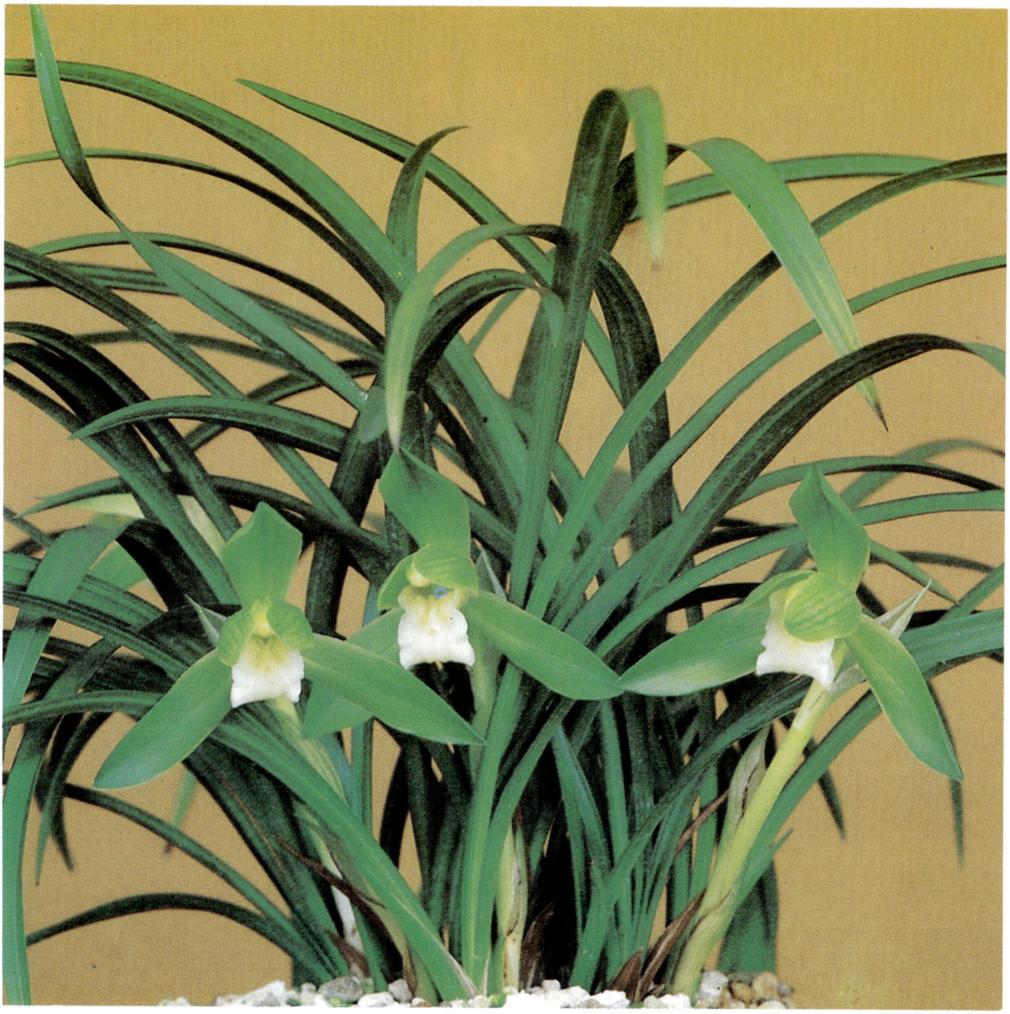

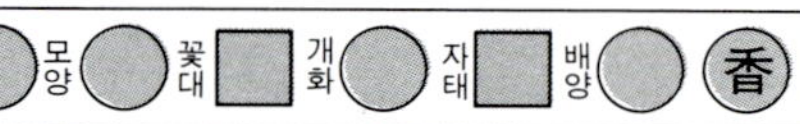

鶴裳素(학상소) 중국産

색깔 ○ 모양 ○ 꽃대 □ 개화 ○ 자태 □ 배양 ○ 香

1936년에 일본에 들여온 산채(山採) 품 중에서 선발된 도시소심(桃腮素心). 진녹색 바탕에 잎 폭이 넓은 반수엽(半垂葉). 꽃은 다섯 꽃잎(五瓣)이 다 넓고 큰 송이(大輪)로 맑은 녹색 꽃잎에 진녹색의 그물 코 무늬가 들어감. 순백색의 대권설(大捲舌)로, 속에 맑은 연분홍색의 바림을 걸치는 소심화(素心花)의 뛰어난 귀품이다.

꽃색깔	20	아름답게 피어 있다	20
꽃모양	20	특징이 살아 있다	20
꽃 대	4	더 뻗는다	10
총합점	47	잎이 잘 나와 있다	50

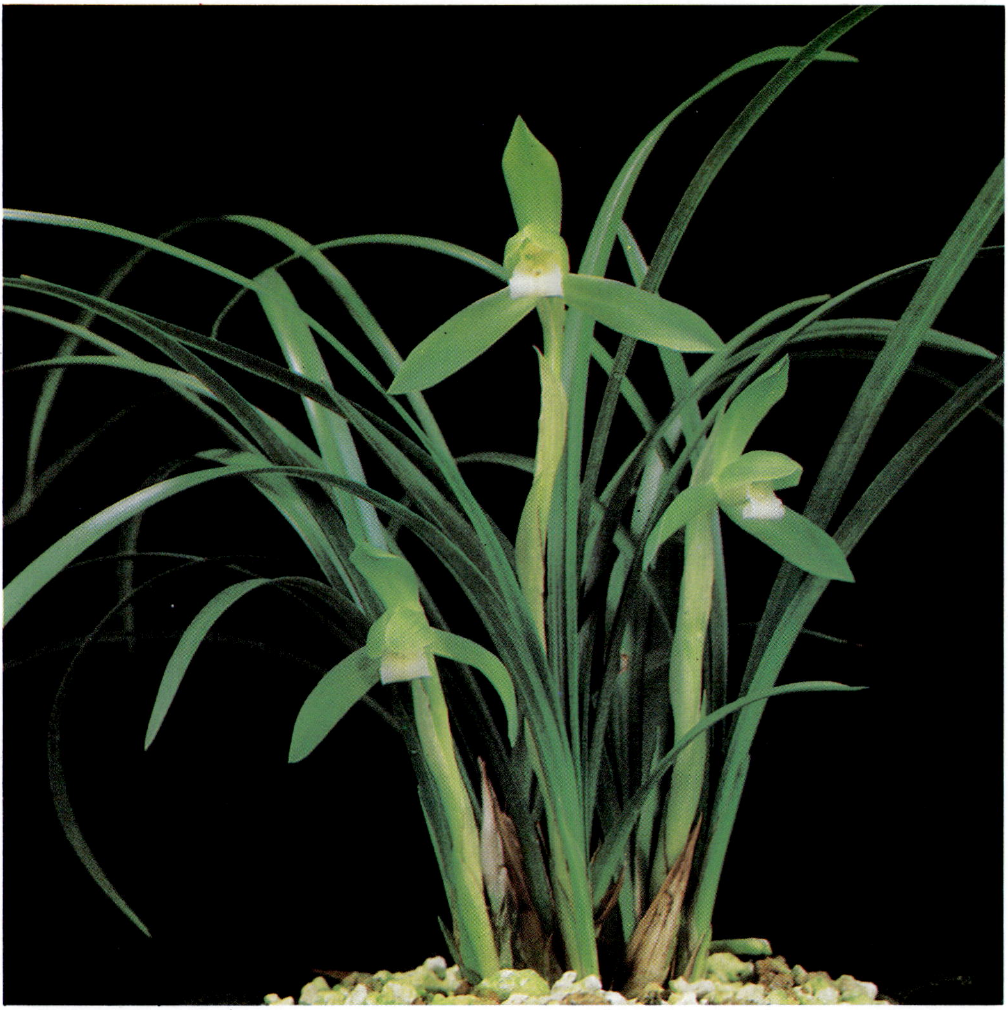

文團素 (문단소) 중국産

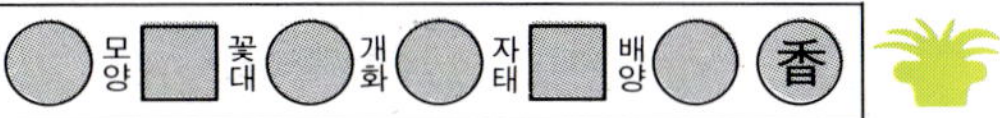

잎은 진녹색의 보통 폭의 반수엽(半垂葉). 꽃은 담록색으로 광택이 좋다. 「노문단소(老文團素)」와 아주 비슷한데, 「노문단소」에 비해 약간 낙견(落肩)으로 핀다. 혀는 백권설(白捲舌). 백화(白花)라 말하면 이 이름이 나올 정도로 유명한 소심(素心) 피기의 귀품이다.

꽃색깔	20	잘 피어 있다	20
꽃모양	20	특징이 살아 있다	20
꽃 대	10	잘 뻗어 있다	10
총합점	50	전체적으로 잘 피어 있다	50

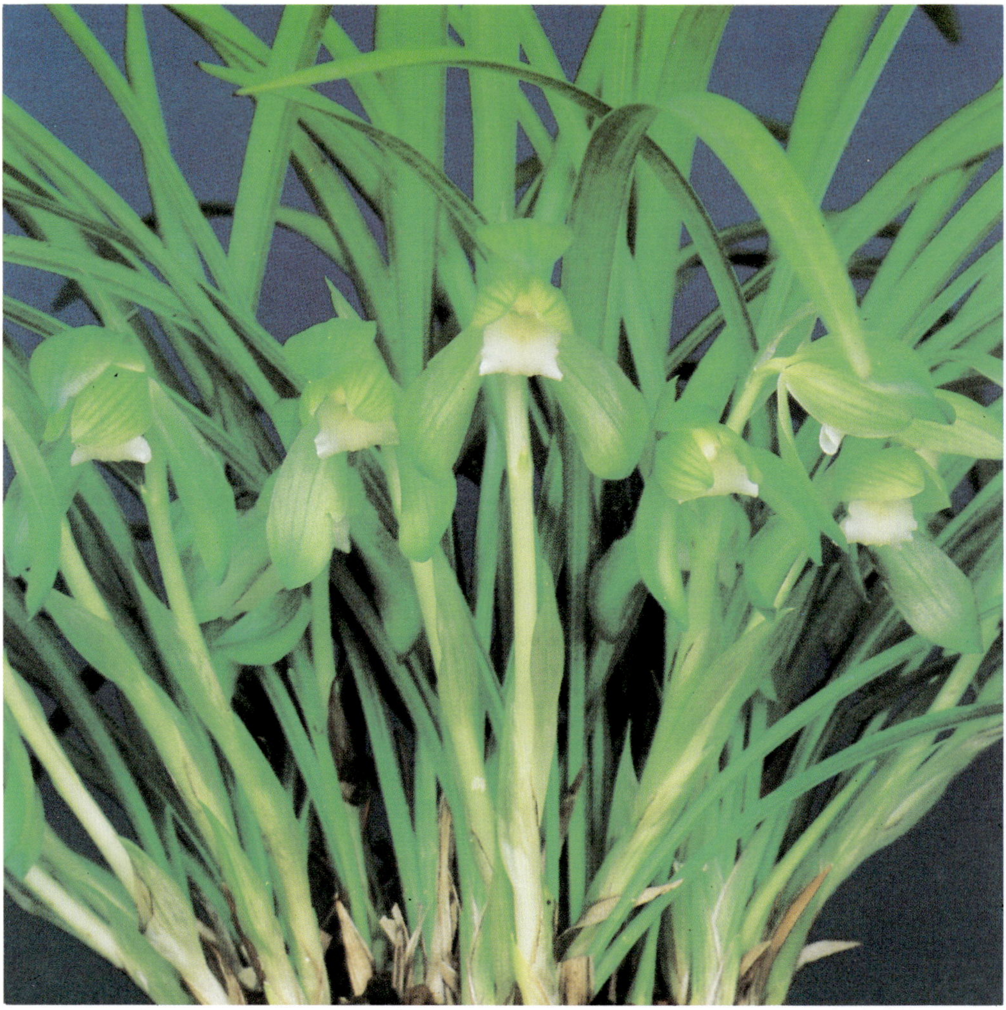

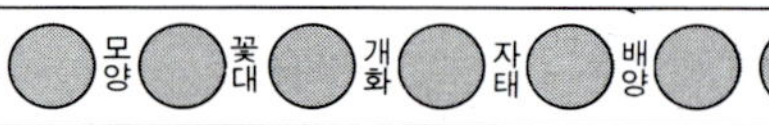

張荷素 (장하소)　중국産

싹이 백록색으로 나오며, 약간 두껍고 넓은 반수엽(半垂葉). 꽃은 수선(水仙)형의 하화판(荷花瓣), 살이 두껍고 투명한 큰 꽃이 맑은 연록색이다. 순백색의 대권설(大捲舌)로, 피기 시작할 때는 평견(平肩)인데 차츰 대낙견(大落肩)이 된다(일본에서는 이제까지 「소대부귀(素大富貴)」라 일컬어졌으나, 중국과의 교류로 장하소라 판명되었다). 최고 귀품이다.

꽃색깔	20	잘 피어 있다	20
꽃모양	20	특징이 살아 있다	20
꽃 대	10	잘 뻗어 있다	10
총합점	50	최상의 작품이다	50

月下素 (월하소) 중국産

색깔 □ 모양 □ 꽃대 □ 개화 □ 자태 □ 배양 ○ 香

잎은 보통 크기의 잎으로 중수엽(中垂葉).
꽃은 담록색으로 낙견(落肩)이나 좋은 꽃.
혀의 밑 부분에 연분홍색이 나오는 도시소
(桃腮素)로 일품이다

꽃색깔	20	잘 피어 있다	20
꽃모양	20	특징이 살아 있다	20
꽃 대	10	잘 뻗어 있다	10
총합점	50	전체적으로 잘 되어 있다	50

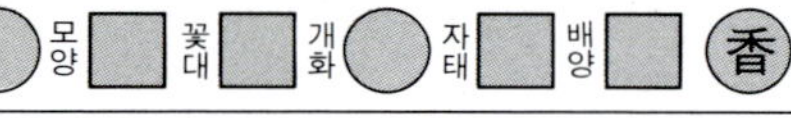

天童素 (천동소) 중국産

색깔 ◯ 모양 ☐ 꽃대 ☐ 개화 ◯ 자태 ☐ 배양 ☐ 香

잎은 광택이 있는 중수엽(中垂葉), 꽃색깔은 약간 진하고, 꽃잎 끝이 안으로 죄어진다. 평견(平肩) 피기로 내판(內瓣)은 모양 좋게 감싸이고 혀는 순백색. 비교적 광선에 약해 강한 햇볕에 노출되면 잎 끝이 검게 탄다. 소심(素心) 중의 그 수가 별로 많지않은 귀품이다.

꽃색깔	16	노란색 이 너무 강하다	20
꽃모양	20	특징이 살아 있다	20
꽃 대	9	뻗음이 조금 부족하다	10
총합점	45	노화(老花)가 되어 있다	50

雲南雪素 (운남설소) 중국産

색깔 ◯ 모양 △ 꽃대 ◯ 개화 ◯ 자태 ☐ 배양 ◯ 香 

잎 폭은 약간 가늘고 바로서기 잎으로 한 촉에 5~7잎이며 잎 자태가 좋다. 꽃은 순백색으로 다섯 꽃잎(五瓣)이 다 녹색 줄이 들어가 있다. 평견(平肩) 피기로 2송이에서 3송이가 달린다. 일본의 마쓰무라(松村)씨가

운남성에서 가져 온 품종으로, 백화(白花)의 최고 귀품이다.

꽃색깔	15	꽃잎의 녹색 줄이 엷다	20
꽃모양	20	특징이 살아 있다	20
꽃 대	10	잘 뻗어 있다	10
총합점	45	잎줄기가 상해있는 것이 아쉽다	50

卑亞蘭 (피아란)　대만産

색깔 ⬜ 모양 ⬜ 꽃대 ⬜ 개화 △ 자태 ⬜ 배양 △ (香)

대만의 산지(山地)에 자생한다. 부드러운 잎에 윤기가 없는 바로서기 잎(中立葉)으로, 잎 수는 대체로 7~8잎이 보통. 꽃은 유백색 또는 핑크색으로 아름답다. 혀에 홍점(紅點)이 선명하게 흩어져 있다. 꽃은 일경(一莖)에 2~3 송이의 꽃이 달리는 좋은 품종이다.

꽃색깔	20	잘 피어 있다	20
꽃모양	20	특징이 살아 있다	20
꽃 대	10	잘 뻗어 있다	10
총합점	50	꽃은 좋으나 잎이 상해 있다	50

卑亞蘭 白花 (피아란白花) 대만産

색깔 ⬤　모양 ▢　꽃대 ▢　개화 ⬤　자태 ⬤　배양 ▢ △　香

꽃은 주·부판(主副瓣)이 다 유백색으로 투명한 꽃색깔은 아름답고, 세 꽃잎(三瓣)이 전부 약간 녹색의 윤이 나는 줄무늬가 있다. 잎 수는 7~8잎으로 윤기가 없으며, 뿌리는 비교적 굵다. 백화에도 꽃모양이 몇 가지가 있으며, 그 모양에 따라 가격에 큰 차이가 있으나 어느 품종이나 그 수가 얼마 없어 희귀한 최고 귀품이다.

꽃색깔	20	잘 피어 있다	20
꽃모양	20	특징이 살아 있다	20
꽃 대	10	잘 뻗어 있다	10
총합점	50	전체적으로 잘 되어 있다	50

糸蘭白花 (사란백화)　대만産

색깔 ◯　모양 ◻　꽃대 ◯　개화 ◯　자태 ◻　배양 ◯　香

사란이라 불리우는 것 중에도 잎 폭이 조금 넓은 것과 좁은 것이 있다. 잎 폭이 넓은 사란의 꽃은 대낙견(大落肩)이 된다. 잎 폭이 좁은 사란은 꽃 모습이 좋다. 어느 것이나 꽃은 희고, 중국 춘란보다 산뜻한 맛이 좋다. 춘란보다는 높은 지대에 자생하므로 보다 서늘한 곳을 좋아하는 것 같다. 가는 잎에 설백(雪白)의 꽃이 보다 돋보이므로 걸출한 귀품의 품격이 있다.

꽃색깔	18	더 하얗게 핀다	20
꽃모양	20	특징이 살아 있다	20
꽃 대	10	잘 뻗어 있다	10
총합점	48	전체로 노란색이 강하다	50

雪蘭白花(설란백화)　대만産

색깔 ○　모양 □　꽃대 ○　개화 ○　자태 □　배양 ○　香

잎 폭이 넓은 바로서기 잎으로 사란보다 굵고 크다. 꽃은 맑은 백색으로 꽃잎 폭은 넓고 삼각피기의 큰 송이(大輪). 노화하면 낙견(落肩)이 되어 조금 비틀린다. 사란(絲蘭)보다 그 수가 적어, 여러 사람들이 갖고 싶어 하는 귀품이다.

꽃색깔	18	조금 더 하얗게 핀다	20
꽃모양	20	특징이 살아 있다	20
꽃　대	10	잘 뻗어 있다	10
총합점	48	전체적으로 잘 되어 있다	50

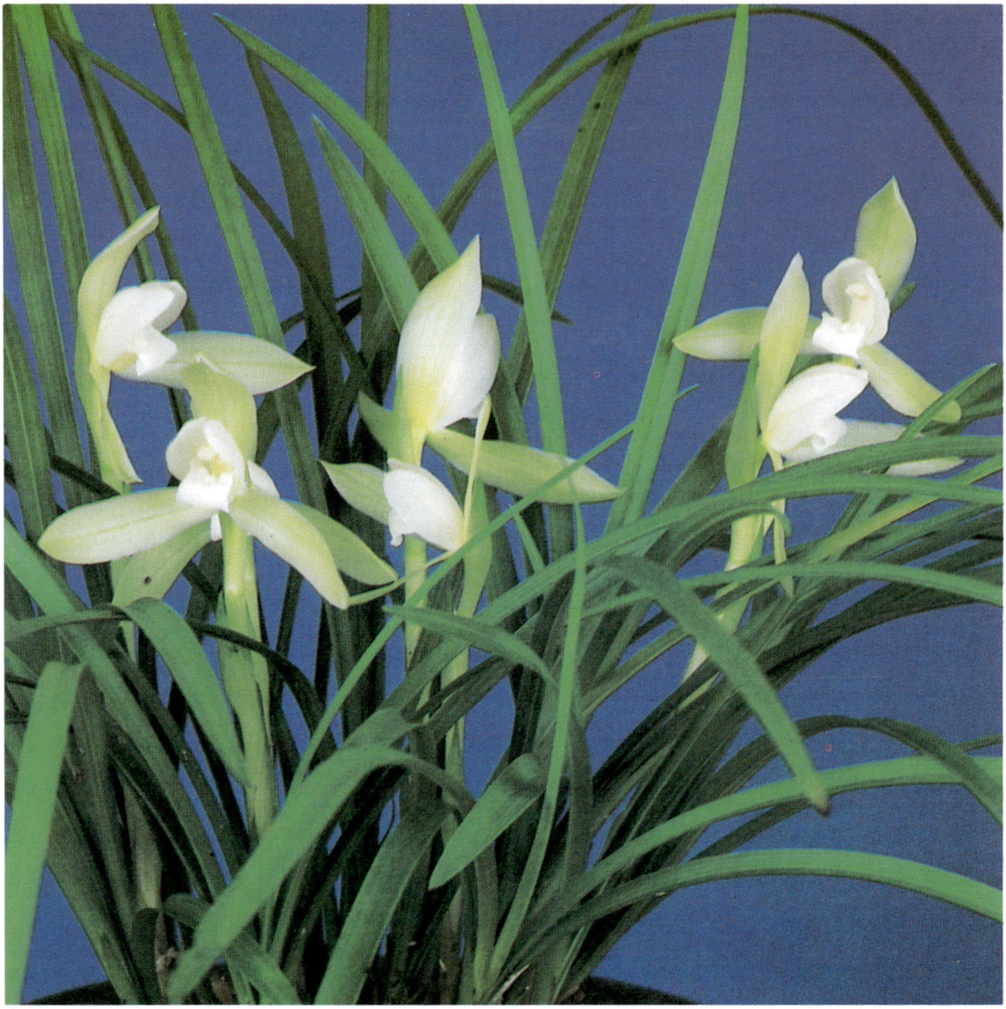

春雪(춘설)　대만産

잎은 녹색 바탕에 폭이 약간 넓은 바로서기 잎. 꽃은 순백색으로 다섯 꽃잎(五瓣)이 다 볼록한 둥근 꽃잎(丸瓣). 내판(內瓣)의 감싸기도 좋고 평견(平肩)으로 피는 대만춘란의 백화로, 이 품종 중 간혹 깜짝 놀랄 정도의 우수한 꽃을 발견할 경우도 있다. 이 춘란도 그러한 하나의 품종으로 명명된 최고 귀품이다.

꽃색깔	18	조금 더 하얗게 핀다	20
꽃모양	20	특징이 잘 살아있다	20
꽃 대	10	잘 뻗어 있다	10
총합점	48	전체적으로 잘 피어 있다	50

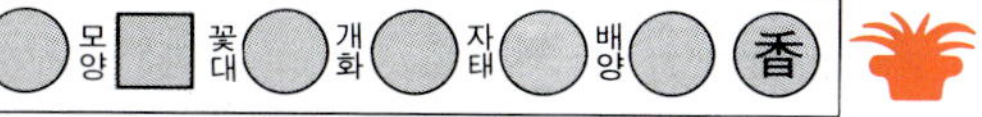

銀桿素 (은간소)　중국産

<table>
<tr><td>색깔</td><td>○</td><td>모양</td><td>□</td><td>꽃대</td><td>○</td><td>개화</td><td>○</td><td>자태</td><td>○</td><td>배양</td><td>○</td><td>香</td></tr>
</table>

녹색 바탕으로 잎 폭이 넓지 않은 반립성(半立性)으로 대형. 7~8잎이 전부 엇갈림도 좋고 녹색 잎의 거치연이 거칠다. 꽃은 살이 두꺼운 녹백색으로 삼각피기의 훌륭한 꽃으로 일경(一莖)에 꽃이 2~3 송이가 피는 각별한 귀품이다. (최근 중국에서 일본에 수입되어 1981년부터 처음 꽃을 본 품종이다)

꽃색깔	20	잘 피어 있다	20
꽃모양	20	특징이 살아 있다	20
꽃 대	10	잘 뻗어 있다	10
총합점	50	전체적으로 잘 되어 있다	50

天司晃 (천사황)　중국産

색깔 ◐　모양 □　꽃대 □　개화 ○　자태 □　배양 ○　香

1935년 경 중국에서 일본에 들여온 보통 품
의 실생(實生)에서 선발하여 명명된 것. 잎
은 녹색 바탕에 중립(中立)의 중엽(中葉).
꽃모양은 죽엽판(竹葉瓣)으로 낙견(落肩),
내판(內瓣)은 모양 좋게 감싸이고,　혀에는
홍점(紅點)이 흩어져 있다. 다섯 꽃잎(五瓣)
이 전부 꽃잎 뒤는 조금 칙칙한 적홍색이며
꽃잎 겉은 조금 청색이 남는다. 별명「당자
순(唐紫苟)」이라 불리운다.

꽃색깔	20	잘 피어 있다	20
꽃모양	20	특징이 살아 있다	20
꽃 대	10	잘 뻗어 있다	10
총합점	50	꽃색깔이 잘 나와 있다	50

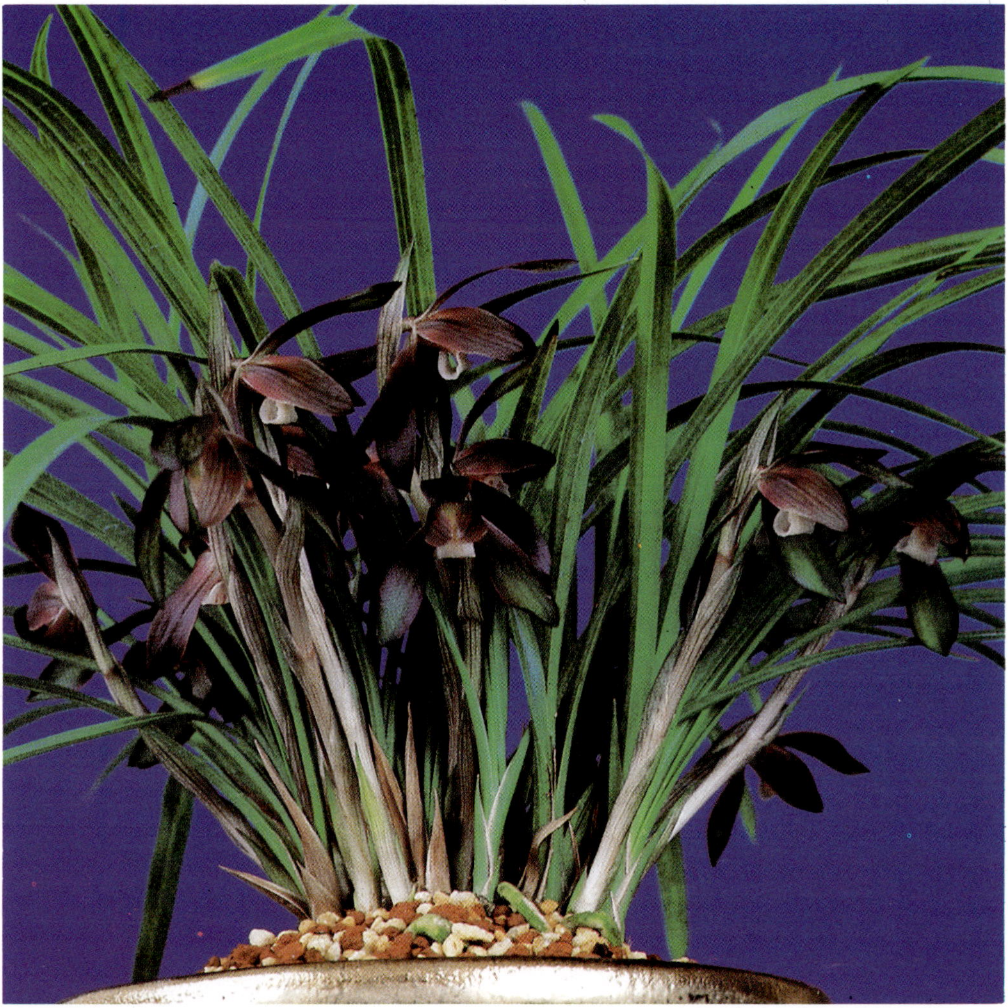

朱舜醉 (주순취) 중국産

둥그스름한 죽엽판(竹葉瓣)으로 타원형의 낙견(落肩) 피기, 다섯 꽃잎(五瓣)이 전부 홍적색으로 내판(內瓣)은 약간 벌어진다. 혀는 흰 바탕에 홍점(紅點)을 흩뜨린다. 잎 폭이 넓고 큰 잎의 바로서기 잎(中立葉). 중국 춘란에는 명화(名花)가 적으며 일부 춘란의 독특한 꽃색깔이 없는 것이 아쉽다.

꽃색깔	20	잘 피어 있다	20
꽃모양	20	특징이 살아 있다	20
꽃 대	10	잘 뻗어 있다	10
총합점	50	전체적으로 잘 되어 있다	50

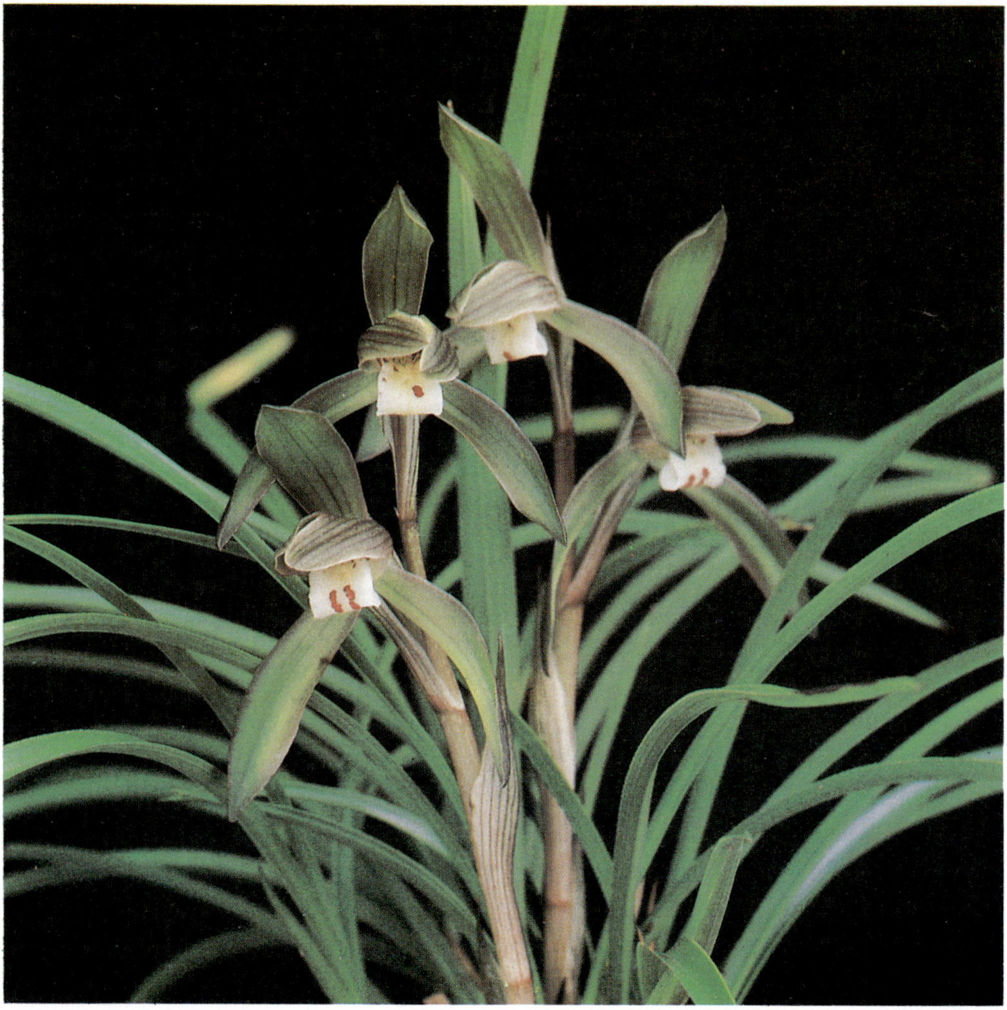

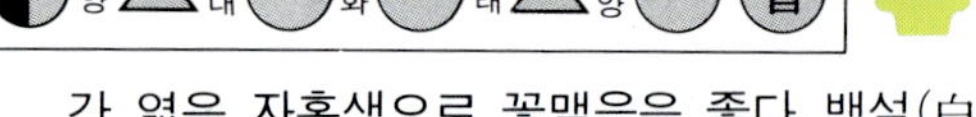

紫雲嶺(자운령) 중국産

색깔 ◐ 모양 △ 꽃대 ○ 개화 ○ 자태 △ 배양 ○ 香

1935년 경 중국에서 일본에 들여온 산채(山採) 포기 중에서 선출된 것으로 일본에서 명명된 것. 중국 춘란에는 보기 드믄 엷은 녹색 바탕으로 잎은 가늘고 약간 소형의 반수엽성(半垂葉性). 꽃은 죽엽판(竹葉瓣)의 약간 엷은 자홍색으로 꽃맺음은 좋다. 백설(白舌)에 두 줄기의 홍점(紅點)이 들어감.

꽃색깔	15	자홍색이 약하다	20
꽃모양	20	특징이 살아 있다	20
꽃 대	10	잘 뻗어 있다	10
총합점	45	꽃 전체가 더 자홍색이 나온다	50

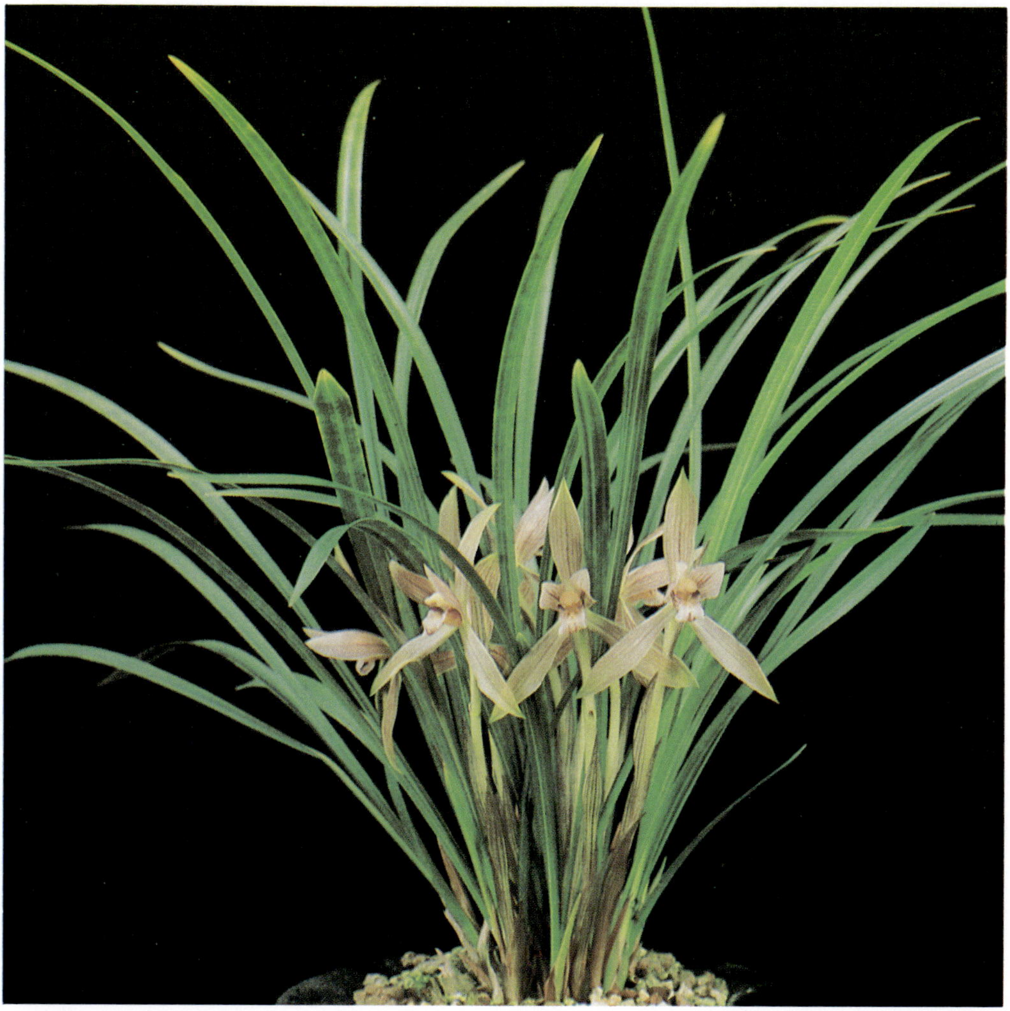

新紅草 (신홍초) 　중국산

잎은 녹색 바탕에 중엽의 바로서는 잎. 꽃은 황등색(黃橙色：엷은 오렌지색)으로 이제까지의 중국 춘란에서는 보지 못했던 빛깔이다. 꽃모양은 보통의 낙견(落肩)으로, 노화(老花)하면 내판(內瓣)이 벌어진다. 새로운 꽃이므로, 금후 더욱 꽃색깔도 좋아지리라 기대할 수 있는 귀품이다.

꽃색깔	20	잘 피어 있다	20
꽃모양	20	특징이 살아 있다	20
꽃 대	10	잘 뻗어 있다	10
총합점	50	전체적으로 잘 되어 있다	50

吳鳳 (오봉)　중국産

색깔 ◯　모양 ▢　꽃대 ▢　개화 ◯　자태 ▢　배양 ◯　香

잎은 사란(絲蘭) 중에서는 잎 두께가 두꺼운 바로서기 잎, 얼른 보아 판별할 수 있는 진녹색 바탕의 미끈한 바탕이다. 꽃은 다섯 꽃잎(五瓣)이다. 아주 산뜻한 도홍색으로, 사란의 홍계(紅系)에서는 뛰어난 품종. 꽃모양은 삼각피기가 되며, 혀에는 붉은 점이 흩어진다. 사란 홍화계(絲蘭紅花系)의 귀품이다.

꽃색깔	18	조금 더 빨간색이 나온다	20
꽃모양	20	특징이 살아 있다	20
꽃 대	10	잘 뻗어 있다	10
총합점	48	잎은 좋고 잘 나오고 있다	50

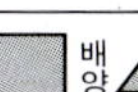

桃里香 (도리향)　대만産

색깔 ◯　모양 ▢　꽃대 ◯　개화 ◯　자태 ▢　배양 △　香 ◯

잎은 「아리산(阿里山)」 춘란 특유의 중수엽
(中垂葉). 꽃은 도홍색에 맑은 백설(白舌)로
짜임새가 좋은 명화(名花). 재배가 까다로운
품종이지만 대만 춘란의 최고 귀품이다.

꽃색깔	18	맑은 분홍색으로 핀다	20
꽃모양	15	부판이 조금 비틀려 보인다	20
꽃 대	8	더 뻗는다	10
총합점	44	잎이 상해 있음이 아쉽다	50

大紅朱砂(대홍주사) 중국産

색깔 □ 모양 ○ 꽃대 □ 개화 ○ 자태 ○ 배양 ○ 香

잎은 진녹색으로 잎 폭이 길게 뻗은 대형의
중립(中立)으로 7~8잎이 엇갈린다. 꽃은 엷
은 도홍색의 죽엽판(竹葉瓣)으로 약간 낙견
(落肩). 꽃은 한 줄기(一莖)에 2~3 송이가
달린다. 아직 그 수가 적은 귀품이다.

꽃색깔	20	잘 피어 있다	20
꽃모양	20	특징이 살아 있다	20
꽃 대	10	잘 뻗어 있다	10
총합점	50	전체적으로 잘 되어 있다	50

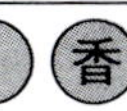

金蝶飛舞(금접비무) 중국産

색깔 ☐ 모양 ○ 꽃대 ○ 개화 ○ 자태 ○ 배양 ○ 香

잎은 잎 엇갈림이 좋은 중립엽(中立葉). 꽃은 주금색(朱金色)으로 주·부판(主副瓣)에 녹색이 남으며 얼마 후에 활 모양으로 휘고 내판(內瓣)도 벌어진다. 중국 춘란에서 이런 꽃색깔은 흔치 않은 귀품이다.

꽃색깔	18	조금 더 주금색이 나온다	20
꽃모양	20	특징이 살아 있다	20
꽃 대	10	잘 뻗어 있다	10
총합점	48	나무는 잘 되어 있다	50

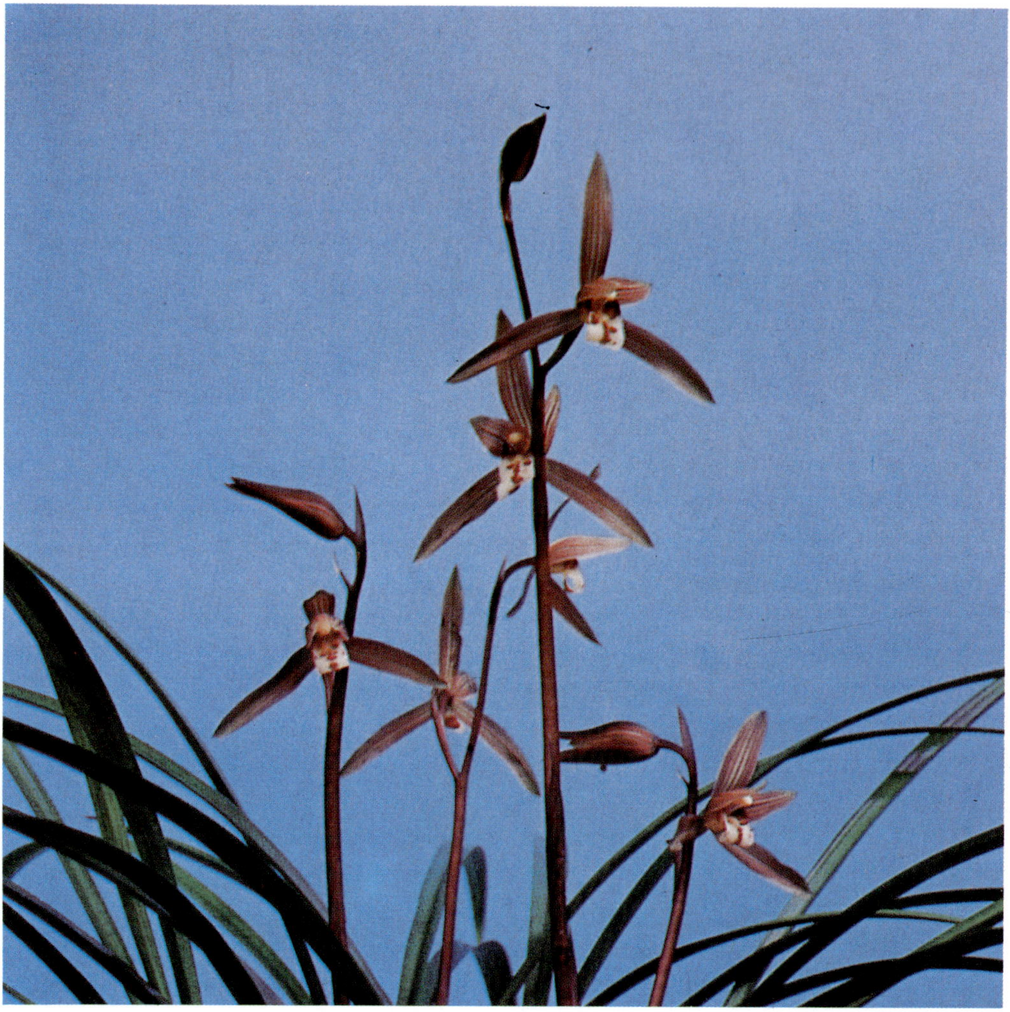

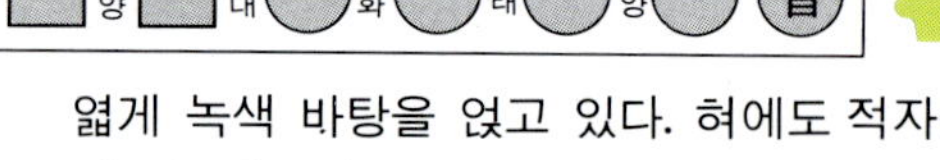

頌春(송춘) 대만産

색깔 □ 모양 □ 꽃대 ○ 개화 ○ 자태 ○ 배양 ○ 香

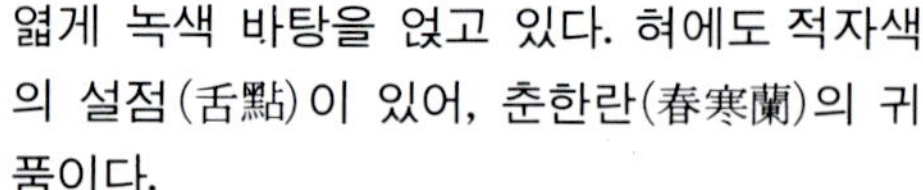

많은 종류의 춘·한란(春寒蘭)에는 일본, 대만에서 산출되는 것이 있어 각기 그 특색이 있다. 이 송춘은 대만산으로 진한 적자색의 꽃줄기에 2~3송이의 꽃을 피운다. 꽃잎은 적자색의 줄무늬가 있고, 맨 끝 부분에 극히 엷게 녹색 바탕을 얹고 있다. 혀에도 적자색의 설점(舌點)이 있어, 춘한란(春寒蘭)의 귀품이다.

꽃색깔	20	잘 피어 있다	20
꽃모양	20	특징이 살아 있다	20
꽃 대	10	잘 뻗어 있다	10
총합점	50	사진이 약간 흐려 있다	50

一條之譽 (일조의 자랑) 채취·高知縣

색깔	모양	꽃대	개화	자태	배양	香

잎 폭이 넓고 두꺼운 바로서기 잎으로, 잎 중간쯤부터 끝으로 춘란과 같은 톱니가 있다. 꽃은 다섯 꽃잎(五瓣)이 전부 꽃잎 끝이 녹색 바탕이고 꽃잎 밑둥은 분홍색의 줄무늬가 있다. 혀는 담황색으로, 속에 담홍색 점이 있는 권설(卷舌)이다. 춘한란 중에서 「호덕지예(浩德之譽)」의 꽃과 쌍벽을 이루는 귀품이다.

꽃색깔	20	잘 피어 있다	20
꽃모양	20	특징이 살아 있다	20
꽃 대	10	잘 뻗어 있다	10
총합점	50	전체적으로 잘 되어 있다	50

浩德之花 (호덕지화)　채취·高知縣

색깔 ☐　모양 ☐　꽃대 ○　개화 ○　자태 ○　배양 ○　香

꽃잎은 다섯 꽃잎(五瓣)이 전부 폭이 넓고 끝이 둥그스름하며, 꽃은 도홍색에 붉은 보라색의 줄무늬가 있는 아름다운 꽃이다. 혀는 백황색으로 담홍색의 설점(舌點)이 흩어져 있다. 잎은 진록색의 반 일어서기로 대엽성(大葉性). 일반에 잘 알려져 있는 춘·한란(春·寒蘭)의 귀품이다.

꽃색깔	20	잘 피어 있다	20
꽃모양	20	특징이 살아 있다	20
꽃 대	10	잘 뻗어 있다	10
총합점	50	전체적으로 잘 되어 있다	50

중국춘란 일경구화(一莖九花)의 권유

중국 대륙의 남부 절강성(浙江省)에서 자생하며 한 줄기에 여러 꽃송이가 달리는 것이다. 고대의 중국에서는 이 구화 (九花)를 혜(蕙：난초 혜자)라는 글자로 표현했다고 한다.

4월부터 5월에 걸쳐 웅대하며 단정한 꽃대로 향기가 그윽한 수려한 꽃을 피운다. 일본·한국에 건너온 것은 비교적 늦어 번식도 많지 않아 일반에 알려진 바도 적어 대중적인 애호품이 되기에는 아직도 시일을 요한다. 아뭏든 웅장하고 수려한 꽃과 잎 자태가 큰 매력이다.

50년 전에는 『난화보(蘭華譜)』에 의해 소개된 명품이 많이 재배되었으나, 재배법이 익숙하지 못한 까닭도 있어 번식도 적었고 또, 꽃이 필만한 큰 포기도 없어서, 일부 품종을 제외하고는 명품(銘品) 다운 꽃을 볼 기회가 적었던 모양이다.

구화(九花)는 꽃대에 따라 녹경(綠莖)·적경(赤莖)으로 구별하며, 더우기 소심(素心)을 한 가지의 계통으로 나누고 있다. 그 중에 일화(慶花)와 마찬가지로 매판(梅瓣)·수선판(水仙瓣)·소심(素心)의 꽃모양이 있다.

금후 난 애호가 확산과 더불어 각지의 전시회에서도 훌륭한 구화(九花)의 명화를 접할 기회가 늘어나, 더욱 더 구화(九花) 재배도 성대해질 것이다.

근년까지는, 업자들도 꽃을 볼 사이도 없이 재배자의 명찰만 붙인채 매매(去來)하여, 이것을 재배하여 꽃이 피었을 때 품종의 착오를 일으키는 경우가 있었을 정도였다. 최근에는 구화(九花)의 재배법도 알게 되어 포기로 키워, 훌륭한 꽃을 피우게 된 것은 좋은 경향이라 말할 수 있다.

중국란은 거의가 浙江省, 江蘇省에서 산출. 근년, ―오지인 四川省, 雲南省에서 난이 도래하고 있다.

○구화(九花)는 광선이 강한 곳에서 잘 가꾸
  어진다(20,000~30,000룩스) 꽃이 맺으면
  조금 광선을 약하게 한다(10,000룩스).
○통풍의 좋음이 절대 조건이다.
○비료도 많은 편이 좋다.
○옮겨심기는 2~3년에 1회 정도, 너무 작
  은 포기로 나누지 말고 큰 분에 큰 포기
  로 가꾸도록 한다.

程梅(정매) 중국産

색깔 ○ 모양 ○ 꽃대 ○ 개화 ○ 자태 ○ 배양 ○ 香

약 250년 전에 중국 상숙(常熟) 이라는 곳에서 발견된 것으로 두꺼운 넓은 잎으로 잎은 우아하게 드리워진다. 꽃은 세 꽃잎(三瓣) 머리가 둥글고 꽃잎 가장자리가 안쪽으로 휘며, 각 머리가 서로 대립된 단단한 투구 봉심(잠자리의 머리와 같이 보인다)의 용탄설(龍呑舌)로 이상적인 매판(梅瓣)의 평견화(平肩花). 꽃대는 담적색을 띠며 굵다. 적경(赤莖)의 최고 귀품이다.

꽃색깔	20	잘 피어 있다	20
꽃모양	20	특징이 살아 있다	20
꽃 대	10	잘 뻗어 있다	10
총합점	50	전체적으로 잘 되어 있다	50

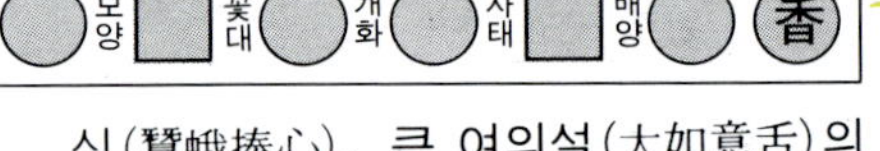

大一品 (대일품) 중국産

색깔 ○ 모양 □ 꽃대 ○ 개화 ○ 자태 □ 배양 ○ 香

1798년 부양(富陽)의 산채(山採) 품에서 발견. 잎이 두꺼운 넓은 잎으로 광택도 좋고 크게 곡선을 그리며 드리워진다. 꽃은 하화형(荷花型)의 수선판(水仙瓣)으로, 담녹색에 산뜻하고 꽃잎 살이 두껍고, 단단한 잠아봉심(蠶蛾捧心), 큰 여의설(大如意舌)의 일문자 피기이다. 꽃대는 녹색 줄기로 가늘며 높게 뻗는다. 녹경(綠莖)의 최고 귀품이다.

꽃색깔	20	잘 피어 있다	20
꽃모양	20	특징이 살아 있다	20
꽃 대	10	잘 뻗어 있다	10
총합점	50	전체적으로 잘 되어 있다	50

端蕙梅 (단혜매) 중국산

색깔 ◯ 모양 ▢ 꽃대 ◯ 개화 ◯ 자태 ▢ 배양 ◯ 香

중국 소흥(紹興)에서 발견됨. 잎이 두껍고 가는 잎으로 광택이 있는 맑은 잎이 완만하게 드리워진다. 꽃은 꽃잎이 길쭉하며 머리가 둥글고 꽃잎 끝이 안쪽으로 휜다. 살이 두껍고 빛깔이 맑은 평견(平肩) 피기. 약간 단단한 투구 봉심(捧心), 대설(大舌)로 단정하다. 적경(赤莖)의 귀품이다.

꽃색깔	20	잘 피어 있다	20
꽃모양	20	특징이 살아 있다	20
꽃 대	10	잘 뻗어 있다	10
총합점	50	전체적으로 잘 되어 있다	50

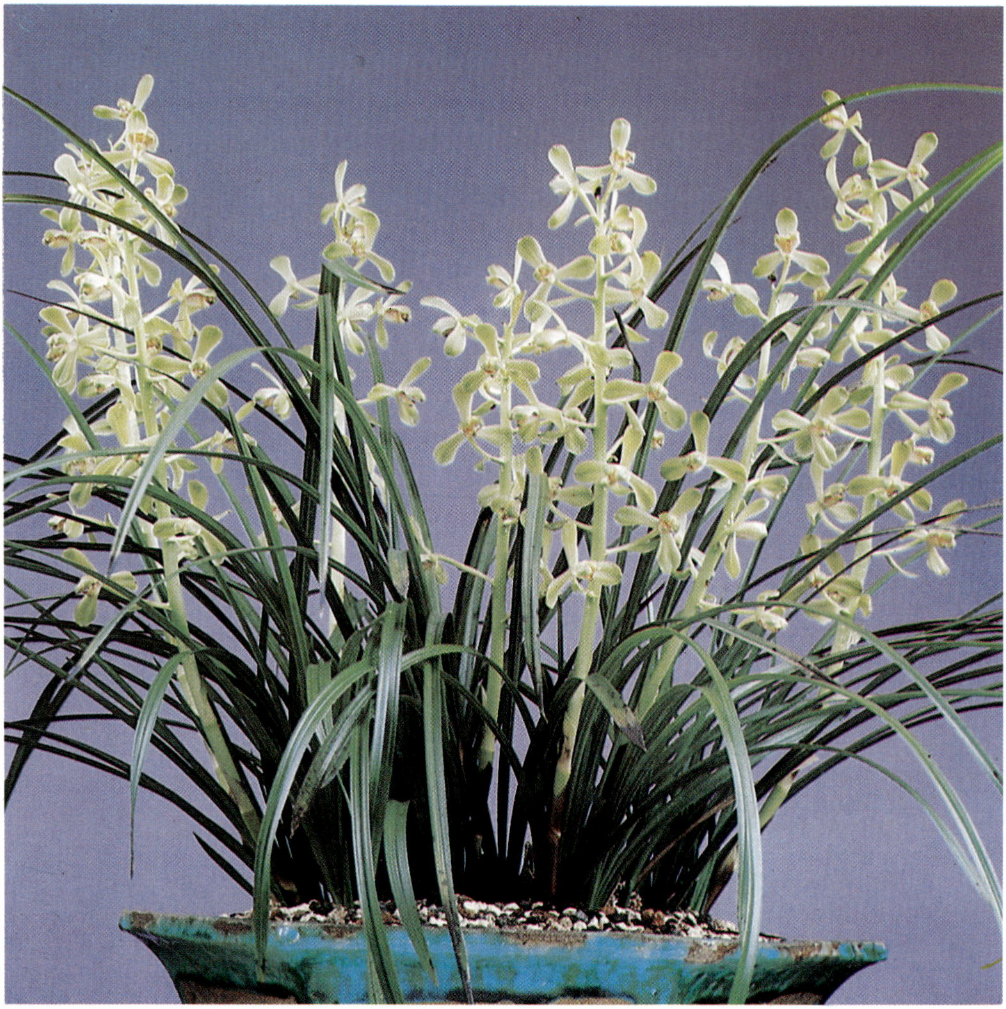

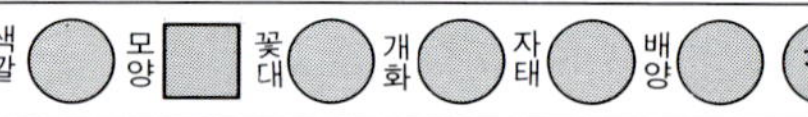

極品(극품) 중국産

색깔 ○ 모양 □ 꽃대 ○ 개화 ○ 자태 ○ 배양 ○ 香

1901년 항주(杭州) 사람이 발견. 잎은 보통 가늘기의 반 바로서기 잎(半立葉)으로 진녹색. 꽃은 살이 두껍고 꽃머리(花頭)가 둥글고 대형이며 꽃잎 밑둥은 가늘다. 봉심(捧心)에 단단한 투구가 있고, 용탄설(龍呑舌)에 선명한 홍점이 있으나 봉심에 붙어 있어 잘 살펴보지 않으면 얼른 보이지 않는다. 평견(平肩) 피기. 녹경(緑莖)의 귀품이다.

꽃색깔	20	잘 피어 있다	20
꽃모양	20	특징이 살아 있다	20
꽃 대	10	잘 뻗어 있다	10
총합점	50	전체적으로 잘 되어 있다	50

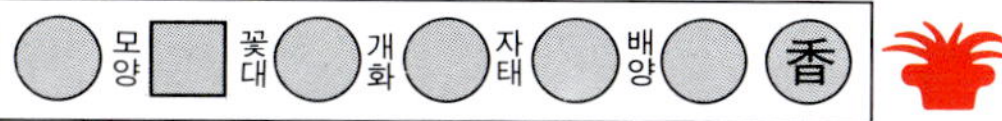

南陽梅 (남양매)　중국産

색깔	모양	꽃대	개화	자태	배양	香

중국의 선흥(宣興) 사람의 비장품으로 1936년 일본에서 수입함. 잎은 폭이 넓은 반 바로서기(半立葉)로 잎 두께도 두껍다. 꽃은 세 꽃잎(三瓣)의 끝이 둥글고 살이 두꺼우며, 꽃잎 끝이 안쪽으로 휜다. 조금 단단한 투구의 봉심(捧心)으로 뾰족한 여의설(如意舌)로, 연록색의 산뜻한 평견(平肩) 피기. 적경(赤莖)의 최고 희귀품이다.

꽃색깔	20	잘 피어 있다		20
꽃모양	20	특징이 살아 있다		20
꽃 대	10	잘 뻗어 있다		10
총합점	50	잘 되어 있다		50

老上海梅(노상해매) 중국産

| 색깔 | 모양 | 꽃대 | 개화 | 자태 | 배양 | 香 |

약 150년 전에 발견됨. 보통 가늘기의 반 드리우는 잎(半垂葉)으로 잎 두께도 있고 광택이 좋다. 꽃은 세 꽃잎(三瓣)이 약간 긴 형으로 끝이 둥글다. 살이 두껍고, 담록색의 맑은 일문자 피기이다. 봉심은 반합두(半合兜), 여의설(如意舌), 일문자 피기로 핀다. 비견(飛肩)이 되는 녹경(綠莖)의 귀품이다.

꽃색깔	20	잘 피어 있다	20
꽃모양	20	특징이 살아 있다	20
꽃 대	10	잘 뻗어 있다	10
총합점	50	전체적으로 잘 피어 있다	50

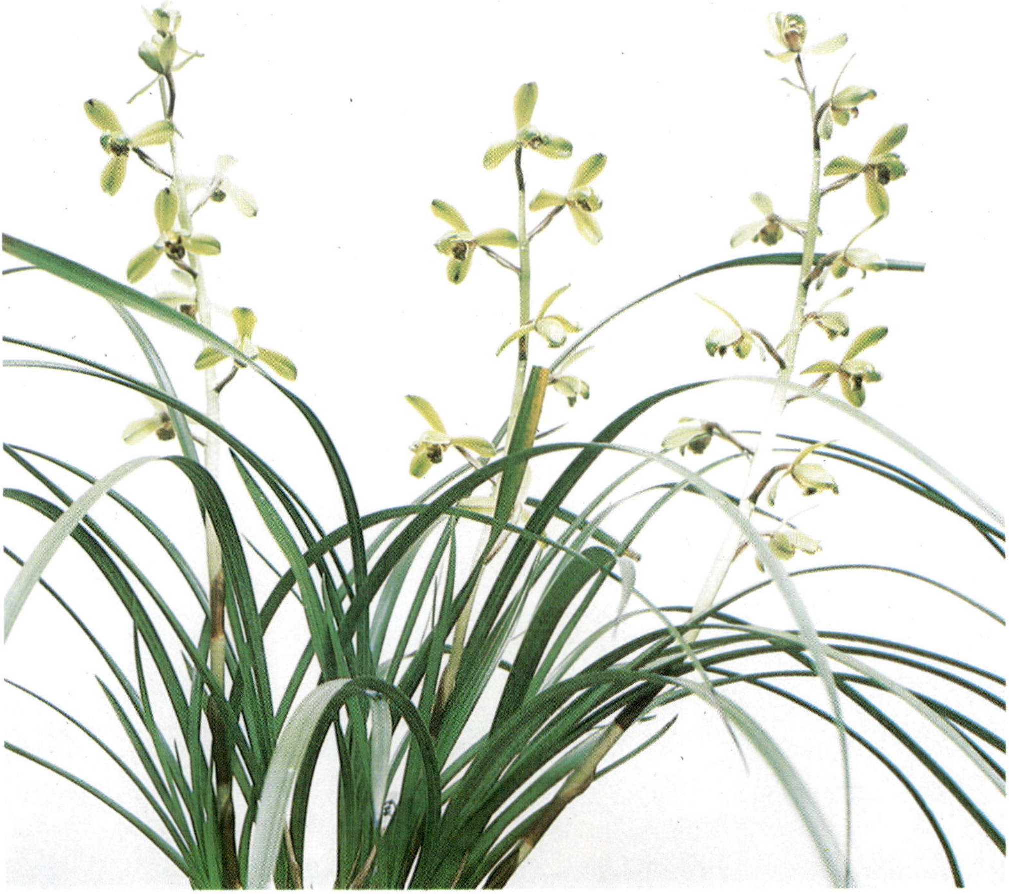

關頂 (관정)　중국産

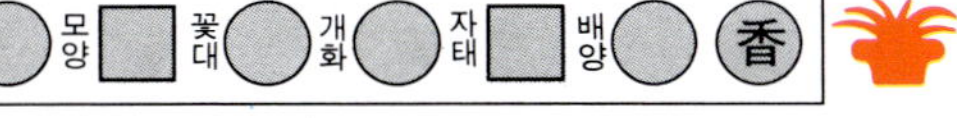

잎은 「정매(程梅)」와 흡사하며, 넓은 잎으로
조금 비틀리는 중수엽(中垂葉). 세 꽃잎(三
瓣)은 짧고 둥글며, 살이 두껍고 안쪽으로
휘며, 적보라색을 띤다. 콩껍질 모양의 봉심
(捧心)으로 조금 단단한 투구가 달린다. 대
원설(大円舌), 평견(平肩) 피기로,　꽃대는
가늘고 긴 적경(赤莖)의 최고 희귀품이다.

꽃색깔	10	잘 피어 있으나 조금 흐리다	20
꽃모양	20	특징이 살아 있다	20
꽃 대	10	잘 뻗어 있다	10
총합점	40	사진이 나빠서 아쉽다	50

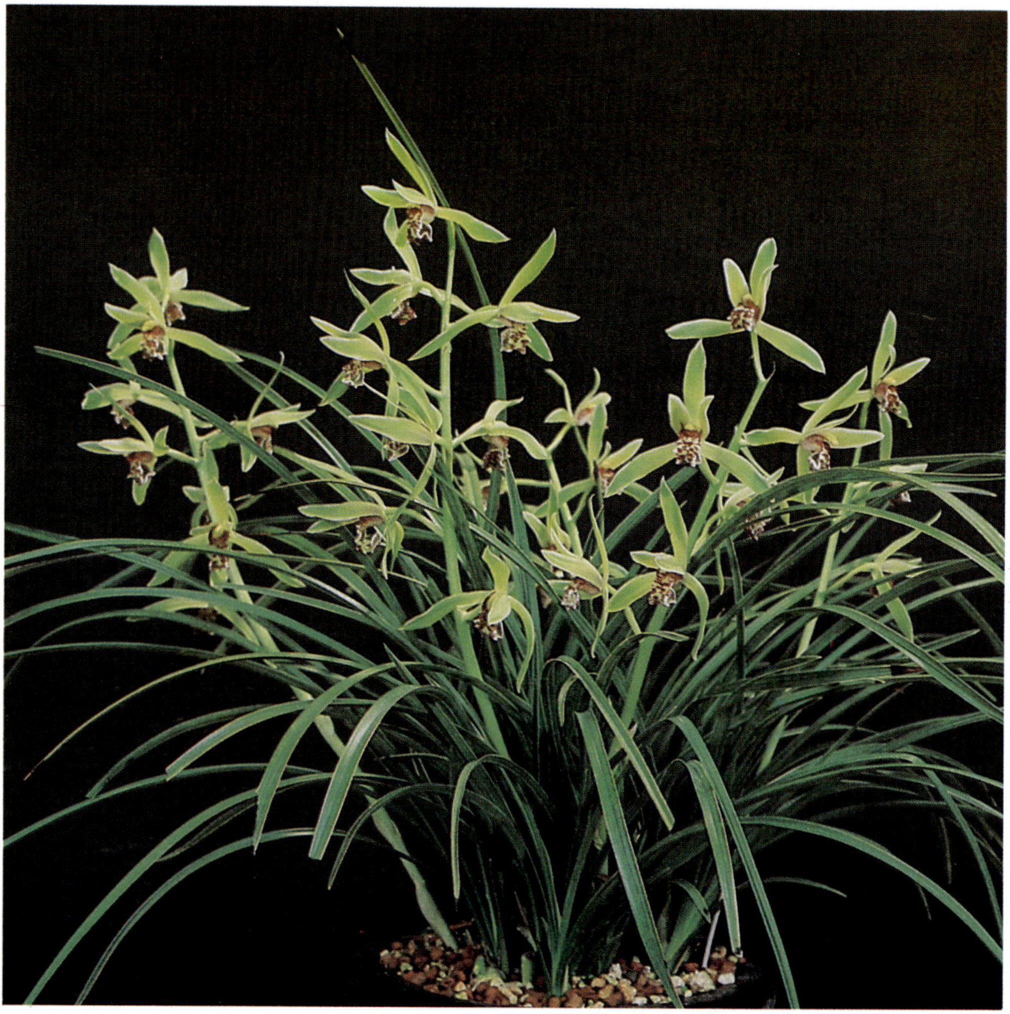

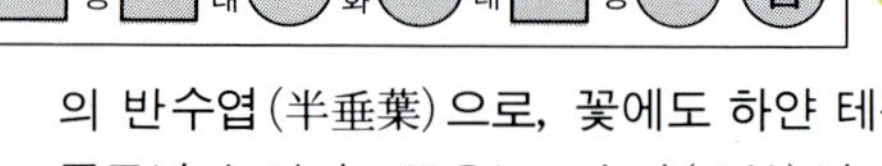

仙霞 (선하) 중국産

1935년 일본에 들여온 산채(山採) 품 중에서 선발되어 일본에서 명명된 복륜구화(覆輪九花)로, 중국 춘란에는 잎무늬란은 적은데, 구화(九華)의 테두리 줄무늬(覆輪)로는 이 품종 뿐이다. 백황색의 큰 테두리 잎무늬의 반수엽(半垂葉)으로, 꽃에도 하얀 테두리 줄무늬가 있다. 꽃은 큰 송이(大輪)이며 내판(內瓣)에 투구가 없으나, 녹경(緑莖)의 귀품이다.

꽃색깔	20	잘 피어 있다	20
꽃모양	20	특징이 살아 있다	20
꽃 대	10	잘 뻗어 있다	10
총합점	50	전체적으로 잘 되어 있다	50

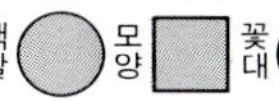

江南新極品 (강남신극품)　중국産

색깔 ◯　모양 ▢　꽃대 ◯　개화 ◯　자태 ▢　배양 ◯　香

1915년에 중국의 소흥(紹興) 사람이 발견했을 때「극품(極品)」과 너무나 흡사하며 모든 사람이 감탄했다 한다. 씨방(子房)에 약간 엷은 자홍색이 찍혀,「극품」만큼 꽃대가 굵지 않은 가는 줄기. 적경(赤莖)이지만 담록색의 선명한 꽃이 달리는 적경의 각별한 귀품이다.

꽃색깔	20	잘 피어 있다	20
꽃모양	20	특징이 살아 있다	20
꽃 대	10	잘 뻗어 있다	10
총합점	50	전체적으로 잘 되어 있다	50

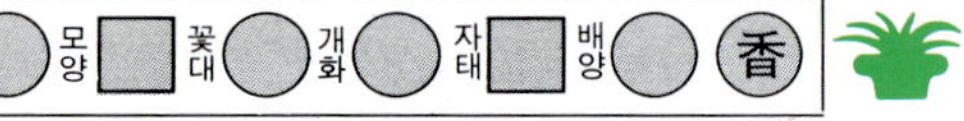

仙緑(선록)　중국産

색깔 ◯　모양 ▢　꽃대 ◯　개화 ◯　자태 ▢　배양 ◯　香　

보통 가늘기의 두꺼운 잎으로 크게 호(孤)를 그리며 드리워진다.「노상해매(老上海梅)」와 흡사하여 「후(後) 상해매」라고도 불리운다. 꽃은 꽃잎이 길쭉하며 끝이 둥글다. 봉심은 반각두(半角兜), 혀가 긴 평견(平肩)피기. 꽃대는 가늘고 긴 녹경(緑莖)의 일품이다.

꽃색깔	20	잘 피어 있다	20
꽃모양	20	특징이 ·살아 있다	20
꽃 대	10	잘 뻗어 있다	10
총합점	50	전체적으로 잘 되어 있다	50

老染字 (노염자)　중국産

색깔	□	모양	□	꽃대	○	개화	○	자태	□	배양	○	香

약 150년 전 중국 가선(嘉善)에서 발견되어 1933년 일본에 들여옴. 잎은 녹색 바탕으로 폭이 넓은 큰 잎. 잎 맵시가 좋음. 꽃은 주·부판(主副瓣)이 전부 둥글고 살이 두꺼우며 잘 감싸이는 평견(平肩) 피기. 봉심(捧心)은 관음두(觀音兜)로 대형의 대원설(大円舌)에 홍점(紅點)이 찍힌 적경(赤莖)의 귀품이다.

꽃색깔	20	잘 피어 있다	20
꽃모양	20	특징이 살아 있다	20
꽃 대	10	잘 뻗어 있다	10
총합점	50	포기 바로서기로 잘 되어 있다	50

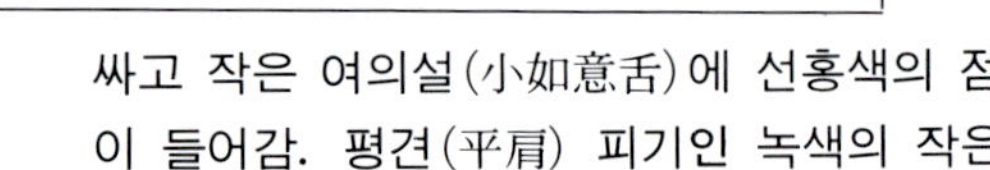

翠萼(취악) 中国産

色깔 □ 모양 △ 꽃대 □ 개화 ○ 자태 □ 배양 ○ (香)

중국 무석(無錫)에서 발견되어 1937년에 일본에 들여옴. 잎은 진녹색으로 보통 가늘기(中細)의 반수엽(半垂葉). 꽃은 주·부판(主副瓣)이 다 짧고 둥글며 끝이 안쪽으로 휜다. 봉심(捧心)은 단단한 투구 모양으로 감싸고 작은 여의설(小如意舌)에 선홍색의 점이 들어감. 평견(平肩) 피기인 녹색의 작은 꽃으로 녹경(綠莖)의 일품이다.

꽃색깔	20	잘 피어 있다	20
꽃모양	20	특징이 살아 있다	20
꽃 대	10	잘 뻗어 있다	10
총합점	50	전체적으로 잘 되어 있다	50

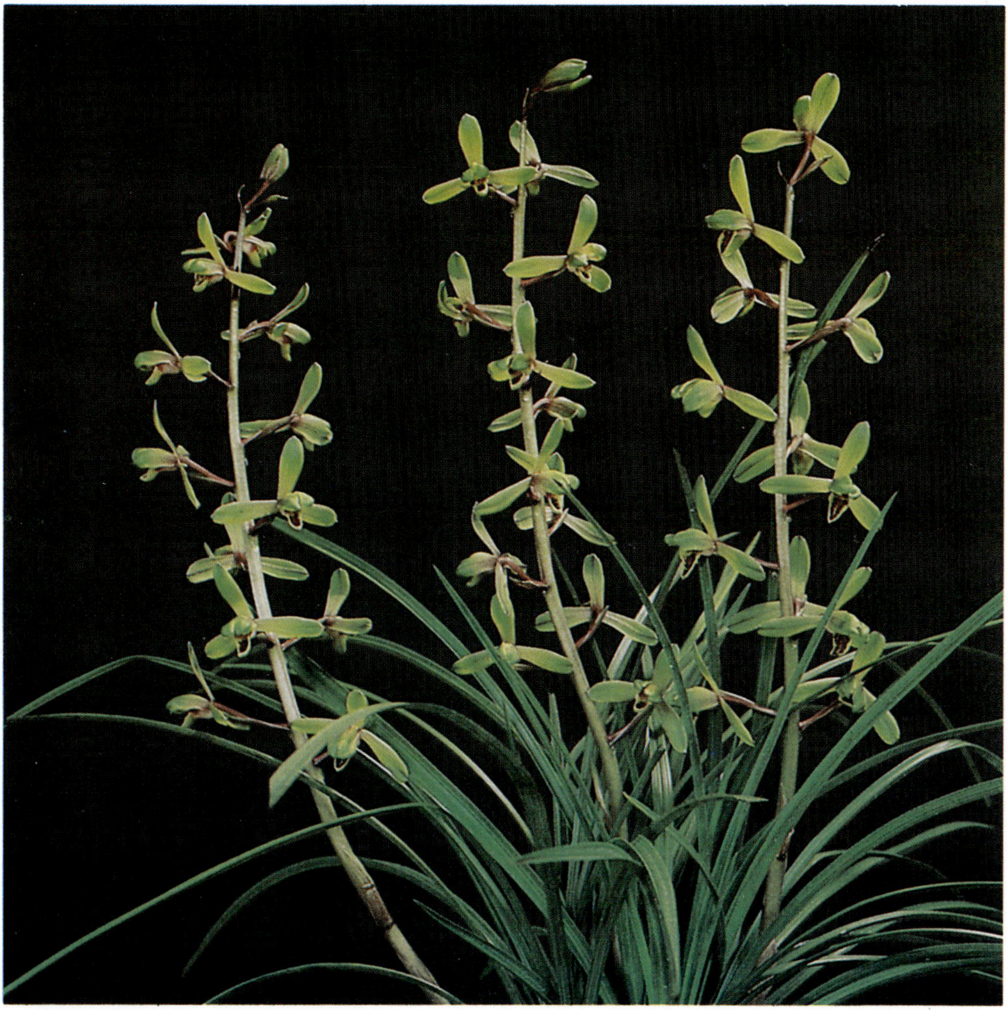

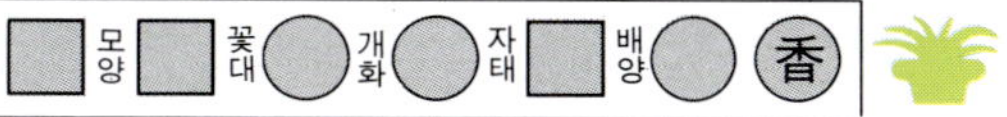

長壽梅(장수매) 중국産

색깔 ■ 모양 ■ 꽃대 ● 개화 ● 자태 ■ 배양 ● 香

1918년에 나 장수(羅長壽)씨가 발견, 1937년에 일본에 들여옴. 잎은 진녹색 바탕에 보통 가늘기(中細)의 중수엽(中垂葉). 꽃은 주·부판(主副瓣)이 전부 짧고 둥글며 끝이 안쪽으로 휜다. 담록색에 자홍색이 걸친 평견(平肩) 피기로 조금 뒤로 휜다. 봉심은 연한 잠아두(蠶蛾兜)로 혀는 둥글고 짧은 적경(赤莖)의 일품이다.

꽃색깔	20	잘 피어 있다	20
꽃모양	20	특징이 살아 있다	20
꽃 대	10	잘 뻗어 있다	10
총합점	50	전체적으로 잘 되어 있다	50

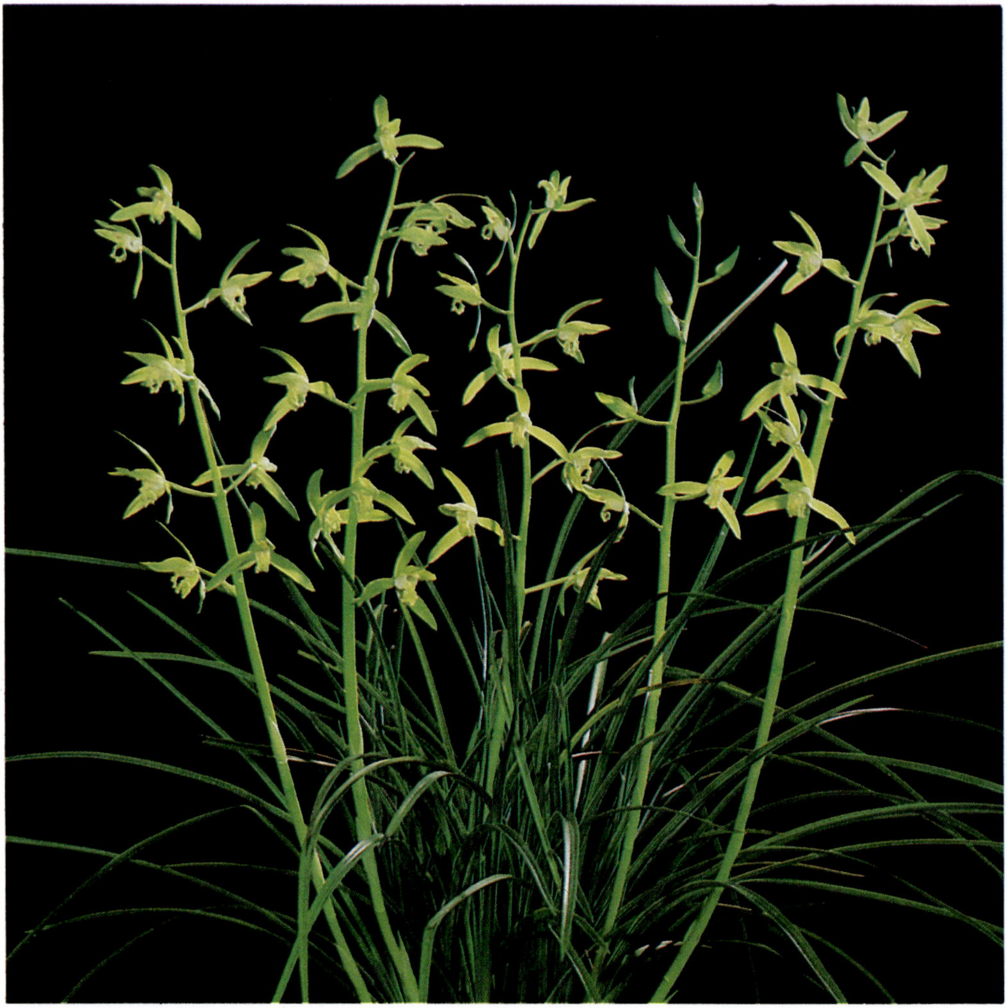

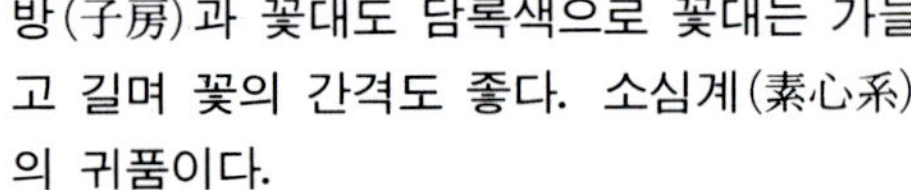

如意素 (여의소)　중국産

1935년에 일본에 들여옴. 잎은 약간 가늘며 절반 바로서기 잎. 꽃은 담백록색의 대죽판 (大竹瓣), 살이 두꺼운 평견 (平肩) 피기인데 마치 고양이 귀와 같이 바로서서 벌어진다. 권설 (捲舌)은 길며 담황록색을 띠고있다. 씨방 (子房)과 꽃대도 담록색으로 꽃대는 가늘고 길며 꽃의 간격도 좋다. 소심계 (素心系)의 귀품이다.

꽃색깔	20	잘 피어 있다	20
꽃모양	20	특징이 살아 있다	20
꽃 대	10	잘 뻗어 있다	10
총합점	50	전체적으로 잘 되어 있다	50

虞山梅(우산매) 중국産

색깔 ☐ 모양 △ 꽃대 ☐ 개화 ◯ 자태 ☐ 배양 ◯ 香

강소성(江蘇省) 우산(虞山)에서 발견되어 1936년 일본에 들여옴. 잎은 진녹색의 광택이 있는 보통 가늘기(中細)의 중수엽(中垂葉). 꽃은 주·부판(主副瓣)의 꽃잎 끝이 둥글며 잠아봉심(蠶蛾捧心)에 여의설(如意舌)로 담황록의 꽃색깔로 소형. 씨방(子房)은 자홍색으로 꽃대는 가늘게 잘 뻗는다. 적경(赤莖)의 일품이다.

꽃색깔	20	잘 피어 있다	20
꽃모양	20	특징이 살아 있다	20
꽃 대	10	잘 뻗어 있다	10
총합점	50	전체적으로 잘 되어 있다	50

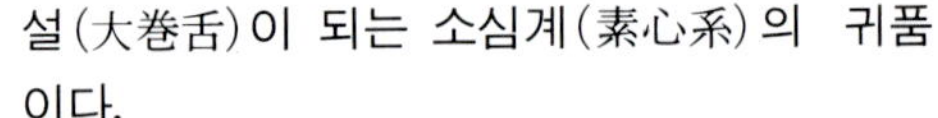

江山素 (강산소)　중국産

색깔 ○ 모양 ○ 꽃대 ○ 개화 ○ 자태 ○ 배양 ○ 香

중국 소흥(紹興)에서 발견된 것으로 1931년에 일본에 들여옴. 잎은 진녹색 바탕에 폭이 넓은 큰 잎, 약간 노란 색을 띠며 드리워진다. 꽃은 녹백(緑白)으로 구화(九花) 중 큰 송이(大輪). 혀는 맑은 황록색으로 대권설(大巻舌)이 되는 소심계(素心系)의 귀품이다.

꽃색깔	20	잘 피어 있다	20
꽃모양	20	특징이 살아 있다	20
꽃　대	10	잘 뻗어 있다	10
총합점	50	꽃은 한 줄기인데 잘 되어 있다	50

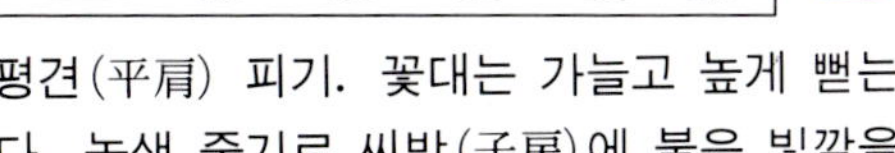

崔梅(최매) 중국産

색깔 ☐ 모양 ☐ 꽃대 ◯ 개화 ◯ 자태 ◯ 배양 ◯ 香

중국 항주(杭州)에서 최 이정(崔怡庭)이 발견, 『蘭華譜(난화보)』에 의하면 희귀품으로 귀중히 여기는 품종. 세 꽃잎(三瓣)은 끝이 둥글고 꽃잎 밑둥은 가늘며, 화사한 녹색에 살이 두껍고 약간 단단한 탄용설(呑龍舌)로 평견(平肩) 피기. 꽃대는 가늘고 높게 뻗는다. 녹색 줄기로 씨방(子房)에 붉은 빛깔을 띤다. 적경(赤莖)의 귀품이다.

꽃색깔	20	잘 피어 있다	20
꽃모양	20	특징이 살아 있다	20
꽃 대	10	잘 뻗어 있다	10
총합점	50	전체적으로 잘 되어 있다	50

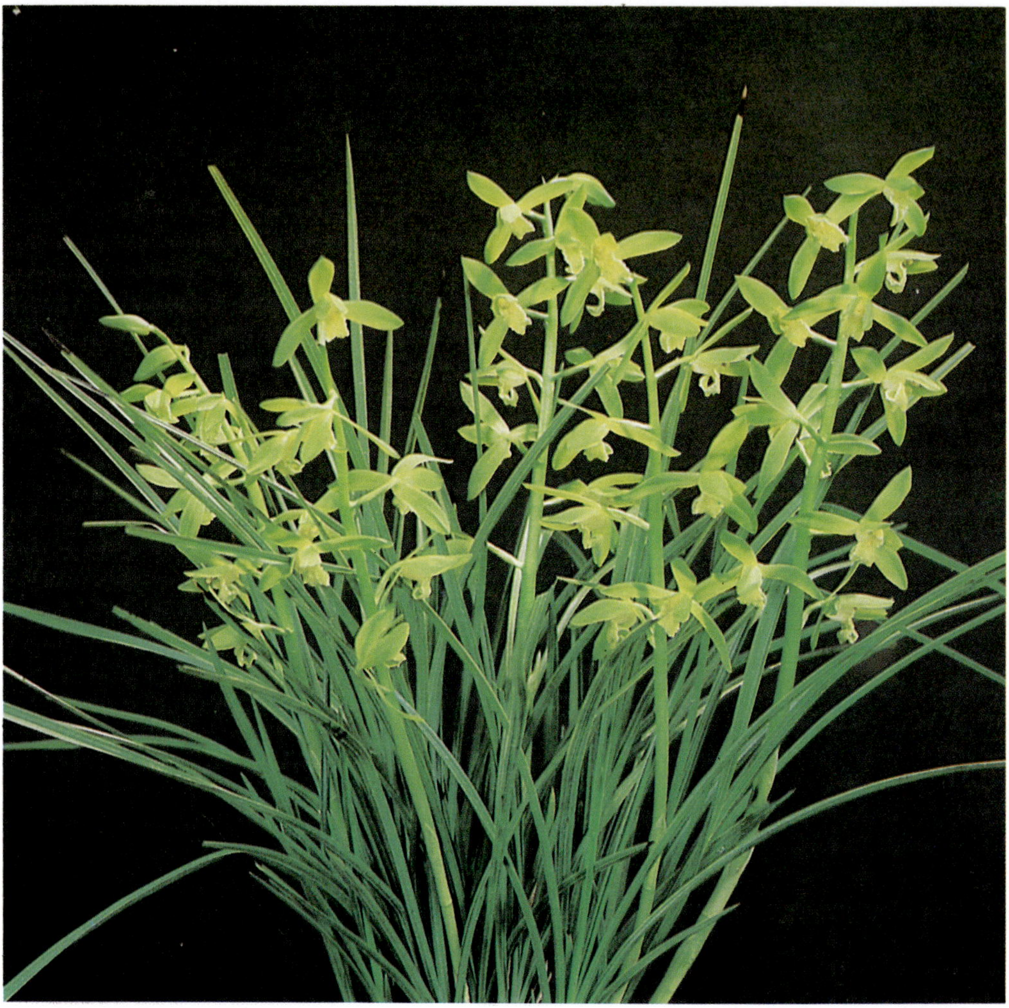

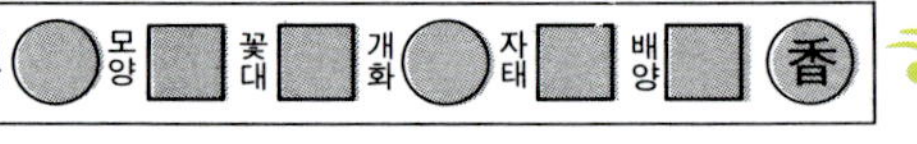

金嶼素(금오소) 중국産

색깔 ○ 모양 □ 꽃대 □ 개화 ○ 자태 □ 배양 □ 香

약 400년 전 중국 여요(餘姚)의 금오산(金嶼山)에서 발견. 가는 일어서기 잎으로 청초한 잎 맵시이다. 잎, 꽃눈이 다 연록색이며, 꽃은 세 꽃잎(三瓣)이 끝이 펼쳐진 하화형(荷花型)으로 살이 두꺼운 담록색, 봉심(捧心)이 조가비(貝殼)형이며, 녹색 점이 없는 대권설(大捲舌), 평견(平肩) 피기로 소심계(素心系)의 귀품이다.

꽃색깔	20	잘 피어 있다	20
꽃모양	20	특징이 살아 있다	20
꽃 대	10	잘 뻗어 있다	10
총합점	50	전체적으로 잘 되어 있다	50

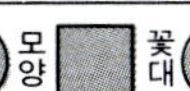

慶華梅(경화매)　중국産

색깔 ○　모양 □　꽃대 ○　개화 ○　자태 □　배양 ○　香

보통 가늘기(中細)의 중수엽(中垂葉), 꽃은 세 꽃잎(三瓣)이 짧고 둥글며 꽃잎 끝이 안쪽으로 휜다. 살이 두껍고 봉심(捧心)은 잠아두(蠶蛾兜), 큰 여의설(如意舌), 비취색, 평견(平肩) 피기의 긴 줄기. 녹경(綠莖)의 귀품이다.

꽃빛깔	18	조금 더 녹색이 진하게 된다	20
꽃모양	18	조금 뒤집혀져 있다	20
꽃 대	10	잘 뻗어 있다	10
총합점	46	전체적으로 잘 피어 있다	50

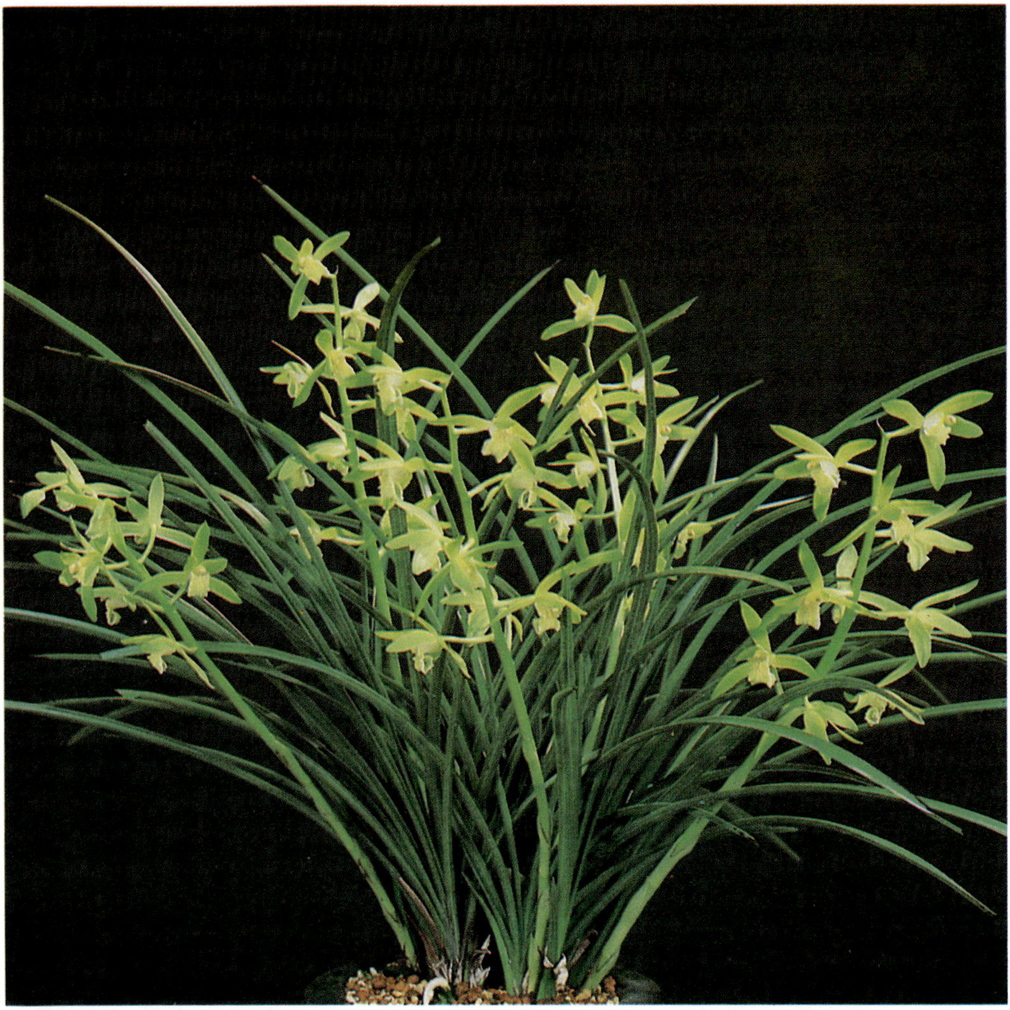

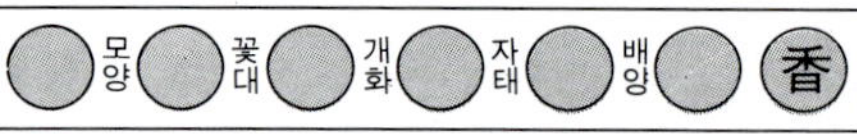

温州素(온주소) 중국産

색깔 ○ 모양 ○ 꽃대 ○ 개화 ○ 자태 ○ 배양 ○ 香

중국 절강성(浙江省)의 온주(温州)에서 발견된 것. 잎이 두껍고 넓으며 홈이 깊은 드리우는 잎(垂葉)이 된다. 꽃은 세 꽃잎(三瓣)이 큼직한 버들잎형으로 수선판(水仙瓣)의 담황색으로 평견(平肩) 피기. 백황색의 대권설(大捲舌)로 약간 노란색을 띤 소심계(素心系)의 귀품이다.

꽃색깔	20	잘 피어 있다	20
꽃모양	20	특징이 살아 있다	20
꽃 대	10	잘 뻗어 있다	10
총합점	50	전체적으로 잘 되어 있다	50

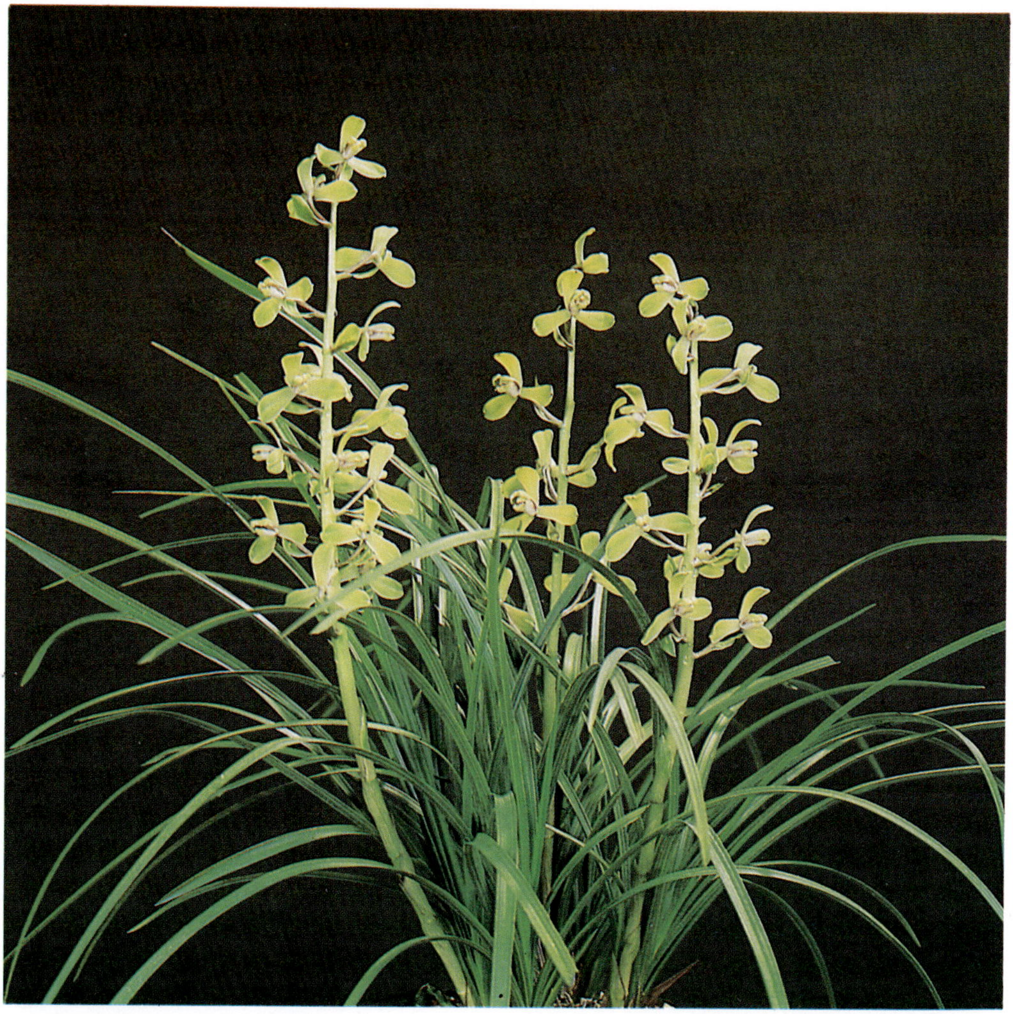

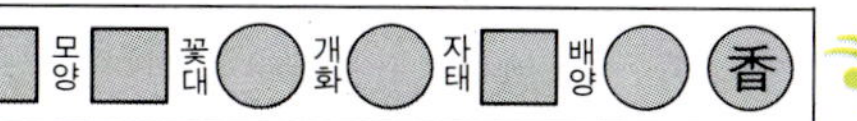

解佩梅(해패매) 중국産

색깔 □ 모양 □ 꽃대 ○ 개화 ○ 자태 □ 배양 ○ 香

중국 호서(滬西：西上海) 사람이 발견한 것. 잎은 진녹색의 광택있는 가는 잎(細葉)으로 중수(中垂), 꽃은 담황록색의 평견(平肩) 피기, 봉심(捧心)에 여의설(如意舌)이 밀착하며 세 꽃잎일비두(三瓣一鼻頭)로 보인다. 봉심 사이에서 비두가 보이는 것이 특징. 씨방(子房)은 연한 자흑색, 적경(赤莖)의 귀품이다.

꽃색깔	20	잘 피어 있다	20
꽃모양	20	특징이 살아 있다	20
꽃 대	10	잘 뻗어 있다	10
총합점	50	전체적으로 잘 되어 있다	50

赤莖九花 (적경구화) 중국産

색깔 ☐ 모양 ☐ 꽃대 ◯ 개화 ◯ 자태 ☐ 배양 ◯ 香

구화(九花)는 녹경 과 적경으로 구별되는데, 꽃줄기가 녹색이라도 씨방(子房)에 빨간 색을 띠면 적경(赤莖)에 속하며, 씨방까지 녹색인 것은 녹경(綠莖)이라 부른다. 내판(內瓣)에 투구가 없고 혀에 홍점(紅點)이 흩어져 담록색의 꽃이 5~8 송이 정도 핀다.

꽃색깔	20	잘 피어 있다	20
꽃모양	20	특징이 살아 있다	20
꽃 대	10	잘 뻗어 있다	10
총합점	50	전체적으로 잘 되어 있다	50

재배 해설

권설 (捲舌)	혀가 자연히 늘어져, 중간쯤에서 안쪽으로 뒤집혀지는 것. 혀 밑둥에서 크게 구부러지는 것은 「대권설 (大捲舌)」이라 한다.
먼저무늬 (先天性)	산뜻한 무늬가 선천성의 것을 말하며 새촉이 돋기 시작할 때부터 선명한 무늬를 보이는 것으로 다 자란 후에도 무늬의 성질이 달라지지 않는다.
낙견 (落肩) 피기	일자피기와 3 각피기 까지의 모양으로 부판 (副瓣) 좌우가 다소 처져 있는 것.
매판 (梅瓣)	밖의 세 꽃잎 (三瓣) 이 매화 꽃잎의 형태로, 봉심 (棒心) 에 투구가 있고, 혀는 단단하며 납작한 것.
봉심 (捧心)	2 개의 내판 (內瓣) 을 말함. 이것은 주판 (主瓣) 의 기부에 있어 꽃술을 감싸는 꽃잎으로, 보통은 내부로 말려 있어, 이 말린 부분을 투구 (兜) 라 한다.
비 (鼻)	두 개의 봉심 (棒心) 사이에 있어 향기를 발산하는 부분을 말한다.
비견 (飛肩) 피기	부판 (副瓣 : 아래 두 꽃잎) 좌우가 위로 올라간 것.
삼각피기	주판 (主瓣) 과 부판 (副瓣) 의 맨 끝을 연결하면 정 3 각형이 되는 것.
새 촉 (新木)	새로운 싹이 성장하여, 다음 해에 새 촉이 뻗을 때까지는 새 촉이라고 한다.
소심 (素心)	설판에 붉은 색이나 점이 없는 순색을 소심이라 하고 부변 모두 흰 색인 꽃을 백화소심이라고 한다.
수선판 (水仙瓣)	밖의 세 꽃잎 (三瓣) 의 끝이 뾰족하여 수선화 꽃잎과 흡사하며 봉심에 투구가 있고, 혀는 드리워지는 것을 말한다.
모주 (母株 : 親蠱)	만 2 년째를 맞이한 포기. 새 싹을 발생함. 새로 성장한 포기는 새 촉 (新蠱 : 新木) 이라고 한다.
얼룩 줄무늬 (斑縞)	잎 전부에 극히 가는 줄무늬가 들어간 것.
노랑이 (幽靈)	엽록소가 전혀 없는 흰색이나 백황색의 잎, 또는 싹을 말함. 조치로서는 새 싹일 때 밑둥에서 잘라 따내고, 다시 새 싹을 발생시킨다.

㈜「한국자생란보존회」에서 제정한 용어와 본서에서 다룬 용어를 참조하여 이해하시도록.

잎의 멋 (葉藝)   잎 (葉)에 나타나는 무늬의 옆을 엽예 이라고도 함. 특히 잎무늬난의 경우에 쓰이는 용어이다. 꽃이나 잎에 나타난 줄무늬(縞), 테두리 줄무늬 (覆輪: 갓줄무늬), 얼룩(斑 : 무늬), 중투(中透 : 가운데무늬 또는 속빛무늬) 등의 변화나 그 품종의 특징.

전복예 (轉覆藝)   생장함에 따라 다른 특징(멋)을 보이는 것. 자태가 변화하기 때문에 귀중 품종으로 취급되는 수가 많다.

접학 (折鶴) 피기   마치 학의 머리처럼 꽃잎 끝 부위가 안쪽으로 꺾이는 것.

태 (苔)   혀 (舌)의 표면에 부착해 있는 꽃가루 (花粉). 이 빛깔이 녹색 또는 흰색으로, 반짝이는 것을 상품으로 친다.

하화판 (荷花瓣)   밖의 세 꽃잎 (三瓣)이 연꽃모양으로 화변이 넓고 봉심에 투구가 없는 것. 즉, 하 (荷)는 연꽃과 같이 맨 끝이 말려들어간 것이다.

혀 (舌)   중앙부에 드리워 내려진 안쪽 꽃잎 (內花瓣)의 하나이다. 이것은 마치 사람의 혀에 견주어 말하는 것으로 큰 것은 하품 (下品)이며, 둥글고 짧은 것이 좋은 것이다.

나중무늬 (後天性)   새 싹일 때는 별로 선명한 무늬가 아니고 (극단의 경우는 무늬가 없음) 자라남에 따라 무늬가 나와 산뜻해지는 것.

후암 (後暗)   「나중 흐림」이라고도 하며,   또는 「출아천량 (出芽千兩)」이라 일컫듯이 새 잎일 때는 아주 아름다운 무늬를 지니고 있는 듯이 보이는데, 성목이 될수록 무늬가 선명하지 못하며, 때로는 녹색이 진해져 무늬가 엷어지고 녹색바탕이 된다.

일문자 피기   부판 (副瓣) 좌우가 수평으로 된 것.

잎무늬 (柄)   무늬에는 화려한 무늬, 수수한 무늬, 한쪽 무늬, 안쪽 무늬, 바깥쪽 무늬가 있다. 잎에 나타난 줄무늬나 복륜 (覆輪), 호반 (虎斑) 등의 모양을 잎무늬라 부르며, 무늬가 좌우 한쪽으로 치우친 경우는 한쪽 무늬 (片柄)라 한다. 또 새 촉의 모주 (母株) 쪽 안쪽에 무늬가 많은 것은 안쪽 무늬 (內柄), 그 반대편에 무늬가 많은 것은 바깥쪽 무늬 (外柄)라고 한다. 바깥쪽으로 나오는 것이 무늬가 계속되므로 환영을 받는다.

본서에 사용된 용어	한국자생란보존회 제정 용어
테두리 줄무늬 (覆輪)	갓줄무늬
해돋이 호랑얼룩무늬 (曙虎斑)	안개 얼룩무늬
중투 줄무늬 (中透縞)	가운데무늬 : 속빛무늬 : 속갓줄무늬
줄무늬 (縞)	속줄무늬
중간잎 바로서기 (中立葉)	곧은 잎
중수엽 (中垂葉 : 반드리워지는 잎)	굽은 잎

중국춘란 명화(銘花)의 기준

색채
꽃색깔은 투명도가 있는 싱싱한 녹색이 가장 훌륭하여 짙은 녹색, 적황(赤黃)의 순이며, 선명하게 맑은 것을 좋은 꽃(良花)으로 치며, 거무스름하게 탁한 것은 좋지 않다.

꽃잎(花瓣)
내외의 꽃잎(瓣)이 조화를 이루고, 살이 두껍고 부드러운 느낌의 것이 좋으며, 주판(主瓣)만 크고 부판(副瓣)이 좁은 것이나 휘어 피는 것은 좋지 않다.

견(肩 : 花型)
양부판(副瓣)이 수평으로 벌어지는 것을 일문자(一字肩) 또는 평견(平肩)이라 부르며, 비견(飛肩)은 부판 2弁이 위로 되는 것을 말하고 낙견은 부판 2변이 아래로 처져 있다.

봉심(捧心 : 內瓣)
봉심은 광택이 있는 부드러운 느낌의 잠아(蠶蛾 : 누에나방)와 같은 투구가 있는 것을 좋은 꽃으로 치며, 관음(觀音), 착이(搾耳 : 죄어짐), 경잠아(硬蠶蛾 : 단단한 누에나방)가 그 다음으로 치며, 두협(豆莢 : 콩꼬투리)형, 게 발톱형(蟹爪形) 등은 좋지 않다.

혀(舌)
설판(舌瓣)은 마치 인간의 혀에 비유되는 것으로, 큰 것은 하품(下品)으로 치며 둥글고 짧은 것이 좋다. 큰 여의설(大如意舌), 둥근 혀(円舌), 유해설(劉海舌), 작은 여의(小如意), 방결설(方欠舌)의 순위, 조설(吊舌), 협장설(狹長舌) 등은 환영을 못받는다.

점(點)
혀 위의 점은 춘란에는 점모양이 1점, 2점, 3점 U字, 서신매와 같이 큰 원점의 선홍색을 좋은 꽃으로 친다.
구화에는 산만한 것이 많기 때문에, 진 분홍색 또는 연한색이라도 선명한 것을 좋은 꽃으로 친다.

비두(鼻頭)
꽃술(花蕊 : 방향(芳香)을 뿜는 곳)은 소형의 것을 좋은 꽃으로 치며, 봉심(捧心)도 짜임새 있게 보인다. 거칠고 큰 것은 봉심이 벌어지게 되어 좋지 않다.

꽃대(花莖)
꽃대는 가늘고 높게 잎 위로 뻗은 것을 좋은 꽃으로 친다. 구화(九華)의 가는 꽃대를 「등심간(燈心杆)」이라 말하며, 한 줄기에 7~8 송이가 잘 어울리며, 굵은 줄기의 작은 꽃은 「목간비봉(木幹飛蜂)」이라 부르며, 꽃수가 많아도 좋치 않다.

잎(葉)
잎 밑둥이 실하고, 완만하게 드리워지며, 두께가 두꺼운 것이 좋고 광택이 있는, 얼른 보아 기품이 있는 잎맵시(葉姿)를 최상으로 한다. 단단하고 윤기가 없고 조잡한 잎은 하품이다.

춘란 꽃의 명칭

비두(鼻頭：蕊柱)
꽃가루 덩이(花粉塊)
혀(舌：舌瓣)
씨방(子房)
꽃대(花莖)
주판(主瓣：天瓣：上片)
봉심(捧心：内瓣)
(끝에 살 덩이(花粉)가 있으면 투구)
시(腮：볼)
부판(副瓣：側瓣) 側片
설점(舌點)
포의(苞衣：苞葉)

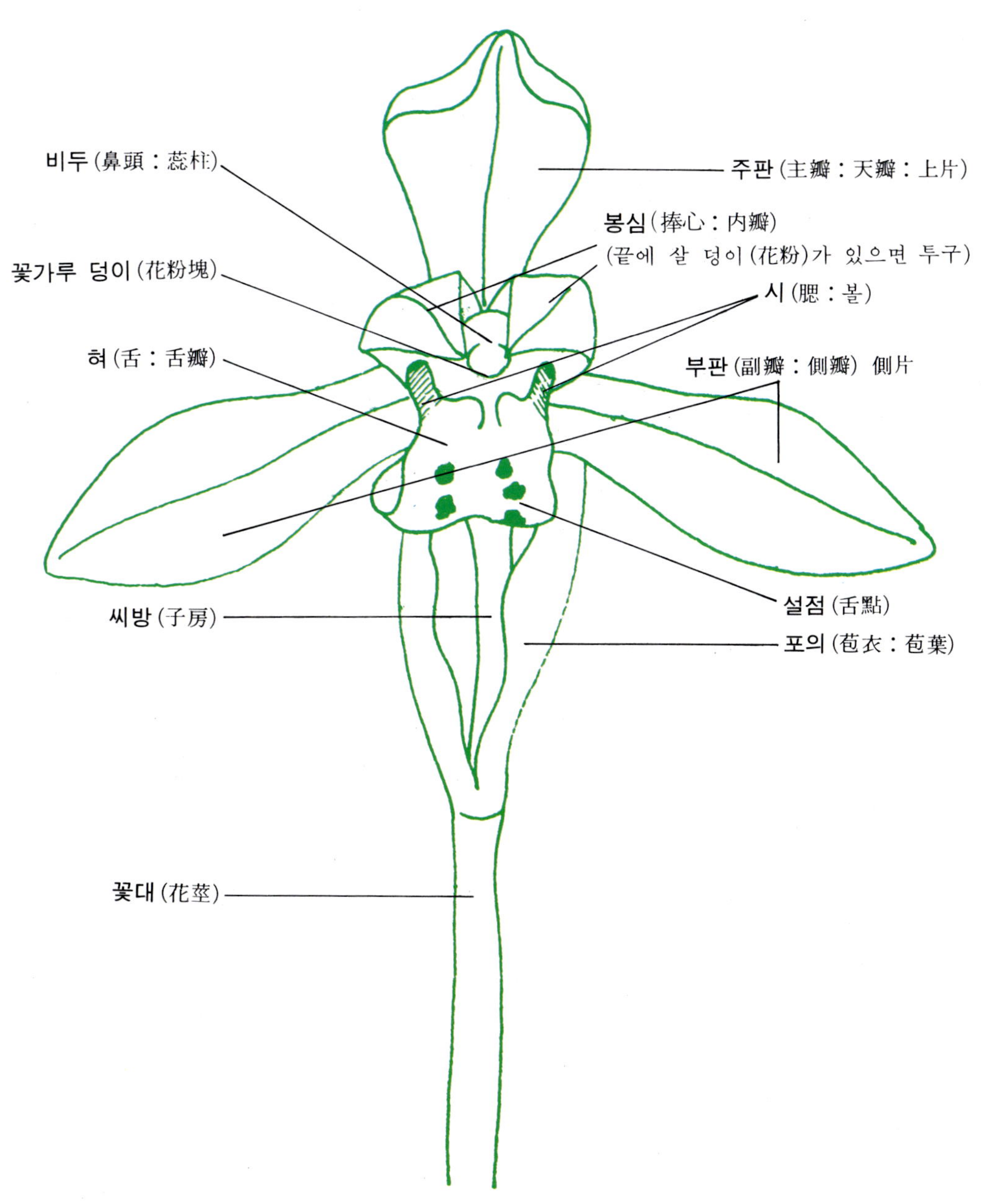

꽃잎(花瓣)의 명칭

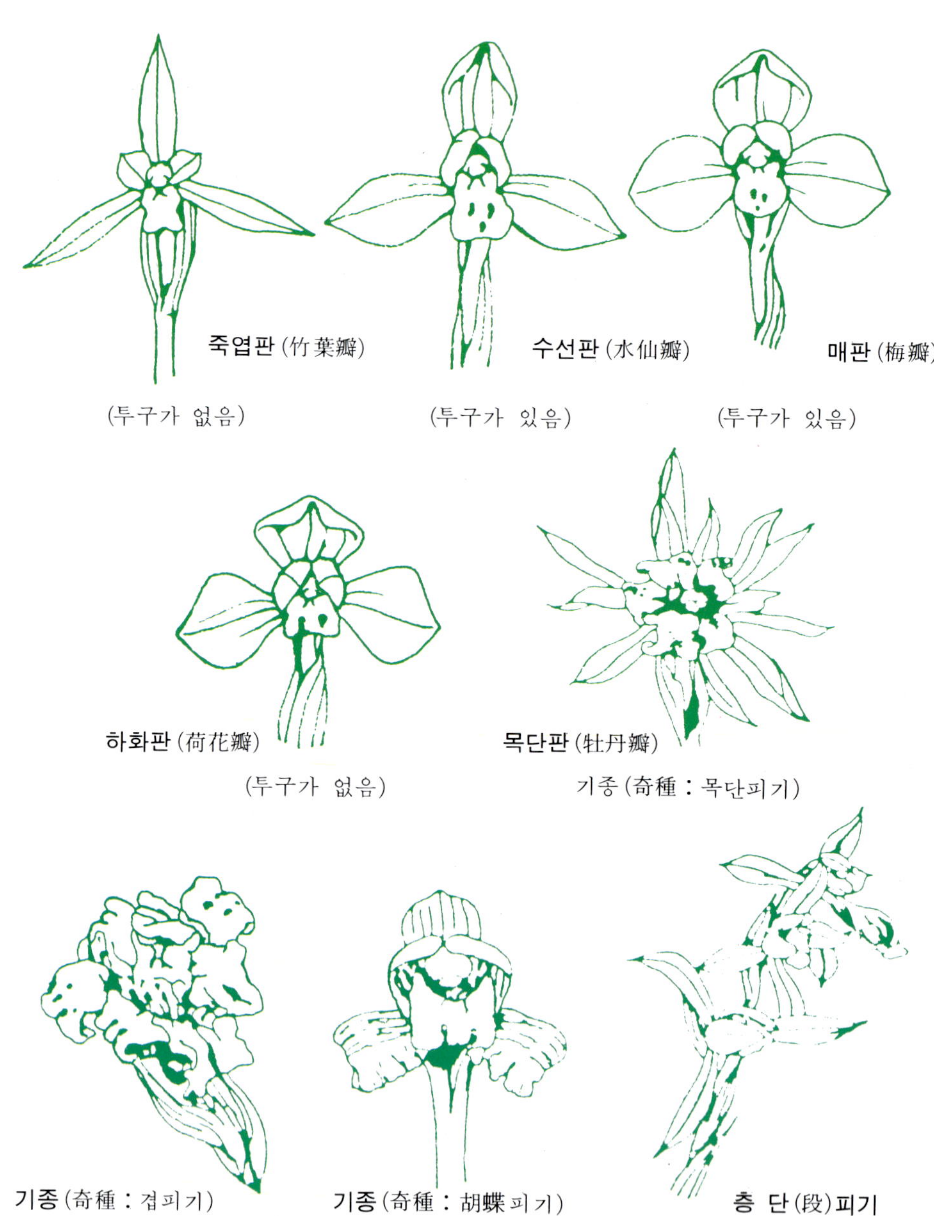

죽엽판(竹葉瓣)　　　　수선판(水仙瓣)　　　　매판(梅瓣)

(투구가 없음)　　　　(투구가 있음)　　　　(투구가 있음)

하화판(荷花瓣)　　　　목단판(牡丹瓣)

(투구가 없음)　　　　기종(奇種 : 목단피기)

기종(奇種 : 겹피기)　　　기종(奇種 : 胡蝶 피기)　　　층 단(段)피기

중국 춘란 봉심(內瓣)과 혀(舌)의 여러 가지

관음봉심
觀音捧心

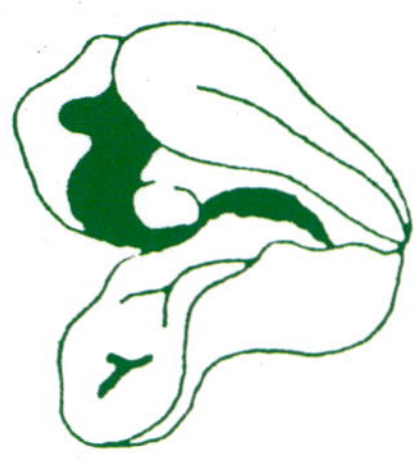

유해설
劉海舌

잠아봉심
蠶蛾捧心

여의설
如意舌

경봉심
硬捧心

원설
円舌

착이봉심
搾耳捧心

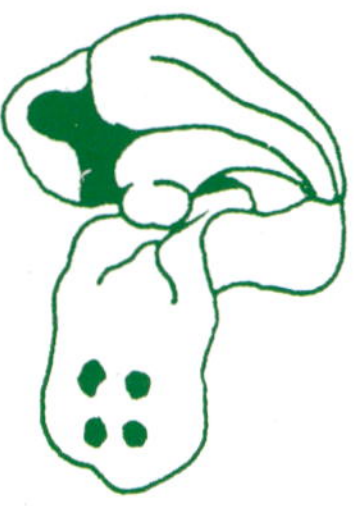

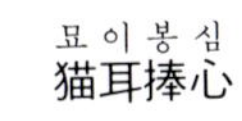

묘이봉심
猫耳捧心

대보설
大舖舌

권설
捲舌

소심
素心

도시소
桃腮素

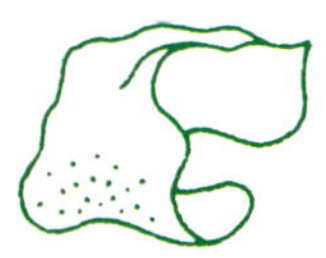

자모소
刺毛素

춘란(잎무늬 난) 잎 무늬(얼룩(斑))의 여러 가지

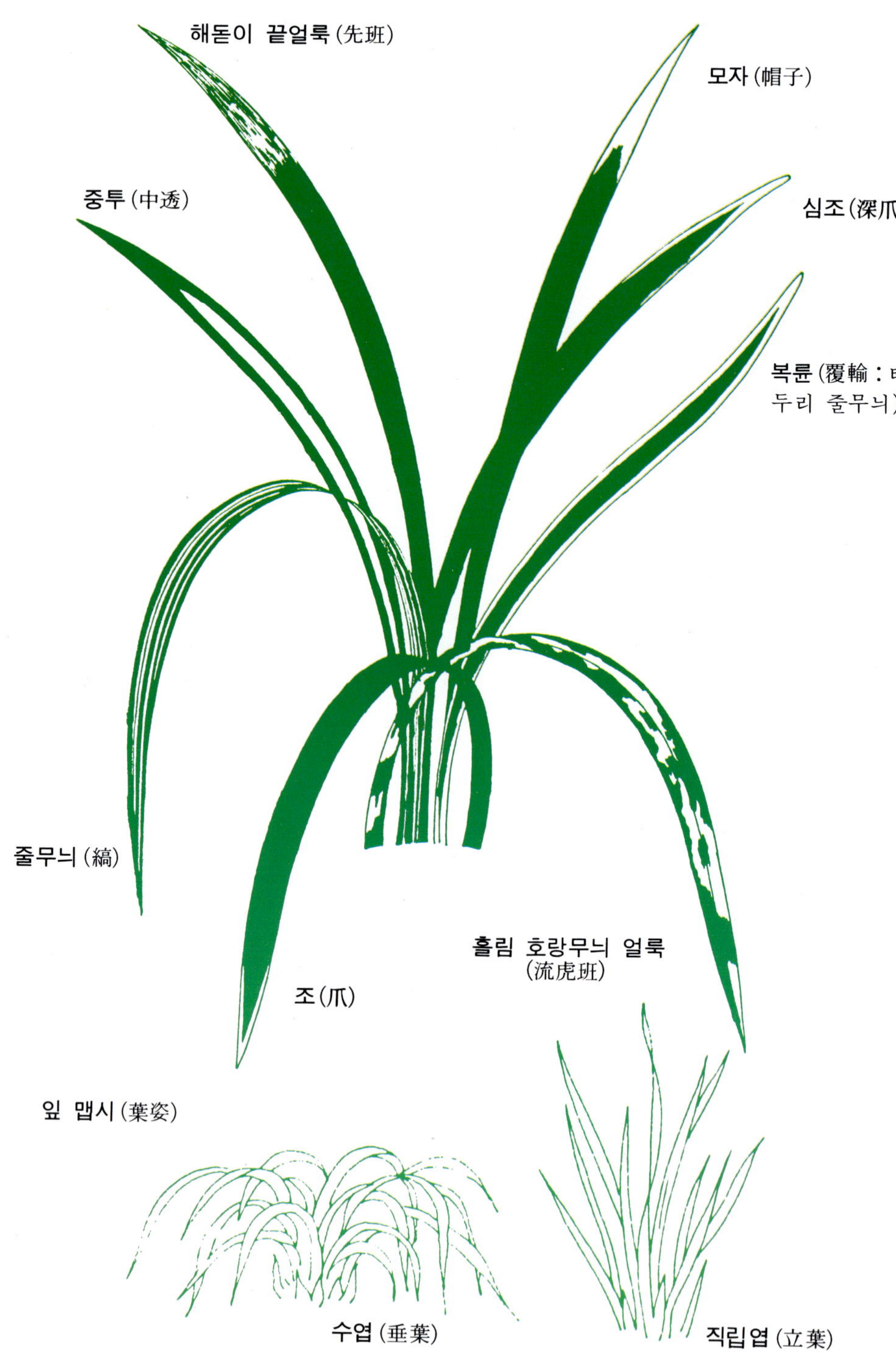

사피반 (蛇皮班)
해돋이 (曙)
반호 (班縞: 얼룩 줄무늬)
삼광호 (三光縞: 여러 줄무늬)
중반 (中班)
끝빠짐
대호반 (大虎班)
권엽 (卷葉)
반립 (半立)
반수 〔중수 (中垂)〕

옮겨심기·포기나누기

③ 포기나누기를 하는 메스, 가위는 제3인
　산(燐酸) 소오다 5%액에 10분 정도 담
　근 후, 물에 씻어 사용한다.

④ 메스를 사용, 포기나누기를 시작한다.

① 분을 가볍게 두들기면 안에 뭉쳐있던 란
　석이 느슨해져 뿌리가 떠오른다.

⑤ 포기를 상하지 않게 조심하여 나눈다.

② 분을 기울여 뿌리를 뽑아낸다.

⑥ 나쁜 뿌리는 잘라 버린다.

⑦ 옮겨심기에는 포기에 알맞는 크기의 분을 고른다.

⑧ 밑 모래는 굵은 란석을 살며시 넣는다.

⑨ 분을 가볍게 두들겨 식토를 안정시킨다.

⑩ 뿌리 공간에 굵은 식토를 뿌리가 상하지 않게 핀셋 등으로 살며시 넣는다.

⑪ 중간 란석의 식토를 넣는다

⑫ 화장토는 작은 크기의 란석으로 마무리하여 끝낸다

⑬ 흠뻑 물주기를 하면 분속의 식토도 안정된다.

⑭ 옮겨심기 완료 후, 톱진M 1000 배액을 준다. (다른 살균제도 좋다)

심어진 그림

심는 요령

보통 사용하는 분(盆)은 일화(一花)에는 5.5호 구화(九花)는 6~7호 분을 사용한다. 용토는 동양란용의 혼합토를 사용하는 것이 편리하며 재배에도 적합하다. 클레이볼(赤燒土),경질 녹소토(硬質 鹿沼土), 적옥토(赤玉土) 등이 난 생육에 적합한 용토를 효율이 좋도록 물빠짐이나 보습력(保湿力) 등 난 재배가 용이하도록 배합한 것으로 안심하고 재배할 수 있다.

혼합토는 대중소로 나누어져 있으나, 난을 심을 때 중요한 것은 큰 것이 밤알 크기의 것으로 다음은 완두콩 크기, 작은 것은 팥알 크기의 3종으로 구분하여 분 밑에서 큰 것부터 심는다. 표층에는 자잘한 화장토를 사용하여 마무리한다.

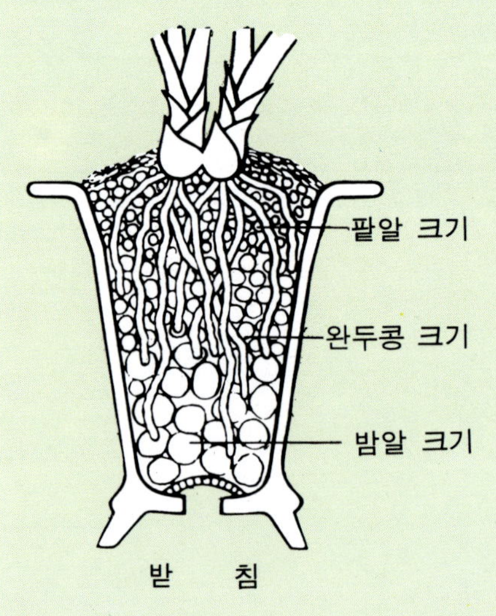

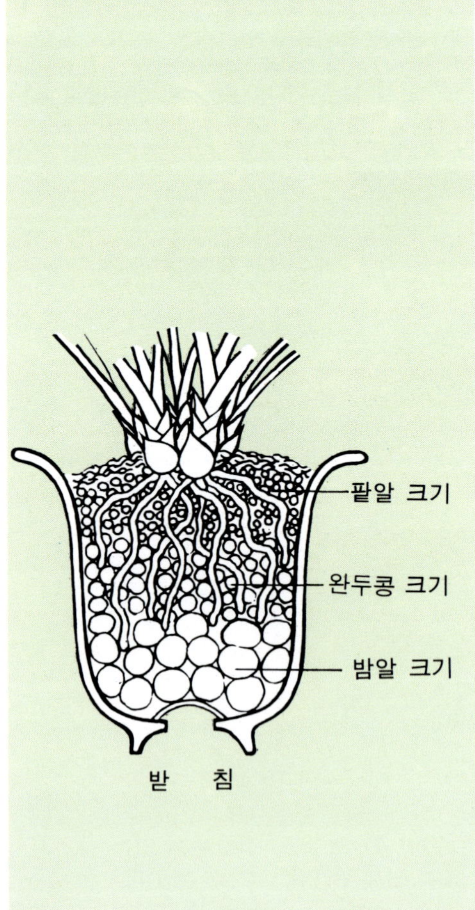

옮겨심기 후의 재배 관리

새로운 건조된 용토는 2~3일 물에 담가
둔다

사용할 하루 전에 물기를 빼고 사용한다

바싹 마른 새 용토로 심었을 경우에는 심은 후의 물주기를 충분히 하도록 한다. 금방 건조되므로, 되풀이 계속 관수한다. 2주일 정도 매일 관수한다. 용토의 보수력(保水力)을 지니게 되는데, 그래도 조심성 있게 2~3일에 한 번 관수한다. 1개월쯤 지나면 완전히 통상의 상태가 되므로, 통상의 관리를 하면 된다.

옮겨심기 후 매일 관수할 수 없는 사람은 심기 전에 새로운 용토를 2~3일쯤 물에 담그어 두었다가 하루 전에 물기를 뺀 후에 사용하도록 한다.
란석이 달라붙지 않고 바싹 건조된 후라서 사용하기 좋은 상태다. 옮겨심기 후의 특별한 관리가 생략되어 좋다. 넉넉잡고 1주일 정도 관수를 충분히 하고, 통풍이 좋은 해그늘에서 양생시키면 좋다.

옮겨심은 후에 살충 살균의 소독을 1~2회 실시해 두는 것도 잊어선 안 된다.

란석(用土)의 pH와 식물의 생육

- 란용토는 그 성분에 따라 여러 가지 다른 염류(塩類)가 녹아 나오게 된다. 그래서 분 속에 고여 있는 물에, 이 염류가 녹아 내리므로서 pH(値)가 달라진다.
- 란용토의 pH를 계측할 경우에는 란용토의 용량에 약 2.5배량의 증류수를 가해 1 ~2시간 지나 그 물의 pH를 계측한다. 시험지(試驗紙)를 사용하여 계측하는 것은, 익숙하지 못하면 어려우므로, 연구소나 학교 기관 등에서 계측을 의뢰하는 것이 좋을 것이다.
- pH가 알칼리 쪽으로 기울면 인산(燐酸), 철(鐵), 붕소(硼素), 망간, 아연(亞鉛) 등이 불용성(不溶性)이 된다. 또 산성(酸性) 쪽으로 기울면 칼슘 등의 흡수가 나빠져 인산은 불용성이 되기 쉽고 특별한 물질을 제외하고는 pH 5 이하가 되는것은 피하는 편이 좋을 것이다. 일반적으로 5.5 ~6.0정도가 안전하다.

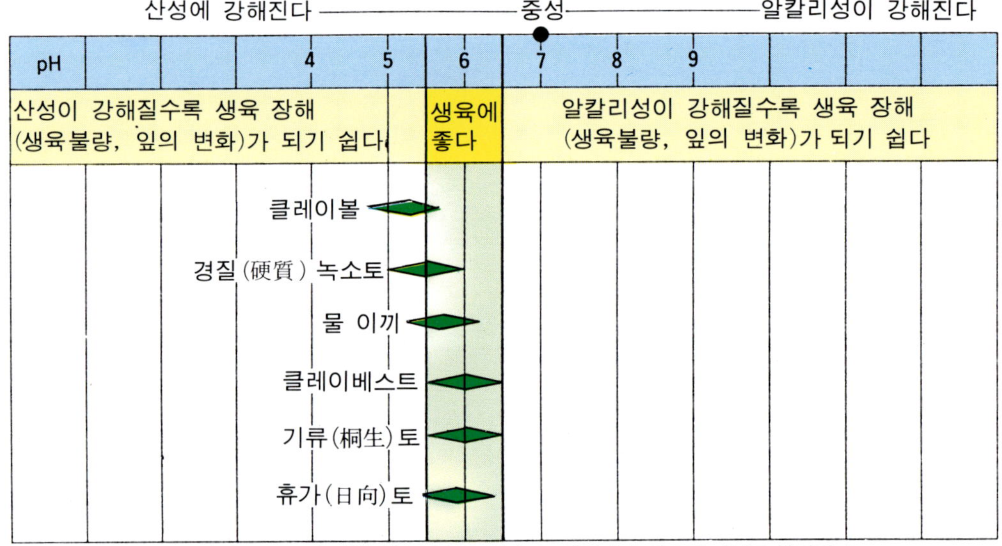

(註) 위의 란석 종류별의 pH는 각 지방에서 보내온 것이다. 채취지가 다르면 PH도 달라진다.

배양토에 대하여

배양토에 따라 배양의 양부가 결정된다 해도 과언이 아니며, 난 전문인 사람들도 흙 선별에는 각별한 주의를 기울인다. 일반 원예점에서는 여러 가지 배양토가 판매되고 있으나, 양질의 배양토란 보수력이 있고 다공질(多孔質)로 손가락 끝으로 비벼보아 부셔지지 않을 정도의 단단함과 물에 녹지 않는 것이 최저 조건이 된다. 동양란용에 경질 녹소토, 휴가(日向 : 지금의 宮崎)토 구운 클레이볼 등을 혼합하여 사용한다.

그 중의 40% 정도 경질 녹소토를 사용하면 재배가 용이하며 관리하기가 편리하다.

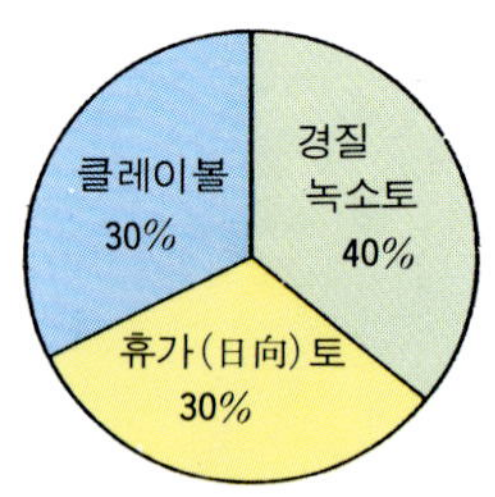

혼합 비율

한 가지만으로 심는 것보다 여러 가지를 혼합하여 사용하는 것이 좋다. 표와 같이 혼합하면 동양란 자체에 사용할 수 있다.

여러 종류의 배양토를 입수하기 어려운 사람은

- 클레이베스트(동양란 전용 혼합 배양토)의 특징
① 혼합 배양토는 모두 천연 다공질이다.
② 통기성, 보수성이 풍부, 관수가 잘 된다.
③ 난에 필요한 미량(微量) 요소가 함유되어 있다.
④ 꽃색깔이 좋고, 줄무늬란에도 좋다. 노촉(古蕾)이 오래 간다.
⑤ 사용 전에 한 번 물에 씻었다가 바로 사용한다.

물주기 (灌水)에 대하여

난계 (蘭界)에 옛부터 「물주기 3년」이란 속담이 있다. 그토록 관수는 중요한 일이다. 한마디로 관수라 말해도, 위의 화장토가 축축할 정도로 뿌리는 물, 분 밑으로 흐를 정도의 중수 (中水), 분 밑으로 줄줄 나와 분 속의 고은 가루가 씻겨 나올 정도의 관통수의 세 가지로 나뉜다. 그 관수에 따라 난 가꾸기는 매우 달라진다. 보통은 「중수」라 불리우는 관수가 좋고, 한 달에 2회 정도 관통수를 하면 난은 기분좋게 자란다. 관수는 심는 란석의 크기, 분의 크기에 따라 다르나, 몇일마다 준다고 정하고, 정기적으로 관수하는 것이 좋다. 다만 집을 비우거나 사업상의 이유로 정해진 날에 관수할 수 없을 때는 그 전날에 뿌려주어 관수일을 늦춘

다. 몇일을 늦추어 건조시키는 것보다 빨리 주어 분 속을 습하게 하는 편이, 난에는 좋은 상태가 된다.

(註) 물을 조금 끊든가, 자극을 가하면 꽃눈이 맺는다. 심겨진 란석이 좋지 않아 자라기 어려운 환경이 되었다고 느껴졌을 때, 생식 본능이 작용하여 꽃을 맺어 자손을 다른 장소로 옮기기 위한 때문이라 생각된다. 원래 물끊김을 식물은 싫어한다. 물끊김이 되지 않도록 물을 흠뻑 주어, 새싹도 많이 자라고 꽃도 잘 맺는 상태가 최상의 가꾸기이다.

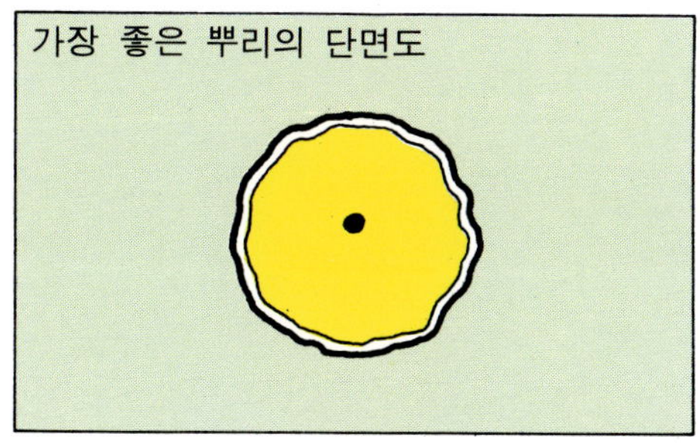

① 물을 함유하고 있는 뿌리
뿌리가 물을 흠뻑 함유하고 있는 상태에서는 잎도 싱싱하고 윤기가 있어 배양도 잘 된다.

(동양란은 심는 란석이 비교적 굵으므로 관수가 많아도 뿌리가 상하거나 뿌리가 썩는 것은 없다)

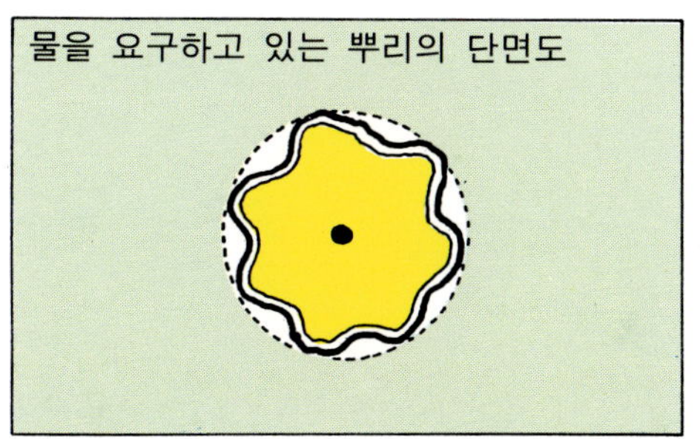

② 물끊김을 약간 일으키고 있는 뿌리
약간 물끊김을 당하고 있는 상태에서는, 잎은 변화가 거의 없으나 광선이 조금만 강해도 잎 끝이 타게 된다. 이 단계까지는 다시 관수를 하면 포기가 상하지 않고 원래대로 소생한다.

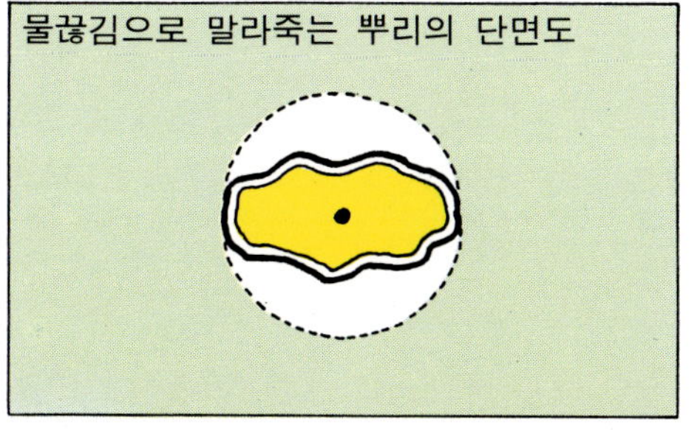

③ 물끊김을 당하여 시들고 있는 뿌리
물끊김을 당한 난의 잎은 윤기가 없고 시들어진다. 이를 발견하고 물을 많이 주어도, 뿌리도 잎도 원래대로 소생하지 않고 포기가 몹시 상한다.

호흡 작용과 탄산(炭酸) 동화 작용

낮과 밤의 식물 생리

식물의 생육에는 낮에는 25~30℃, 밤에는 15~18℃ 정도의 온도가 재배에 가장 적합한 온도라고 한다. 또 밤·낮의 온도차는 15℃ 정도의 유지가 이상적이라고 한다.

광합성(光合成 : 식물이 태양 빛을 이용하여 탄산가스와 전분을 만드는 작용)에 의해 만들어내는 양분(養分)이 호흡작용에 의해 소비되어 가는 것인데, 야간에 온도가 낮아질수록 호흡에 의한 에너지의 소비가 적어져 성장하는 힘이 커지는 것이라 생각된다.

(호흡 작용)

● 호흡작용은 주야를 가리지 않고 이루어지고 있다.

● 탄산 동화작용은 주간에 이루어져, 탄산가스를 흡수하고 산소를 방출한다. 정오까지의 사이가 가장 광합성이 이루어지는 시간이다.

● 밤에는 산소를 흡수하고 탄산 가스를 방출한다.

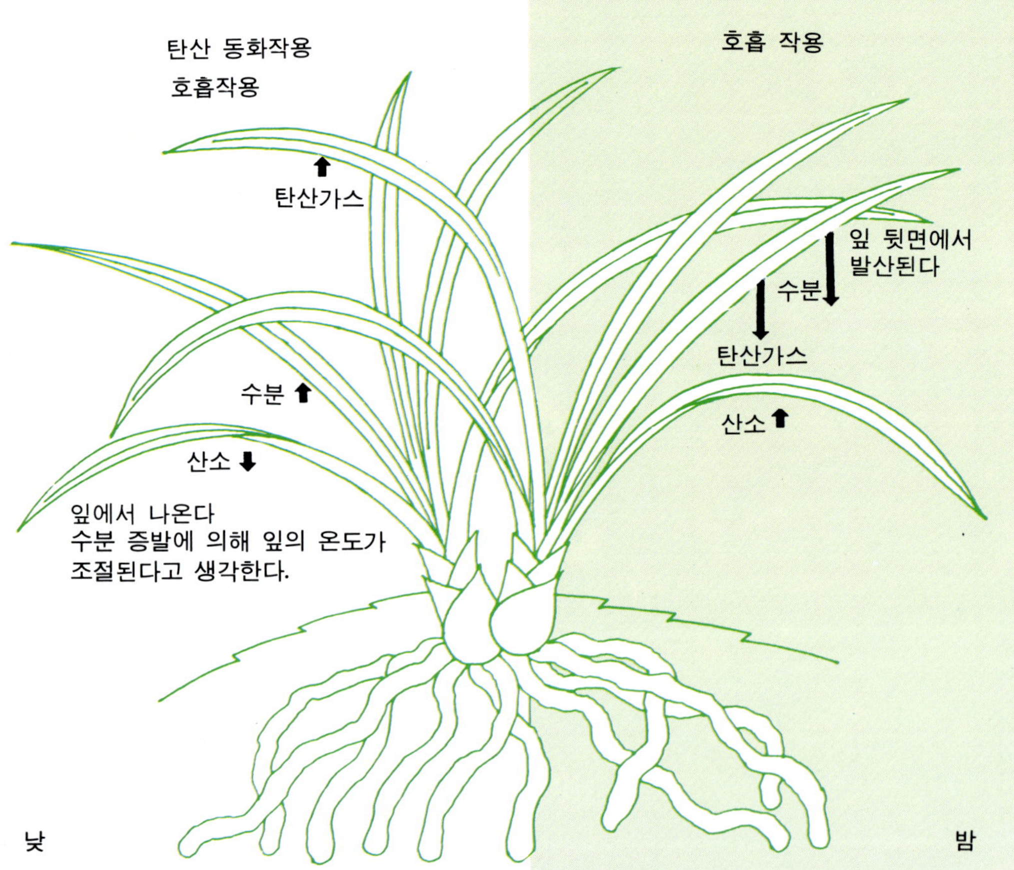

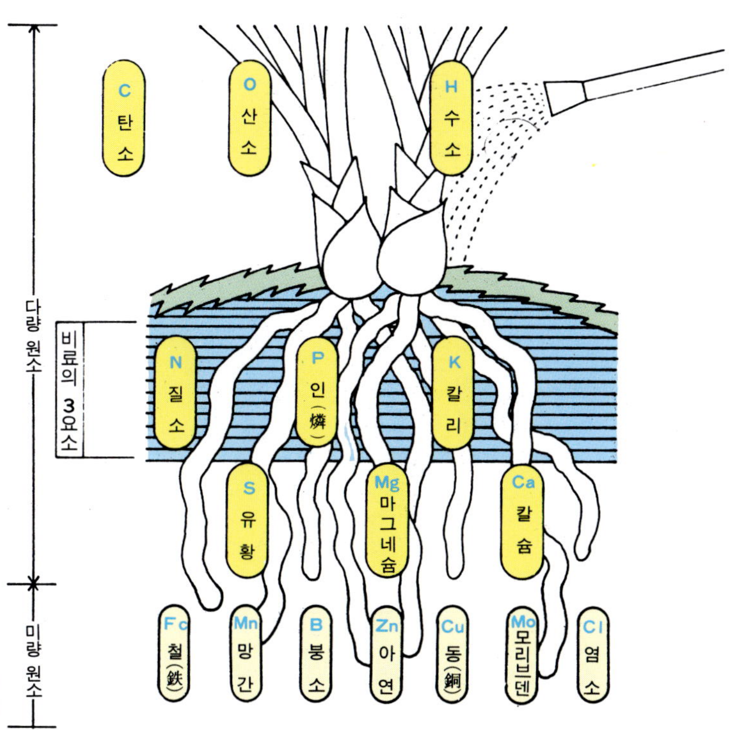

비료 만드는 법과 사용법

(1) 유기질 비료 만드는 방법

각 비료를 섞어 1주일에 한 번 정도 휘저어 섞으면서 여름이면 3개월, 겨울은 6개월 정도 발효(醱酵) 시킨 웃물을 원액(原液) 으로 하여, 1주일에 두 번 정도 시비한다.

(2) 유기질 비료 만드는 방법

지붕이 있는 헛간에서 만든다. 각 1kg씩 섞은 비료를 콩비지 정도로 축축하게 하여 발효시켜 열(熱)이 나게 되면 부삽따위로 3~5일 간격으로 잘 섞는다. 건조되면 물을 부어 열(김)이 나오지 않을 때까지 몇 회든 버무린다. 이렇게 된 것을 둥글게 뭉쳐 고형 비료로 사용하거나 또는 물게 녹여 액비(液肥)로 사용하면 아주 좋은 비료가 된다.

● 미네하그린 (또는 하이포넥스)

사용법 / 2,000~3,000배로 희석한 액을 관수(灌水) 대신 준다.

(註) 다음 페이지 부터의 재배 관리에 준하여 시비를 하기 바란다.

1월의 재배관리 포인트

난을 휴면시킬 시기이다. 차양(遮陽)을 두 껍게 하여 채광을 적게 하고 온도도 낮게 억제한다.

- 온 도
  야간 0℃ 이하로 내려가 얼지 않도록 주의한다. 한낮에 창을 꽉 닫아 두면 의외로 고온이 된다. 주간의 온도도 너무 올리지 않도록 주의한다. 되도록 10℃로 억제한다.
- 통 풍
  야간은 천장의 창(天窓)과 창문도 닫는데, 주간에는 개방하여 통풍을 꾀한다.
- 채 광
  지붕의 밖(**30cm** 쯤 떼어)과 안쪽에도 다이오네트(遮光幕)를 쳐서 차광한다.
- 관 수
  5~7 일에 한 번 정도, 아침나절에 흠뻑 주도록 한다.

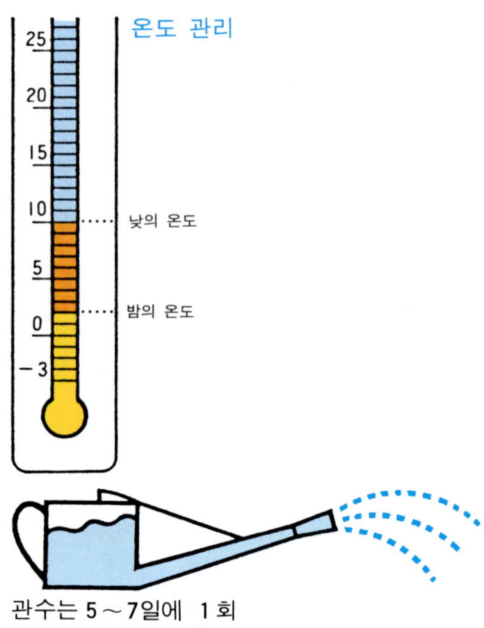

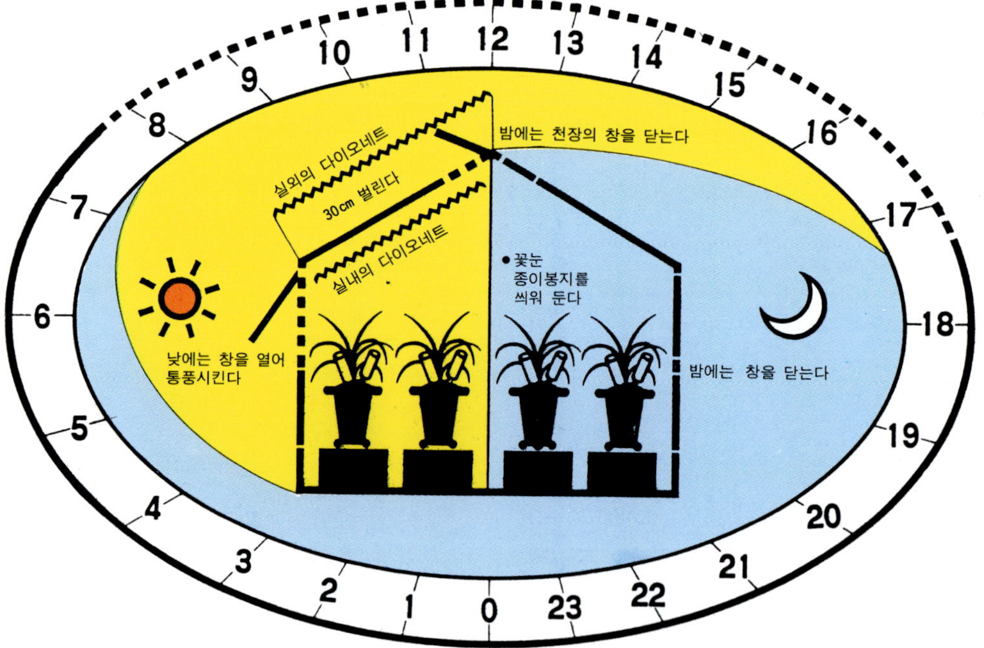

1 월	일 출	일 몰	평균기온(℃)
서 울	7 : 47	17 : 25	−3.5
대 구	(서울기준)	(서울기준)	−0.9
제 주			5.2

＊기상 데이터는 매월 중순을 표준

2월의 재배 관리 포인트

2월말 까지는 휴면시킨다. 차광, 온도 등 1월과 같은 관리를 계속한다.

● 창·천장의 창
입춘이 지나면 봄 날씨다운 날이 많아진다. 창을 꽉 닫아 두면 갑자기 온도가 너무 올라가, 난이 상하게 되는 수가 있으므로, 맑은 날의 주간은 창과 천장의 창을 열어 통풍 환기를 꾀한다.

● 차광·관수
1월과 마찬가지로 다이오네트를 지붕 안팎 2중으로 쳐서 차광(遮光)한다. 주간은 창과 천장의 창을 열어 환기를 잘 한다. 관수는 5~7일에 한 번 정도이다.

● 꽃눈의 관리
꽃눈이 차츰차츰 부풀어 뻗어나온다. 씌운 종이봉지를 좀 크게 하는 등 주의를 게을리 하지 않도록.

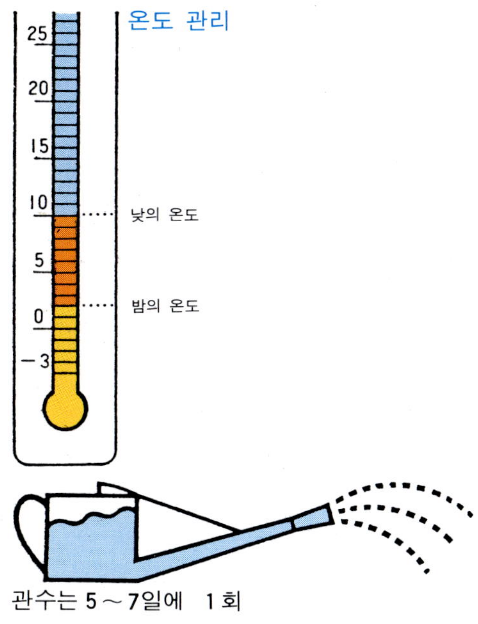

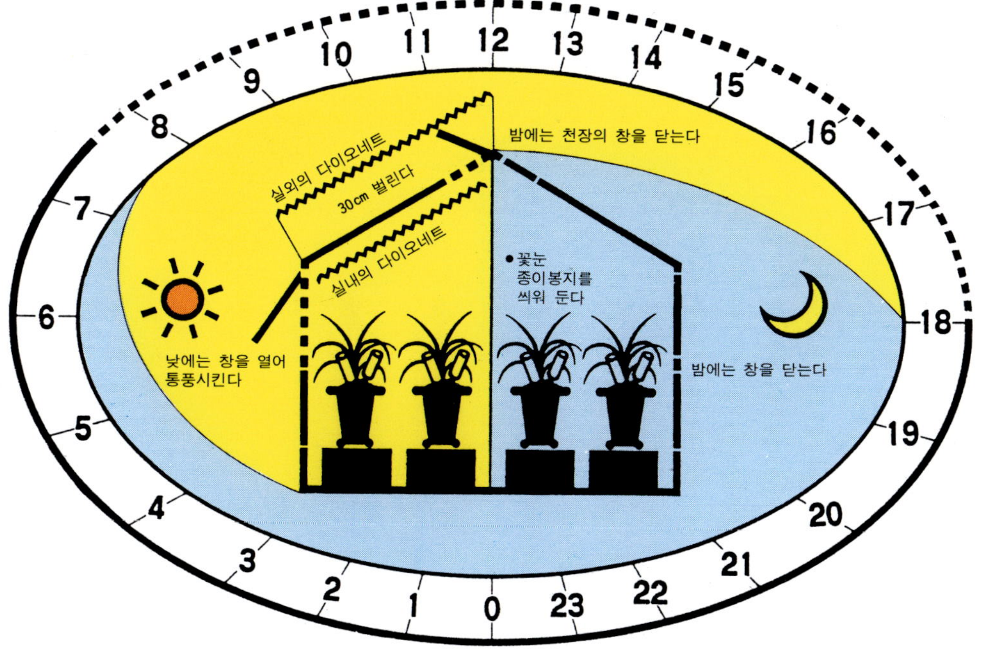

2 월	일 출	일 몰	평균기온(℃)
서 울			1. 1
대 구	7 : 36	17 : 55	1. 2
제 주			5. 6

＊기상 데이터는 매월 중순을 표준

3월의 재배 관리 포인트

봄이다. 개화하는 포기, 눈이 트는 포기도 볼 수 있다.

● 채 광

휴면을 위해 두껍게 덮었던 다이오네트를 한 겹으로 하여 채광(採光)을 한다. 아침 2시간 쯤 직사광선을 받게 하는 것도 좋다. 발아(싹돋음) 생육을 촉진한다.

● 온 도

한낮의 온도는 20℃ 정도가 될 것이다. 야간의 온도를 10℃ 정도로 유지되게 유념한다. 뜻밖의 추위가 닥치는 경우도 있어 주의를 게을리하면 안 된다.

● 관수 · 시비

4～5 일에 한 번 정도로 회수를 증가한다. 시비(施肥)도 필요하다. 고형비료를 놓거나, 1주일에 한 번은 액비를 희석 관수한다. (미네하그린 15,00～2,000배)

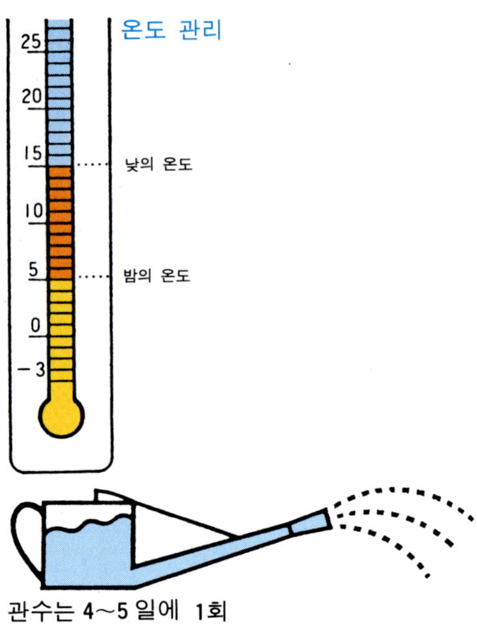

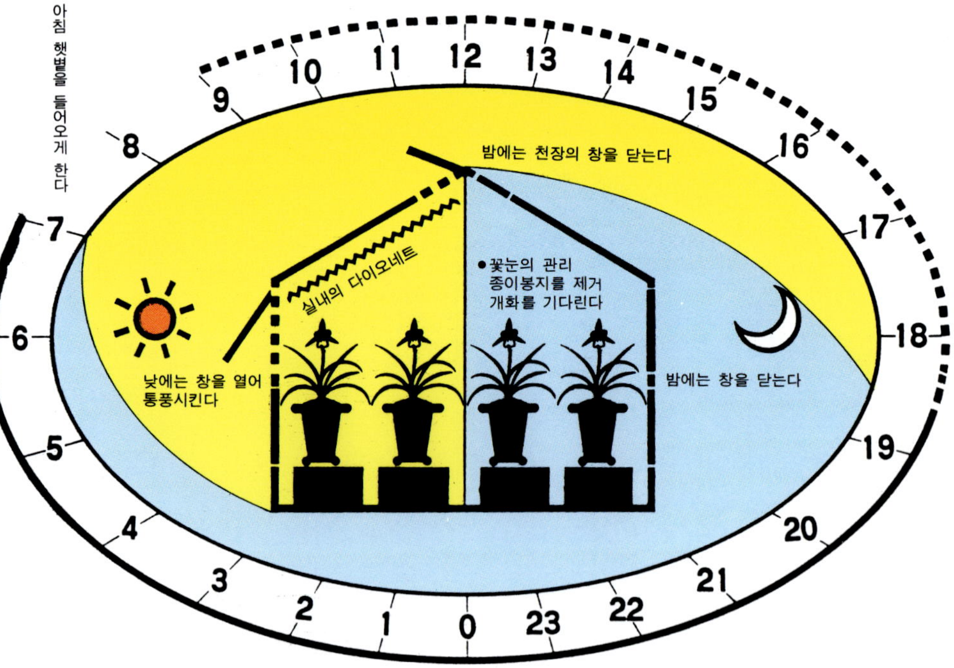

관수는 4～5 일에 1회

3 월	일 출	일 몰	평균기온(℃)
서 울	7 : 05	18 : 25	4. 1
대 구			6. 2
제 주			8. 4

*기상 데이터는 매월 중순을 표준

4월의 재배 관리 포인트

꽃도 끝나 새 촉 배양에 들어간다. 빠른 싹은 쭉쭉 뻗는다.

● 온　도

최고 온도는 25℃를 넘을 것이다. 너무 고온(高溫)이 되지 않도록 차광 · 통풍에는 주의가 중요하다. 주야의 온도차도 충분히 유지할 수 있다.

● 창의 개패

한낮에는 위 아래의 창과 천장의 창도 개방하고, 밤에도 윗창은 열어두도록 한다.

● 관　수

3월과 다를 바 없는데, 관수 두 번에 한 번은 액비를 희석하여 관수한다. 전 달에 놔 둔 고형비료는 바꿔 준다. 살충 살균 소독도 한 달에 한 번 해 준다.

● 옮겨심기

꽃이 끝난 것은 옮겨심기의 시기이다. 새 싹을 상하지 않도록 주의한다.

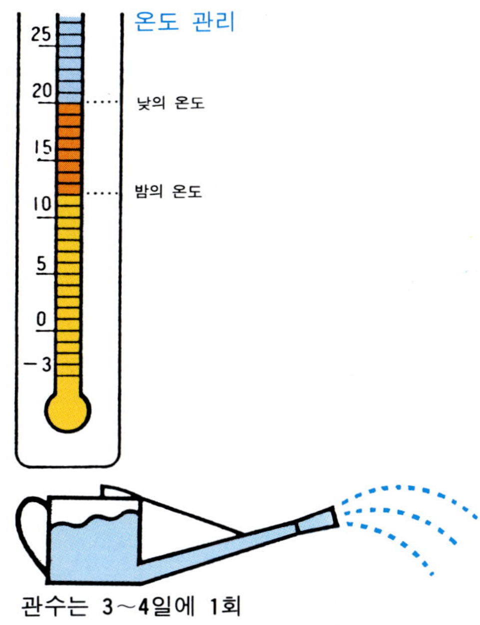

관수는 3~4일에 1회

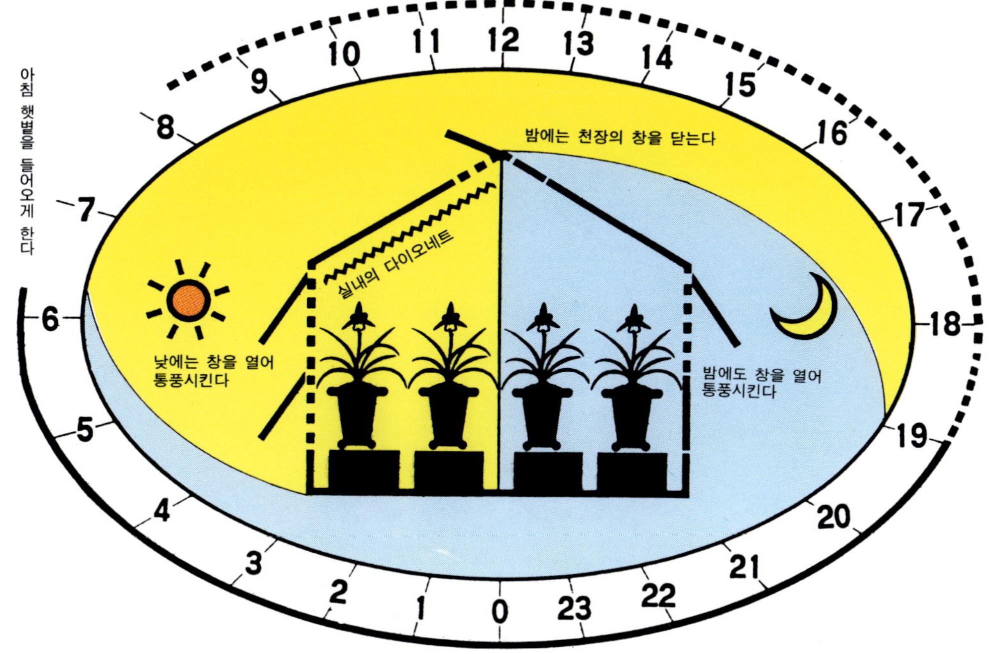

4 월	일 출	일 몰	평균기온(℃)
서 울			11. 4
대 구	6 : 19	18 : 54	12. 6
제 주			13. 0

*기상 데이터는 매월 중순을 표준

5월의 재배 관리 포인트

초여름의 맑은 날씨가 계속되어 새싹의 움직임에 황홀해진다.

●차 광

봄에 한장 제거했던 차양을 다시 포갠다. 일출이 빨라져 이른 아침부터 3～4시간은 아침의 부드러운 햇볕을 바로 받는 것도 좋다.

●관수 · 시비

채광량이 많아져 시비도 충분히 하는 것이 중요하다. 관수할 때마다 비료분을 엷게 섞어 준다. 1,500～2,000배의 것을 7일에 한번 정도로 준다.

●창

창은 필요가 없다. 떼어놔도 좋다. 밤에도 천장의 창을 개방해 놓는다. 창을 열어 놓으므로, 곤충 따위가 들어 오지 못하게 방충망 등이 필요하다.

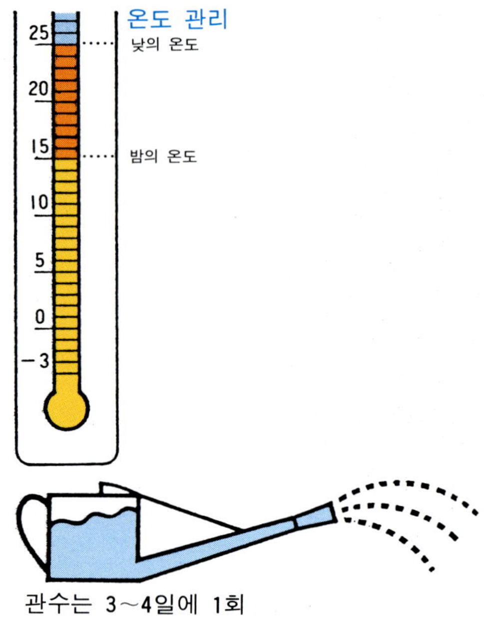

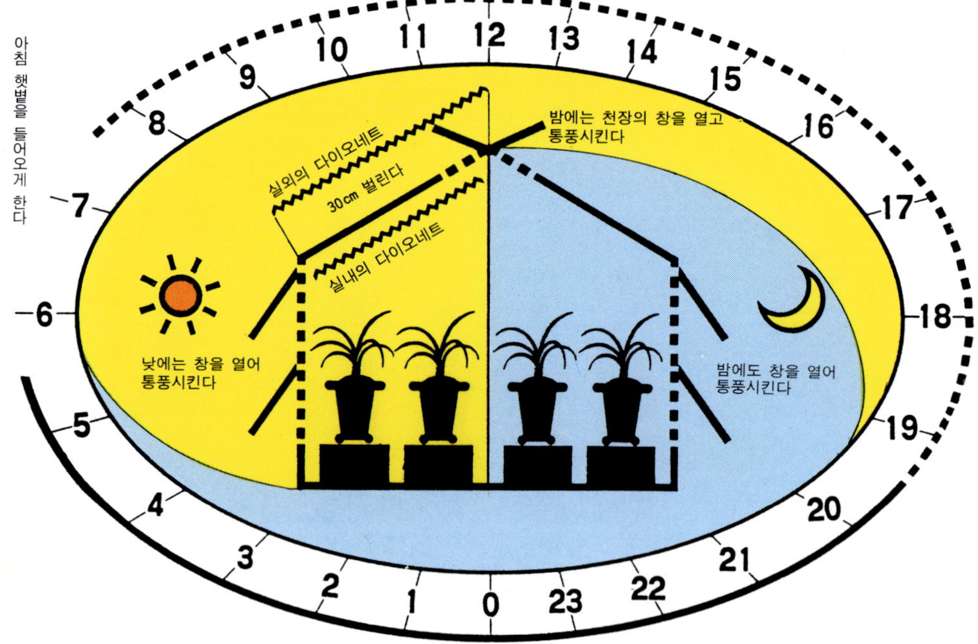

5 월	일 출	일 몰	평균기온(℃)
서 울			17. 1
대 구	5 : 38	19 : 21	18. 1
제 주			16. 9

＊기상 데이터는 매월 중순을 표준

6월의 재배 관리 포인트

장마철에 접어들어 비가 계속 내릴 때는, 상당한 관리의 차가 있다.

● 시비·관수
  장마철까지는 관수 때의 시비를 계속하지만, 비가 계속 내리는 시기는 건조가 늦어지므로, 1〜2일 간격을 늦춘다.

● 약제살포
  잡균·해충이 번식하기 쉬운 계절이므로 살충·살균의 방제를 한 달에 2〜3회 한다.

● 분 위 화장토를 바꾼다.
  분 위 화장토에 이끼가 생기거나 잡균이 번식하므로 위 모래를 바꾸어 깨끗이 해주는 것도 중요하다.

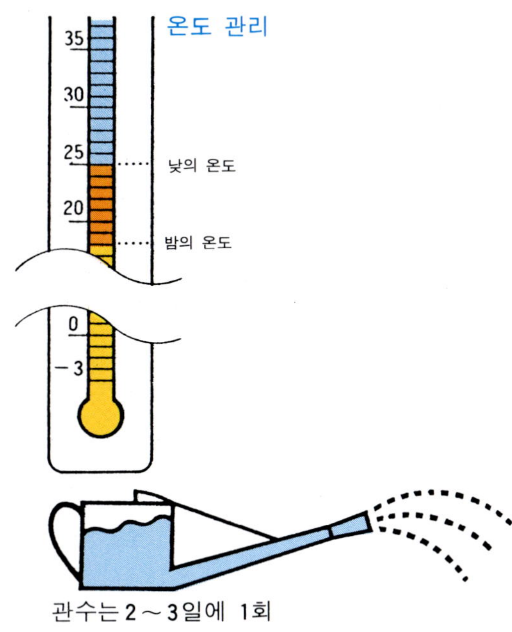

관수는 2〜3일에 1회

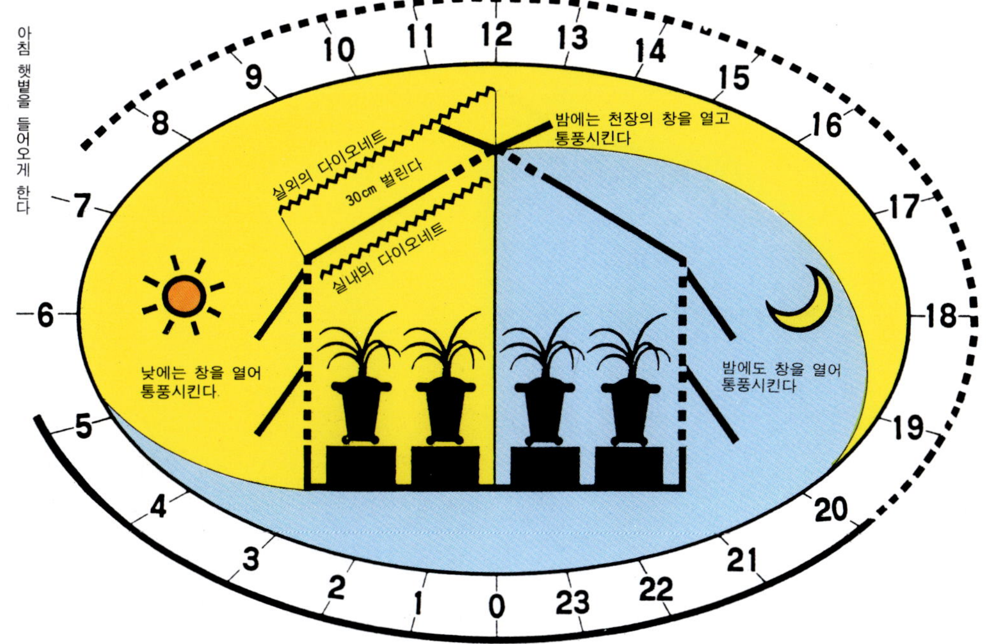

6 월	일 출	일 몰	평균기온(℃)
서 울			21. 1
대 구	5 : 13	19 : 47	21. 9
제 주			20. 7

*기상 데이터는 매월 중순을 표준

7월의 재배 관리 포인트

장마가 끝나는 무더운 계절이다. 꽃눈이 분화(分化)되는 시기이기도 하다.

● **차 광**
장마가 걷히면 즉시 강렬한 햇볕이 내려쬐며 기온도 급격히 상승한다. 차양 사이로 들어오는 빛으로 난의 잎을 데는(葉燒) 수가 있으므로 주의해야 한다.

● **약제살포**
장마 뒤에 갑자기 더워지므로 잡균·해충이 유난히 번식한다. 개각충의 방제나 살균 작업을 한 달에 2회 정도 반드시 실시해야 한다. 번거롭다 하여 한 번에 강한 살포를 하는 것은 난을 상하게 하므로 주의한다.

● **시비·관수**
여름 동안에 15~30일에 한번 정도 시비하고 중하순부터 8月까지 시비를 하지 않는다. 관수는 2~3일에 한번으로 한다.

● **꽃 눈**
장마가 걷힌 후, 관수의 간격을 길게 하여 건조한 듯하게 관리하여 꽃눈을 맺도록 한다.

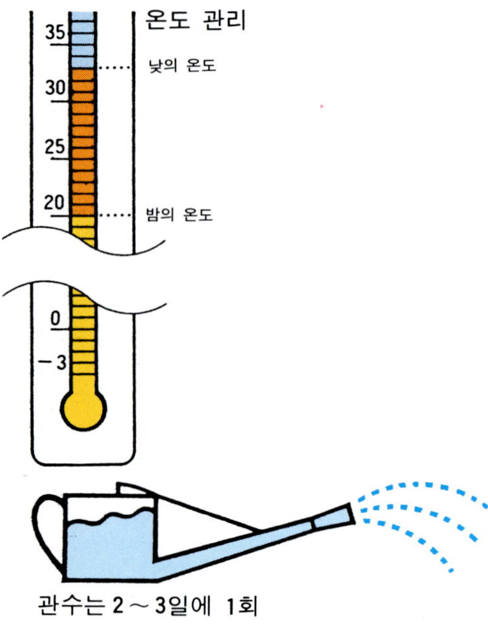

7 월	일 출	일 몰	평균기온(℃)
서 울			24. 5
대 구	5 : 14	19 : 57	25. 9
제 주			25. 5

*기상 데이터는 매월 중순을 표준

8월의 재배 관리 포인트

연일 30℃를 넘는 폭서가 계속될 것이다. 더위를 막는 난 배양이 포인트이다.

● 통 풍

기온이 마구 상승한다. 고온을 막는 연구가 중요하다. 특히 야간의 온도를 낮게 하여 주야의 온도차를 15℃ 쯤으로 유지하도록 한다. 선풍기로 바람을 보내거나 물뿌림의 회수를 많이 해주는 것도 중요하다.

● 관 수

더운 시기의 관수는 한나절을 피하여 아침 일찍 또는 저녁 때에 준다. 1~2일에 한 번 관수하고 그 중간에 살수를 한다. 시비는 하지 않는다.

● 꽃 눈

아직 꽃눈이 보이지 않더라도, 꽃눈의 분화(分化)가 이루어지고 있다.

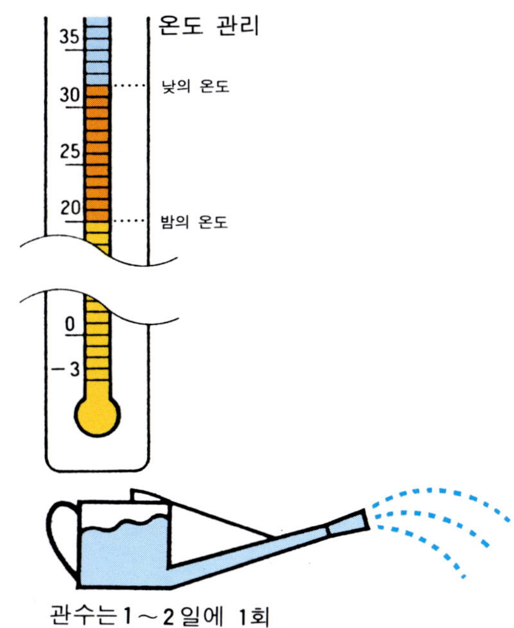

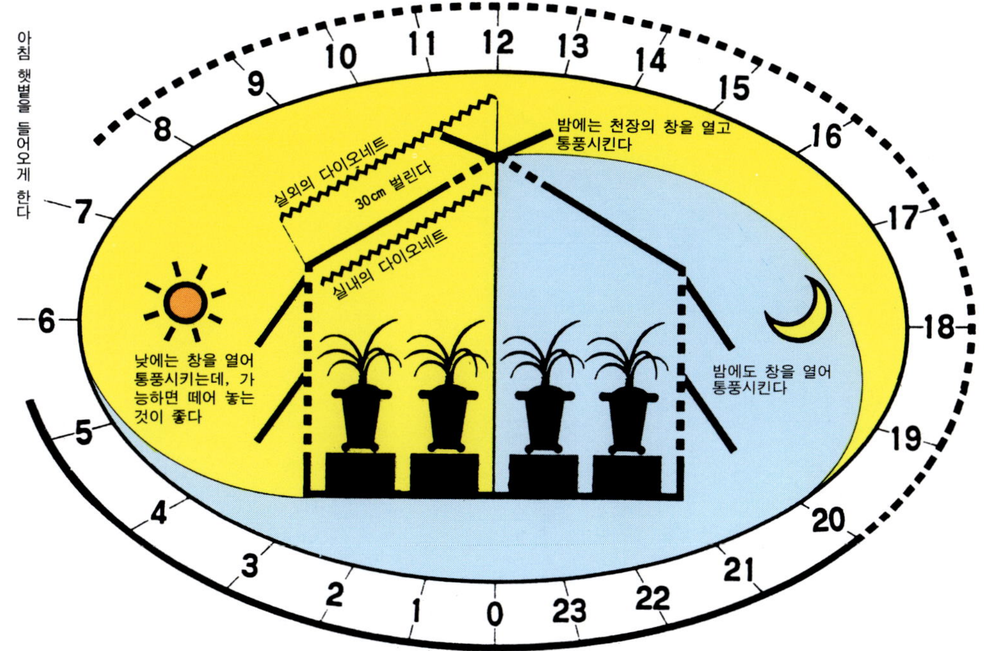

8 월	일 출	일 몰	평균기온(℃)
서 울			25. 3
대 구	5 : 36	19 : 40	26. 1
제 주			26. 4

＊기상 데이터는 매월 중순을 표준

9월의 재배 관리 포인트

아직 늦더위가 심하여 여름의 관리와 다를 바가 없다. 월말부터는 가을의 옮겨심기를 할 수 있게 된다.

- ● 시 비
  가을이 되면 시비도 새 싹을 고려하여 인산(燐酸)·칼리분(分)의 효험이 있는 비료로 한다.

- ● 관 수
  웃자란 듯한 것은 물을 적게 주어 건조한 듯하게 관리하여, 웃자람(徒長)을 억제하여야 한다. 일반적으로 공기가 건조하고 빛이 강하므로, 2~3일에 한 번의 관수는 흠뻑 주도록 한다.

- ● 꽃눈 관리와 옮겨심기
  꽃눈이 돋는 것은 포기 밑둥을 이끼로 덮어 꽃눈에 빛이 닿지 않도록 한다.

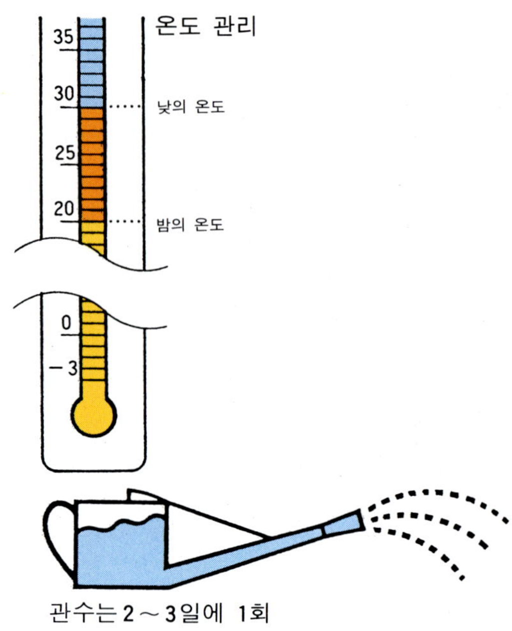

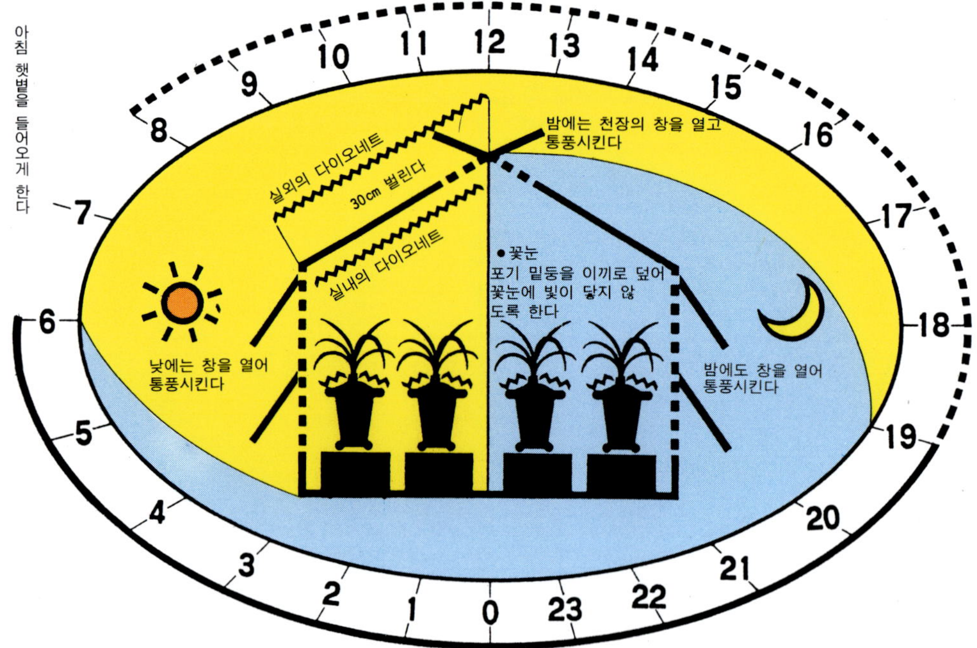

9 월	일 출	일 몰	평균기온(℃)
서 울			20. 5
대 구	6 : 03	18 : 59	20. 8
제 주			22. 4

*기상 데이터는 매월 중순을 표준

10월의 재배 관리 포인트

1년의 배양이 완성하는 시기이다. 그리고 내년의 배양을 위해 포기를 충실하게 해 주어야 한다.

- ● 채 광
  날이 갈수록 햇볕도 약해져간다. 다이오네를 한 겹으로 하여 채광한다. 아침은 창을 통하는 빛을 바로 받게 한다.
- ● 꽃눈의 처치
  꽃을 피우는 포기는 꽃눈에 종이봉지를 씌워 한데 모아 구별 관리한다. 꽃눈이 돋아도 꽃이 필 것 같지 않은 것은 따 버린다.
- ● 시 비
  꽃을 피우게 하는 것은 시비하지 않는데, 기타의 난에는 치비(置肥)를 놓아, 10일에 한 번 정도 액비를 녹인 물을 관수한다.

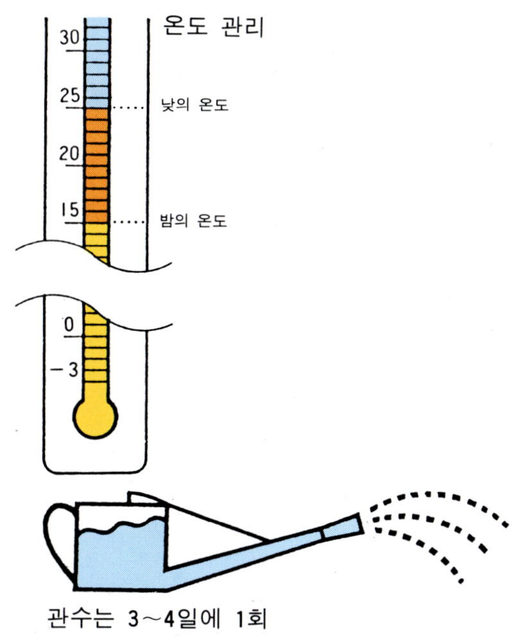

10 월	일 출	일 몰	평균기온(℃)
서 울			13. 9
대 구	6 : 26	18 : 17	14. 8
제 주			17. 4

*기상 데이터는 매월 중순을 표준

11월의 재배 관리 포인트

나날이 해가 짧아져 겨울을 넘기기 위해 힘을 저장해 두어야 하는 시기이다.

● 채 광
채광을 충분히 하여 포기 밑둥을 충실하게 한다. 동면(冬眠) 후 봄의 싹나옴에 충실하게 하는 것이 이 시기의 채광이다.

● 관 수
햇볕도 약해져 일조(日照) 시간도 적어지므로 화분의 건조도 늦어진다. 4 ∼ 5 일에 한 번의 관수로 충분하다. 비나 흐린 날이 계속되면 건조의 정도를 보아, 간격을 늘리도록 한다.

● 비 료
하이포넥스 액비 1,500배 액을 월 4∼5회 엽면 시비한다.

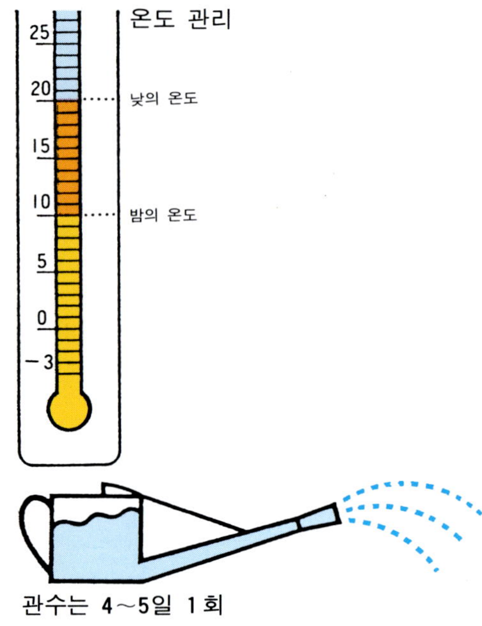

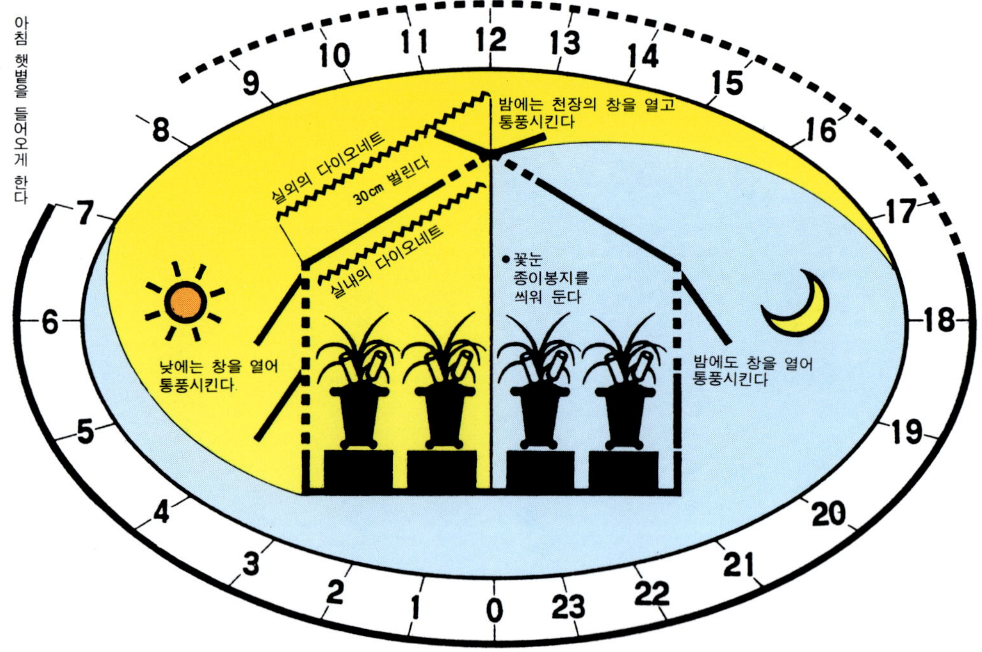

11 월	일 출	일 몰	평균기온(℃)
서 울			6. 6
대 구	6 : 56	17 : 35	8. 0
제 주			12. 3

*기상 데이터는 매월 중순을 표준

12월의 재배 관리 포인트

햇볕은 약해지고 바람이 차가워져 겨울의 동면기에 들어간다. 산의 숲나무 밑에서 낙엽에 파묻혀 있듯이, 차양을 깊이 가려 주어 푹 쉬게 하면서 활동할 봄을 기다리게 한다.

- 차 광
  지붕 안팎에 다이오네트를 치고 2중의 차양으로 차광한다.
- 관 수
  5~7일에 한번.건조 상태를 살펴 좀 더 간격을 벌려도 좋다.
- 통 풍
  한나절에는 창도 천장의 창도 열어 통풍이 잘 되게 한다. 야간에도 창을 조금 열어 두어 외기를 유통시킨다.

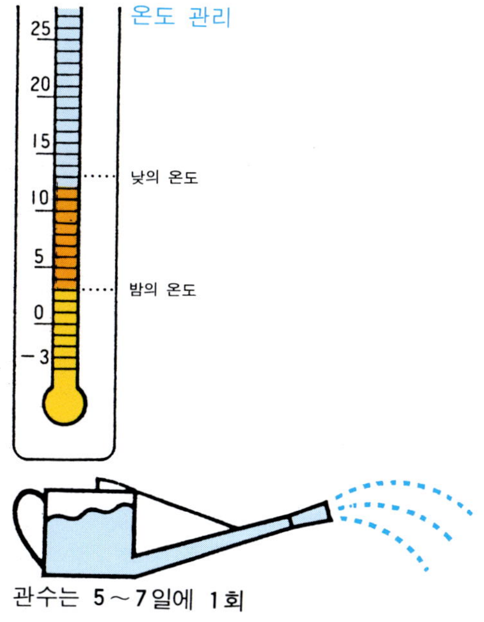

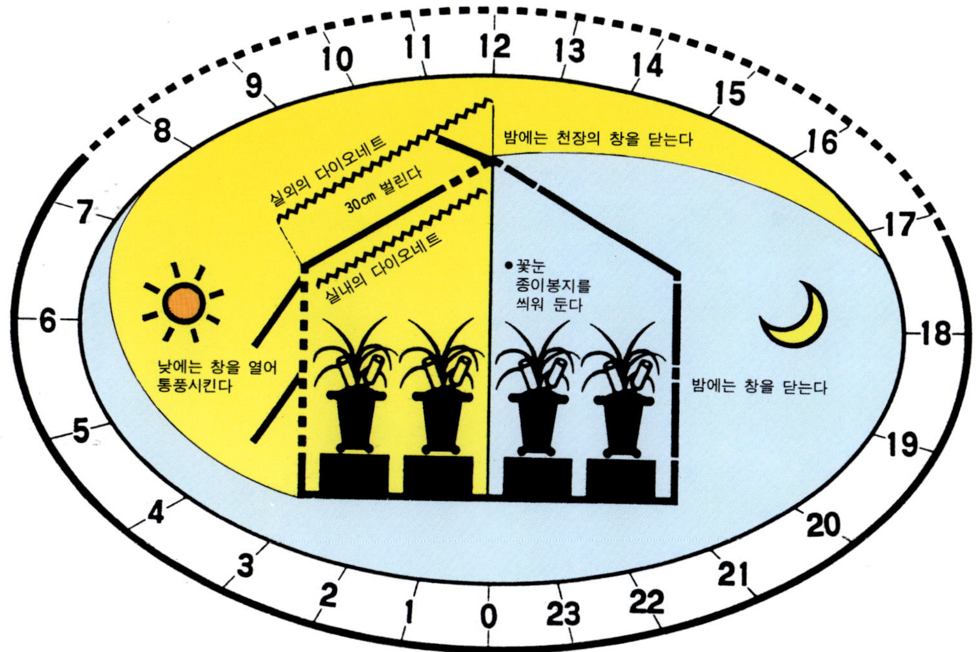

12 월	일 출	일 몰	평균기온(℃)
서 울			−0.6
대 구	7 : 27	17 : 14	1.7
제 주			7.7

*기상 데이터는 매월 중순을 표준

기 구

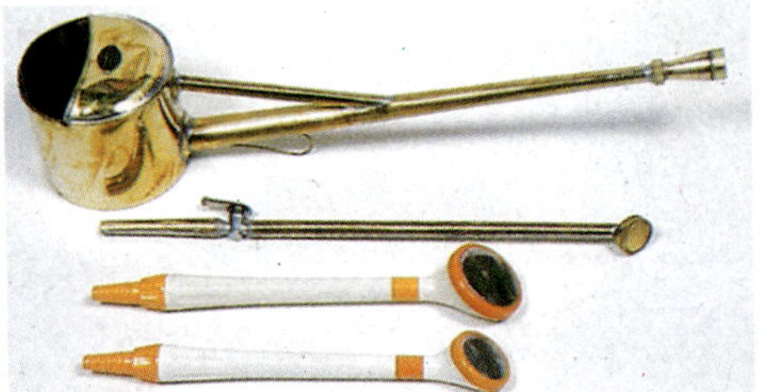

물뿌리개 분무기

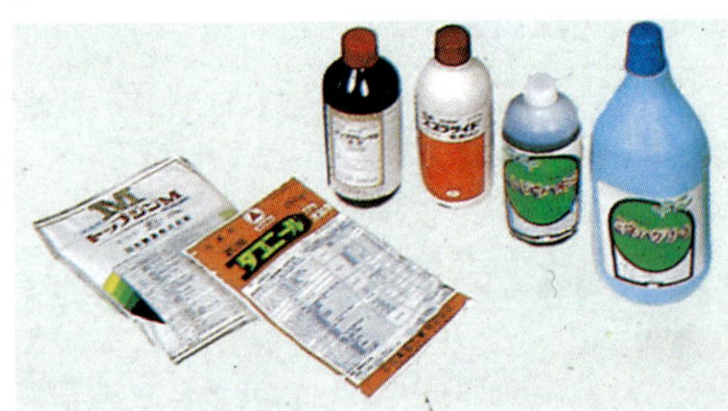

예방약 영양액

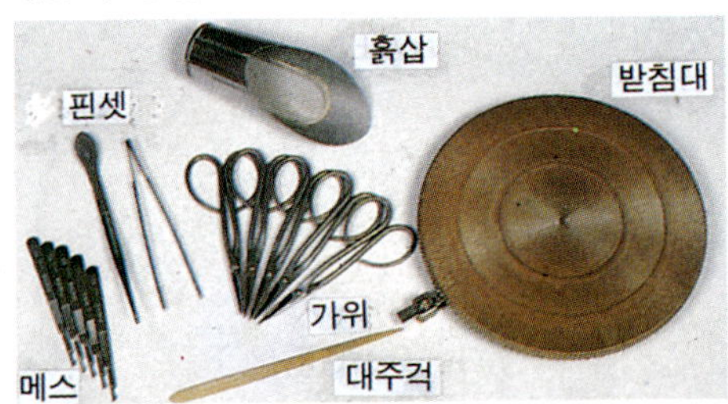

난 (蘭) 세트

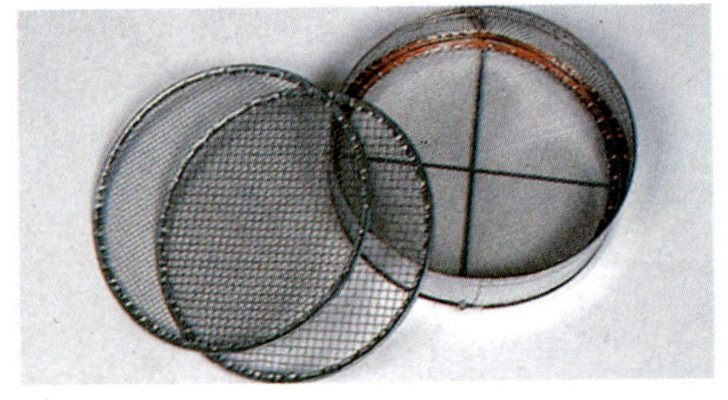

체

란석 (알갱이)

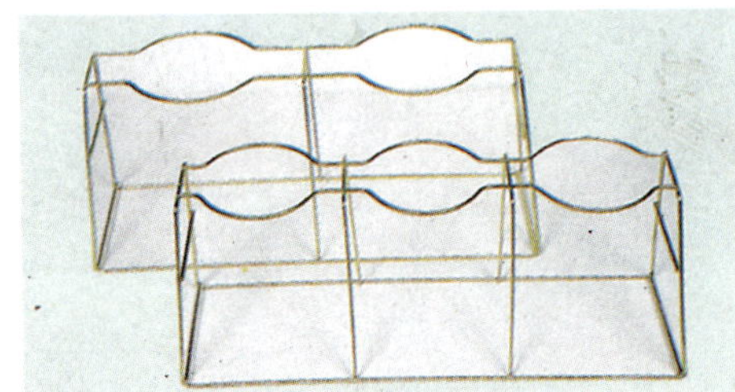

분 걸침대 (丸型)

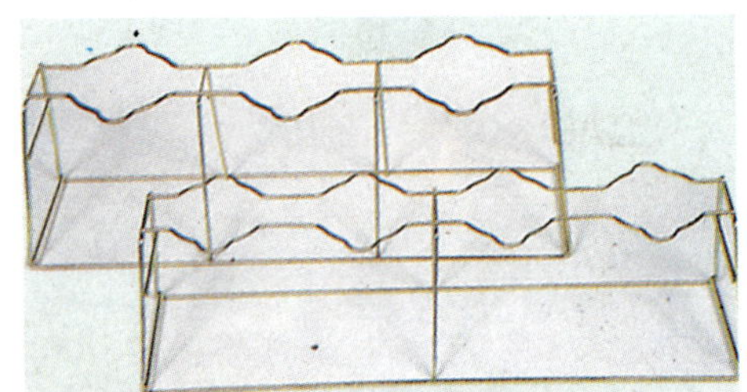

분 걸침대 (菊型)

분 (재배용)

감상 분

아름다운 꽃을 피게 하려면

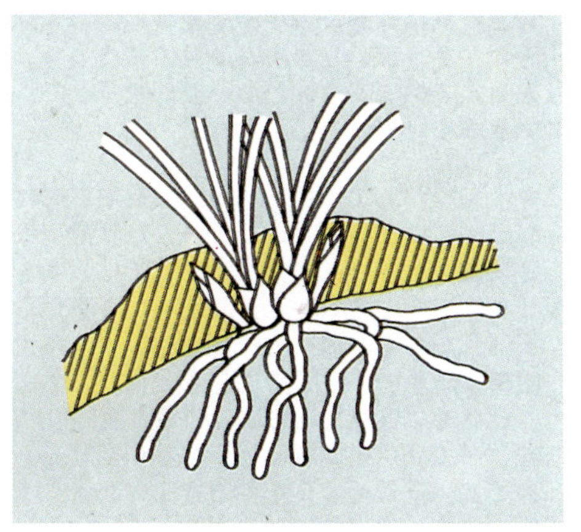

춘란은 8월이면 이미 꽃눈을 맺는다. 그 후 월동의 추위를 넘기고 2~3월에 개화한다. 그 사이가 5개월 남짓. 봉오리에 햇빛을 너무 받으면, 개화한 꽃잎(花瓣)이 탁해진다. 춘란의 꽃눈은 처음에는 마른이끼(山苔 또는 水苔)로 가볍게 덮어주거나, 조금 커졌을 때는 종이봉지로 씌우든가 하여, 채광을 막아 주는 것도 필요한 관리의 하나이다. 3월이 되어 개화가 가까워질 무렵, 이 덮개를 제거해서 자연의 빛을 받게 하여 개화시키면 좋은 꽃(良花)이 핀다.

산(山)에서는 벌브, 꽃눈이 낙엽으로 덮여 있기 때문에 개화시에는 맑은 꽃색깔이 된다.

9월경부터 차츰 꽃봉오리가 모래를 밀어 헤치고 얼굴을 내민다. 이 봉오리에 건조한 이끼를 덮어 빛을 쬐지 않도록 한다.

10월이 되면 봉오리도 차츰 커지므로 종이봉지로 바꾼다. 그 때 겉껍질(包皮)이 상하지 않은 파르스름한 봉오리만 남기고, 그 외의 것은 제거한다.

(註) 포기의 크기에도 따르지만 너무 많은 꽃을 피우게 하면 포기가 상해 새싹이 나오지 않는 경우도 있으므로, 피우고 싶은 봉오리만 남긴다.

개화 시기의 콘트롤

(어두운 장소에서)

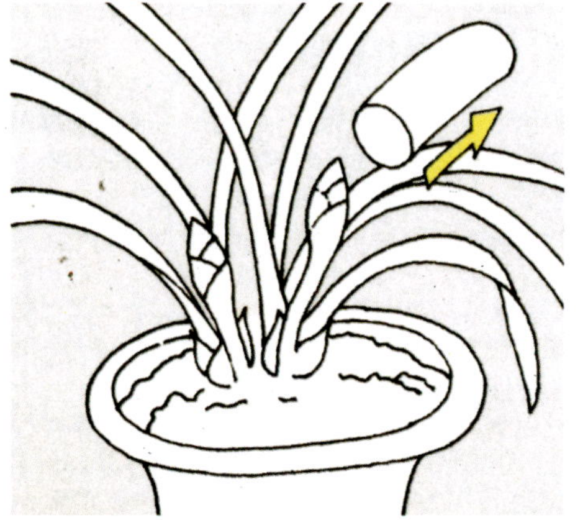

봉오리의 덮개를 제거하고 온도를 취하게 한다.

꽃대가 뻗으면 햇빛을 쬔다.

보통 춘란은 품종과 재배하는 지역에 따라 개화 시기가 다소 달라진다. 3월 초부터 4월 말까지의 2개월 사이에 연이어 피기 시작한다.

각지에서 개최되는 전시회에 출품하려면, 그 난이 지니는 특색을 가장 잘 나타낸 상태가 아니면 입상(入賞)하기가 어렵다(봉오리라든가 노화(老花)로는 입상이 불가능하다). 그래서 인공적으로 개화 시기를 조절한다. 9월부터 봉오리에 덮개를 씌워 겨울 추위를 넘긴 춘란을 따뜻하게 해 주면 꽃대(花莖)가 갑자기 뻗어오른다. 이 때 주의할 점은 봉오리의 덮개를 제거하여 어두운 곳에 약 2주일 동안 놔 두면, 꽃대가 환한 빛을 찾아서 20cm 가까이 뻗는다. 습도 80% 이상, 밤의 온도 15℃, 낮 25℃ 정도로 가온 가능한 장소가 필요하다. 이제까지는 봉오리에 광선을 닿지 않게 하였으므로, 당연히 꽃색깔은 색소(色素)가 결핍된 유백색(乳白色)이다. 꽃대가 뻗고나서 서서히 일광에 쬐면 원래 그 품종이 지니고 있는 주금색(朱金色), 분홍색, 보라색 등이나 중국 춘란의 애잎 빛깔 등의 선명하고 맑은 꽃색깔이 된다. 이 과정은 3주일 정도의 준비 기간이 필요하게 된다.

개화하여 1주일 쯤 된 때가 색깔이 가장 잘 나온다.

(註) 봉오리가 뻗기 시작할 무렵부터, 햇빛에 쬐면 꽃대가 뻗지 못하고 개화한다.

병충해

동양란은 일반적으로 온도나 습도가 비교적 높은 환경에서 재배되므로 병해가 발생하기 쉽다고 본다. 그러나 동양란의 병해에 대해서는 아쉽지만 연구가 진척되지 않아서 발병(發病)을 해도 어떤 병해인지를 알 수 없는 경우가 많은 듯 하다. 충해(虫害)는 그다지 많은 것 같지는 않다. 다음에 현재 비교적 확실해지고 있는 병충해(病虫害)에 대하여 그 증상이나 상태 및 방지법에 대해 언급하기로 한다.

병 해

1. 세균 및 균류(菌類)에 의한 병해

탄저병

탄저병

(1) 잎마름병(葉枯病)
(Cylindrosporium sp)

잎에는 흑갈색의 뚜렷한 병반(病斑)이 생겨, 그 정도는 좁쌀 크기부터 상당히 큰 것까지 있다. 때로는 이 병반이 연결되어 커지며 또는, 잎 가장자리를 따라 커져 잎 전체가 마르는 수도 있다. 병세가 진행되면 중앙부가 회색 또는 엷은 회색이 되어 그 부분에 작은 반점(小粒點)이 생긴다. 이 작은 반점은 잎의 겉과 안쪽에 모두 생기는데 안쪽이 많은 것 같다.

(2) 탄저병(炭疽病)

일반적으로 잎 끝에서부터 말라 내려오는 경우가 많은데, 때로는 잎면 위 등 장소를 가리지 않고 발생하는 수도 있다. 이 병반(病斑) 위에는 표범 얼룩(豹斑) 모양 또는 갈색의 고리무늬가 진하거나 엷게 생긴다. 병반의 중앙부에 작은 흑색의 반점이 생겨 새촉에는 나오지 않으나 모주(母株)가 되면서 나온다.

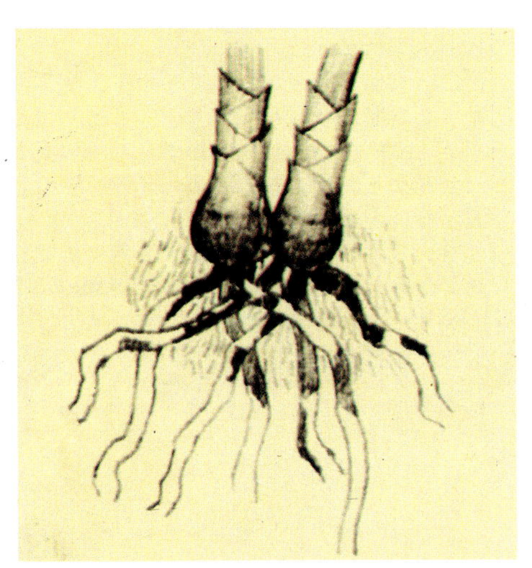

(3) 백견병(白絹病)

뿌리 윗부분(根頭部)이 갈색 또는 암갈색이 되어 부패한다. 습기가 많을 때는 이 부분에 백색 솜털 모양의 균사(菌糸)가 휘감겨 붙어, 병이 심해지면 균사는 갈색으로 변한다. 이 위에 배추 씨앗 모양의 균핵(菌核)이 생겨 부패는 뿌리까지 번진다. 이 병의 발생은 아주 드물다. 뿌리 윗부분이 흑색이라고 해서 반드시 전부가 이 병은 아니므로 혼동하지 말기를 바란다.

(4) 무름병(軟腐病)

초여름부터 여름에 발생하는 수가 많다. 병상으로는 새 잎의 겉껍질 속에 있는 부분이 갈색 또는 흑갈색으로 부패하여 차츰 심해져 쓰러지는 것으로, 속칭 속빠짐의 현상을 보인다. 또 벌브를 침범하여 말랑말랑해진다. Erwinia 균에 의한 것은 악취를 발생하는 것이 특징이다. 그리고 그 밖의 다른 균류에 의한 속빠짐을 일으키는 수도 있으나 이 경우에는 악취가 없다.

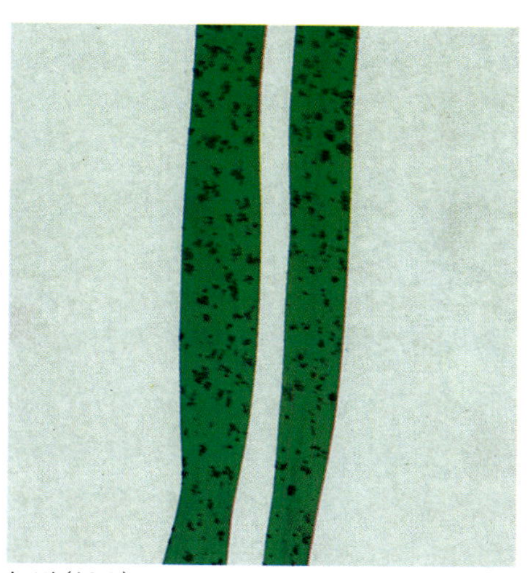

녹병(銹病)

(5) 기타의 병해

　녹병(銹病)·(잎 뒷면)

　얼룩병이라고도 한다. 위에서 기술한 병해 외에 확실히 밝혀져 있지 않은 병해가 상당히 발생하는 모양이다. 옛부터 갈반병(褐斑病), 갈점병(褐點病), 흑점병(黑點病), 녹병(銹病) 등으로 불리우는 것이 있으나 그 원인은 밝혀져 있지 않다. 이들 병해 중에는 생리적 상해(傷害)도 상당히 포함되어 있다.

예방법

병을 예방하려면 재배 관리를 잘 하여 건강하게 가꾸는 것이 중요하지만 그러한 정성만으로도 병을 막기란 어려운 것이다. 인간의 질병과 마찬가지로 약제를 사용하는 것이 가장 빠르다. 다행히 최근에는 좋은 약제가 나와 있으므로 봄부터 여름에 걸쳐 병이 나기 쉬운 시기에는 정기적(10∼20일에 1회 정도) 약제 살포를 하여 예방하는 것이 좋다. 병이 발생하여 병반 따위가 나타난 후에 사용하는 것은 새로 발생하는 병은 예방이 되지만 일단 나온 병반은 치유가 어려운 것이다.

1. 약제
두 서너가지 처방을 제시한다. 약제의 입수 상황 등을 생각하여 사용하기 바란다.
① 일반 병해의 방제
Ⓐ 벤레이트(1,000배액)＋다코닐(1,000배액)
Ⓑ 톱진Ｍ(1,000배액)＋다코닐(1,000배액)

② 백견병(白絹病)의 방제를 주로 하는 경우 Ⓐ, Ⓑ의 처방 외에 각기 바리다진(1,000배 액)을 첨가한다.

2. 약제의 희석법
물 10ℓ에 벤레이트 10g, 다코닐 10g, 또는 톱진Ｍ 10g, 다코닐 10g를 녹인다. 바리타진을 첨가하는 경우는 10cc를 더 첨가한다. 녹인 약액에는 전착제(展着劑)를 첨가하는 것이 좋으며, 녹인 약액은 되도록 빨리 사용한다.

3. 약제 살포
살균제의 경우는 이슬이 있거나 잎이 젖어 있는 이른 아침이나 저녁은 삼가하는 것이 좋으며, 약제를 살포하여 20~30분 지나서 마르는 정도가 좋다. 살포 때는 잎의 앞 뒤에 또 포기 밑둥에도 침투되도록 살포한다.

2. 바이러스병(Virus)

동양란에서 이 바이러스병을 심각하게 다루기 시작한 것은 극히 최근의 일이다. 난계(蘭界)에서는 이들 병을 금사(錦紗)라 부르고 있다. 금사라는 병이 자연 발생적으로 붙여진 명칭이므로, 금사가 반드시 바이러스에 의한 것이라는 실증(實證)은 없다. 그러나 금사라 불리우는 것을 전자현미경이나 기타의 방법으로 조사해 보면 거의 전부가 바이러스에 의한 것임은 틀림이 없다. 바이러스병에는 여러 가지가 있으나 주요한 것으로는 「CyMV」와 「ORSV」의 두 가지로 생각하면 좋을 것이다.

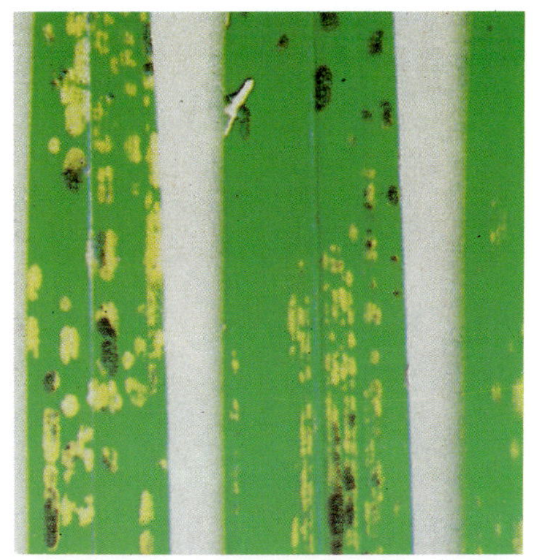

(1) Cymbidium mosaic Virus 「CyMV」

이 병은 약칭 「CyMV」라 부르는 수가 많으며, 새 잎에 바랜 녹색의 얼룩 점이나 잎줄기를 따라 긴 모양의 바랜 녹색의 얼룩 점이나 얼룩무늬는 적은 것에서부터 상당히 큰 것까지 있다. 병이 심해지면 흑갈색의 반점이 된다.

(2) Odontglossum rinqspot Virus 「ORSV」

잎에 긴 바란 녹색 줄 얼룩 또는 쐐기형의 바랜 녹색 얼룩이 생긴다. 그러나 「CyMV」와 같은 흑갈색의 얼룩이 함께 생기는 일은 흔치 않다. 새 잎에선 바랜 녹색 병반이 뚜렷한데 잎이 다 자라 오래되면, 이 병반은 눈에 띠지 않는 것도 있다. 이 바이러스는 감염되어 발병하기 까지 약 1년 정도 걸리는 것이 보통으로, 가을의 포기나누기 때에 전염되면 다음 해 새 나무(新木)에 발병되는 수가 많아진다.

바이러스병은 현재 완전한 치료법이 없다. 한 번에발생하면 치료는 곤란하다. 바이러스에 감염된 포기는, 건전한 난과 함께 배양하는 것은 엄격히 삼가해야 한다. 되도록 소각하는 것이 좋다.

1. 발병을 촉진하는 조건

㉠ 시비(施肥)가 많거나 또는 농도가 높은 비료를 주어 비료 과다가 됐을 때, 뿌리도 상하지만 병이 발생하기 쉽다.

㉡ 고온 다습으로 밤에도 온도가 높아 웃자란듯한 포기가 약해졌을 때

㉢ 관수가 불규칙하여 약해졌을 때

(그리고, 최근의 연구에서는 무기질의 질소 즉, 유안(硫安), 초안(硝安) 등의 이른바 화학비료는 바이러스를 왕성하게 한다고 한다. 이와 반대로 유기체의 질소 즉, 아미노산(酸) 등은 바아러스가 이용하기 어렵다 하므로 유기질을 잘 썩힌 것 등을 사용하는 것이 좋다.)

2. 바이러스병의 치료는 어려우므로 이상 없는 포기에 감염되지 않게 주의할 필요가 있다.

(1) 포기나누기 때의 주의

① 칼, 가위는 포기마다 소독(끓이는 등) 하거나 몇 벌 준비하여 100℃ 이상의 끓는 물에 10분간 담그어 소독한 것을 포기마다 바꿔가며 사용하거나 또는 제3인산 소다 5 % 액에 10분 쯤 담근 후 기구를 물에 씻어서 사용한다.

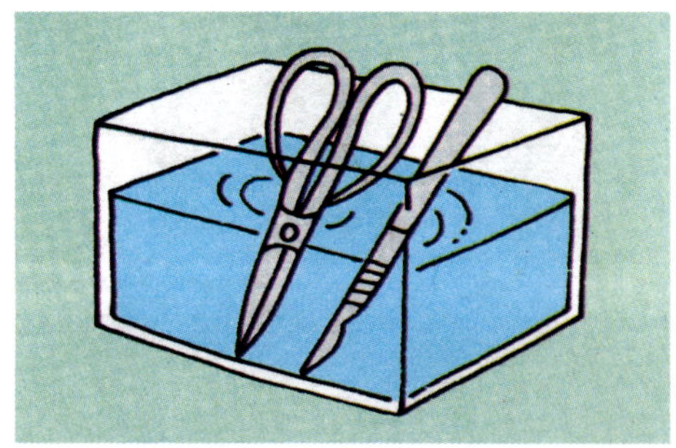

② 바이러스에 감염되어 있는 포기에 접촉된 경우는 귀찮아도 손을 비누로 잘 씻는다.

③ 원칙으로는 분과 용토도 바꿔야 하지만, 이제까지 사용한 용토와 분을 사용할 경우는 반드시 끓는 물에 살균(100℃ 이상으로 15분간)한 것을 사용한다.

④ 포기나누기 때 뿌리를 씻을 경우는 반드시 흐르는 물에 씻도록 한다.

⑤ 선반이 2 단 이상인 경우는, 상단에 관수하여 분 밑으로 빠지는 물이 하단의 분에 들어가지 않도록 주의한다.

● 여러 가지 충해(虫害)

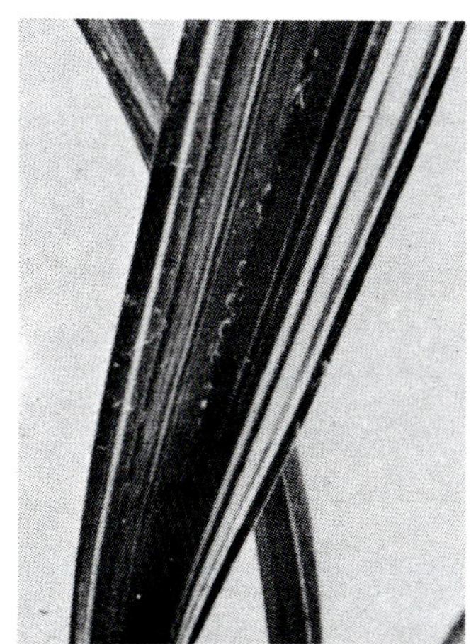

깍지 벌레

비료체증

해충과 피해

옥외 재배의 경우는 물론 온실 안에서도 풀 숲 등에 있는 해충이 날아들어 식해(喰害) 하는 경우가 있어 주의가 필요하다. 특정한 것으로는 난의 깍지벌레를 비롯하여 진디·진드기류 달팽이(껍질 있는 것과 민달팽이가 있음) 등에 의한 뿌리나 새 잎을 갉아 먹는 수가 많다.

예방법

(1) 깍지벌레
  스미치온, 스프라사이드, 지메트에트 등의 1,000배 액을 살포한다. 살포 시기는 5~6월 경이 좋으며 발생을 발견했을 때에 살포해도 좋다.
(2) 진딧물, 진디·진드기류
  발생 초기는 엽수(葉水)하는 것도 좋다. 마라손, 스미치온 등을 1,000배액, 제충용 유제 500배 액 등을 사용한다.
(3) 부근의 잡초에서 이동하므로 마라손 등의 약제를 살포한다. 병해 방제용 살균제와 혼용하면 효과적이다.

●본서 편찬에 있어 (주)壽樂園 간 平見利士 저
『春蘭名品集』을 주로 이용하였으며 아래 서적도
참고로 했음을 밝혀둔다.
　金子 卓 편집 『東洋蘭』 樹石社 간
　カーデンライフ 편집 『中園蘭』 誠文堂新光社 간

　　　　　　　　　　　　—— 편자 식

江碧鳥逾白
山青花欲然
今春看又過
何日是歸年

편저자 소개

- 경북대학교 농과대학 원예학과 졸업
- 경북대학교 대학원 원예학과 졸업
- 경북능금협동조합 근무
- 斗山農産(株) 근무
- 현 蘭農場(梅蘭庭) 경영

편저자의 연락처 : 대구 753-7045

東洋蘭 감상과 재배법(春蘭편)

발행일/1987년 5월 10일 초판 발행
1998년 1월 15일 중쇄

편저자/백영관
발행인/김철영
발행처/전원문화사
주소/121-110 서울시 마포구 신수동 448-6
전화/704-1626, 1628
팩스밀리/718-2837
등록/1977. 5. 23. 제 6-23호
인쇄/백산

값 15,000원
ISBN 89-333-0004-X 13480

*잘못된 책은 바꾸어 드립니다.